Die Arbeitszeitermittlung der Verzahnungsarbeiten

in der Einzel- und Reihenfertigung von Stirnrädern Kegelrädern, Schneckenrädern und Schnecken

Von

Dr.-Ing. W. Bültmann

Düsseldorf-Benrath

Mit 163 Abbildungen

Springer-Verlag
Berlin/Göttingen/Heidelberg
1960

ISBN-13:978-3-642-92777-5 e-ISBN-13:978-3-642-92776-8
DOI: 10.1007/978-3-642-92776-8

Vorwort

Von allen Maschinenelementen hat wohl keines im Schrifttum soviel Beachtung gefunden wie das Zahnrad.

Die theoretischen Erkenntnisse der Verzahnungstechnik hinsichtlich der Konstruktion und Berechnung der Zahnräder haben in den letzten 30 Jahren große Fortschritte gemacht. Das gleiche gilt für das fertigungstechnische Gebiet bei der Herstellung der Verzahnungen, wo bei stetiger Neuentwicklung der Maschinen und Werkzeuge gleichzeitig genauere Meßeinrichtungen geschaffen wurden. Diese Entwicklung hat in einem umfangreichen Schrifttum ihren Niederschlag gefunden.

Im Gegensatz hierzu ist das Gebiet der Stückzeitermittlung bei der Zahnradherstellung stiefmütterlich behandelt worden. Veröffentlichungen auf diesem Gebiet beschränken sich vorwiegend auf die Berechnung der Verzahnungszeiten einzelner Maschinenarten. Diese Lücke soll durch die vorliegende Arbeit ausgefüllt werden.

Es ist selbstverständlich, daß die zur Anwendung der Formeln benutzten Werte Schwankungen unterworfen sind. Sie ändern sich mit der Größe und dem Zustand der Werkzeugmaschinen und der Schneideigenschaft der Werkzeuge. Es war unmöglich, alle bestehenden Typen von Verzahnungsmaschinen zu behandeln. Nicht behandelt sind auch die Schab- und Läppverfahren.

Es muß damit gerechnet werden, daß dem Werk als ersten Versuch auf diesem Gebiet der Stückzeitrechnung gewisse Mängel anhaften. Eine sachliche Kritik und der Rat von Fachleuten auf diesem Sondergebiet wird der Sache förderlich sein.

Düsseldorf-Benrath, im Mai 1960

Wilhelm Bültmann

Inhaltsverzeichnis

Seite

1. Allgemeines über die Stückzeitrechnung von Verzahnungsarbeiten

Während für die allgemeine spanende Fertigung seit längerer Zeit brauchbare Kalkulationsunterlagen vorliegen, ist dies auf dem Gebiet der Verzahnungsarbeit nur zum Teil der Fall. Die exakte Berechnungsmethode für die Arbeitszeit von Verzahnungen ist schwierig und verlangt eine große Erfahrung in zerspanungstechnischer Hinsicht in Verbindung mit der Theorie der Verzahnungen.

Entscheidend für die Wahl des Verzahnungsverfahrens ist die verlangte Güte der Verzahnung. In den DIN-Blättern 3961 ··· 3964 sind für 8 Gütegrade die erforderlichen Toleranzen für Teilungs- und Flankenformfehler usw. zusammengestellt.

Die Qualitäten sind etwa wie folgt, aufgeteilt[1]:

Qualität 1: nicht belegt,
Qualität 2···4: Lehrzahnräder,
Qualität 5: feinstgeschliffene Räder als höchste im Maschinenbau vorkommende Qualitäten,
Qualität 6: geschliffene Räder heutiger Produktion für kleines Flankenspiel,
Qualität 8: wälzgefräste Räder höchster Güte,
Qualität 9: wälzgefräste Räder normaler Güte,
Qualität 6···12: Räder des allgemeinen Maschinenbaues,
Qualität 5···11: Räder des Kraftfahrzeugbaues,
Qualitat 7···12: Räder des Landmaschinenbaues der Hebe- und Förderanlagen.

Wahl der Zahnform der Stirnräder und des Verzahnungsverfahrens nach der geforderten Umfangsgeschwindigkeit v_{max} im Teilkreis, ungefähre Werte:

Zahnform	v_{max} in m/sek						
	gegossen		Hobeln nach Schablone Fräsen mit Fingerfräser	Fräsen mit Scheibenfräser	Abwälzen		
					mit Fräser, Hobelkamm, Schneidrad		mit Sonderfräser mit Hobelkamm Flankenschliff
	Grauguß	Stahlguß			handelsüblich	genau	
gerader Zahn	1	0,8	2	3···5	6	8	15
Schrägzahn	1,5	1	2,5		10	20	100
Pfeilzahn	1,5	1,0	2,5		10	30	100 und darüber

[1] VDI-Z 1957, H. 25, S. 1212.

Wertigkeit der Verzahnungsverfahren nach MEHNER (Zeitschrift für Maschinenbau 1922/23, H. 21).

Gütegrad	Verfahren
0,3	Zähne gegossen;
0,4···0,7	Formfräsen- und Hobeln;
0,5···0,7	Schneidradstoßen;
0,7···0,9	Wälzfräsen mit hinterschliffenem Fräser;
0,9···1	Wälzhobeln und Flankenschleifen.

Einteilung der Verzahnungsverfahren auf Grund der Teilung und des größten Raddurchmesser (Stirnräder)

Verfahren	*m:*	1	5	10	15	20	25	30	40	60	75	Größter Raddurchmesser
gegossene Zähne				×	×	×	×	×	×	×	×	bis 15000 mm und darüber
Hobeln mit Schablone			×	×	×	×	×	×	×	×		bis 6000 mm
Fingerfräser					×	×	×	×	×	×	×	bis 6000 mm
Scheibenfräser		×	×	×	×	×	×	×	×			bis 7000 mm
Abwälzfräser		×	×	×	×	×	×	×				bis 7000 mm
Schneidrad		×	×	×	×							bis 2500 mm
Hobelkamm		×	×	×	×	×	×	×				bis 4600 mm
Schleifen		×	×	×	×	×						bis 3600 mm

Die Forderung nach einer Steigerung der Fertigung, der zunehmende Mangel an Arbeitskräften und hohe Kosten der Fertigungswerkstätten- und Maschinenanlagen zwingen zu äußerster Ausnutzung des vorhandenen Maschinenparkes.

Damit tritt an die Betriebsleitung und Arbeitsvorbereitung die Forderung heran, durch geeignete Vorrichtungen und Werkzeuge sowie planmäßigen Einsatz der Werkzeugmaschinen das Optimum der Wirtschaftlichkeit der Fertigungsverfahren zu erreichen.

Eine gewissenhafte Fertigungsplanung in Verbindung mit einer exakten Stückzeitbestimmung ist die Voraussetzung für einen wirtschaftlichen Ablauf der Fertigung und eine wirksame Steuerung der Werkstücke durch den Betrieb.

Auf dem Gebiet der Massenfertigung wird die Festlegung der Stückzeiten weitgehendst durch Zeitaufnahmen vorgenommen. Damit wurde auf diesem Fertigungszweig eine zufriedenstellende Genauigkeit bei der Stückzeitbestimmung erreicht. Viel schwieriger liegen jedoch die Verhältnisse in der Einzel- und Kleinserienfertigung. Hier ist es kaum möglich, alle Stückzeiten durch Zeitstudien festzulegen. Es bleibt nur der Weg, für jede vorhandene Maschinenart eine Anzahl grundlegender Zeitstudien vorzunehmen, aus diesen die Grundwerte, die zur Berechnung der

Stückzeiten erforderlich sind, zu ermitteln und sie in Tabellenform zusammenzustellen.

Maschinen und Werkzeuge werden laufend verbessert. Damit ändert sich natürlich auch die Stückzeit. Es müssen also die einmal erstellten Stückzeit-Tabellen von Zeit zu Zeit überholt werden.

Bei der Festlegung der Stückzeit müssen folgende Punkte beachtet werden:

1. Bestimmend für eine gute Leistung der Verzahnungsmaschine ist die Schnittgeschwindigkeit und der Vorschub. Beide hängen vorwiegend von der Leistungsfähigkeit der Maschine und von der Güte des Werkzeuges ab. Während beim Schruppen der Zahnlücken die Maschine und das Werkzeug hoch beansprucht werden können, ist beim Schlichtvorgang mit Rücksicht auf eine saubere Zahnflanke und die geforderten Toleranzen der oben angeführten Qualitätsgruppen Vorsicht geboten. Vor allem ist bei größeren Zahnrädern mit hoher Genauigkeit (z.B. Turborädern) darauf zu achten, daß der Arbeitsgang *Fertigwälzen* (Schlichten) nicht unterbrochen werden darf, da bei jedem Stillstand während des Schlichtvorganges ein Absatz auf den Zahnflanken entsteht.

Die erforderliche hohe Standzeit des Werkzeuges kann nur durch entsprechende Verminderung der Schnittgeschwindigkeit erreicht werden.

Die in den folgenden Abschnitten vorgeschlagenen Schnittgeschwindigkeiten und Vorschübe können also nur als Anhalt dienen. Sie ermöglichen eine Berechnung der Hauptzeit mit den entwickelten Formeln.

2. Für die Verwendung einer bestimmten Maschinenart ist die auf ihr erreichbare Stückzeit allein nicht ausschlaggebend. Bei der Entscheidung über den Einsatz einer Maschine sollten folgende Punkte berücksichtigt werden:

a) Anschaffungs- und Unterhaltungskosten,
b) Leistung,
c) Werkzeugkosten,
d) verlangte Genauigkeit der auf ihr herzustellenden Zahnräder.

Die Berechnung der Stückzeit sollte weitgehendst vereinfacht werden. Gerade in der Einzel- und Reihenfertigung ist bei der Vielfalt der herzustellenden Zahnradgrößen in meist geringen Stückzahlen das übliche Berechnungsverfahren über Vorschub und Schnittgeschwindigkeit sehr umständlich und zeitraubend. Es wurde in der vorliegenden Arbeit der Versuch gemacht, eine Einheitsformel zu entwickeln, die die Berechnung der Hauptzeit aus den Verzahnungswerten: Modul, Zahnbreite b, Zähnezahl z und den Zerspanungsfaktor K_1 bzw. K_2 ermöglicht.

Rein empirisch müßte die Formel lauten:

$$t_h = z(m b K_1 + K_2) \text{ min}$$

Im allgemeinen wurde darauf verzichtet, für verschiedene Module, Zahnbreiten und Werkstoffe die Formelwerte in Tabellen umzuarbeiten.

Dies wäre notwendig, weil der Stückzeitrechner erfahrungsgemäß mit Tabellen schneller und fehlerfreier arbeitet, als mit Kurven und Nomogrammen.

Wo trotzdem solche Tabellen entwickelt werden, ist zu beachten, daß vor Anwendung geprüft wird, ob die Tabellengrundwerte (v, s, n) für die ins Auge gefaßten Maschinen gelten; die Drehzahl- und Vorschubabstufungen sind bei Maschinen verschiedener Herkunft nicht gleich!

Zusammengefaßt ist zu sagen:

Die Aufgabe, eine genaue Zeitermittlung von Verzahnungsarbeiten unter sparsamer Zuhilfenahme von Zeitaufnahmen vorzunehmen, ist nicht leicht. Sie erfordert die Beachtung und gegenseitige Abstimmung folgender Faktoren:

1. *Werkstück:*
   a) Form,
   b) Größe,
   c) Werkstoff,
   d) Genauigkeit der Verzahnung entsprechend dem Verwendungszweck.
2. *Maschine:*
   a) Verzahnungsverfahren,
   b) Größe entsprechend dem Werkstück,
   c) Leistung,
   d) Genauigkeit,
   e) Aufspannung,
   f) Maschinenkosten.
3. *Werkzeug:*
   a) Form,
   b) Größe,
   c) Werkstoff,
   d) Genauigkeit,
   e) Kosten.
4. *Kühlverfahren:*
   a) ohne Kühlung,
   b) Öl,
   c) Emulsion.
5. *Werkstattorganisation.*

Deshalb darf man von der vorliegenden Arbeit keine allgemeingültigen Zahlenwerte erwarten. Es gibt kein Rezeptbuch, aus dem die gesuchten Stückzeiten einfach herausgesucht werden können. Jeder Betrieb muß sich die Werte selbst erarbeiten. Wie man dabei vorgehen muß, wird in den folgenden Ausführungen gezeigt.

1.1 Berechnungsgrößen für Stirn- und Kegelräder

Bei den folgenden Berechnungen der Verzahnungzeiten wird die Kenntnis der Grundbegriffe der Verzahnungstheorie vorausgesetzt. Auf empirischem Wege wurden eine Reihe von Werten festgelegt, die bei der Bestimmung der Verzahnungszeiten in einzelnen Fällen gebraucht werden. Diese Werte sind im allgemeinen nur durch umständliche Berechnungsverfahren genau zu ermitteln.

1.11 Schnellbestimmung des Lückenprofils für 20° und 15°-Verzahnung. Zur Bestimmung der Fräserabmessungen der Scheibenfräser, (s. S. 11), Fingerfräser (s. S. 21) und der Anzahl der Schnitte beim Formverfahren

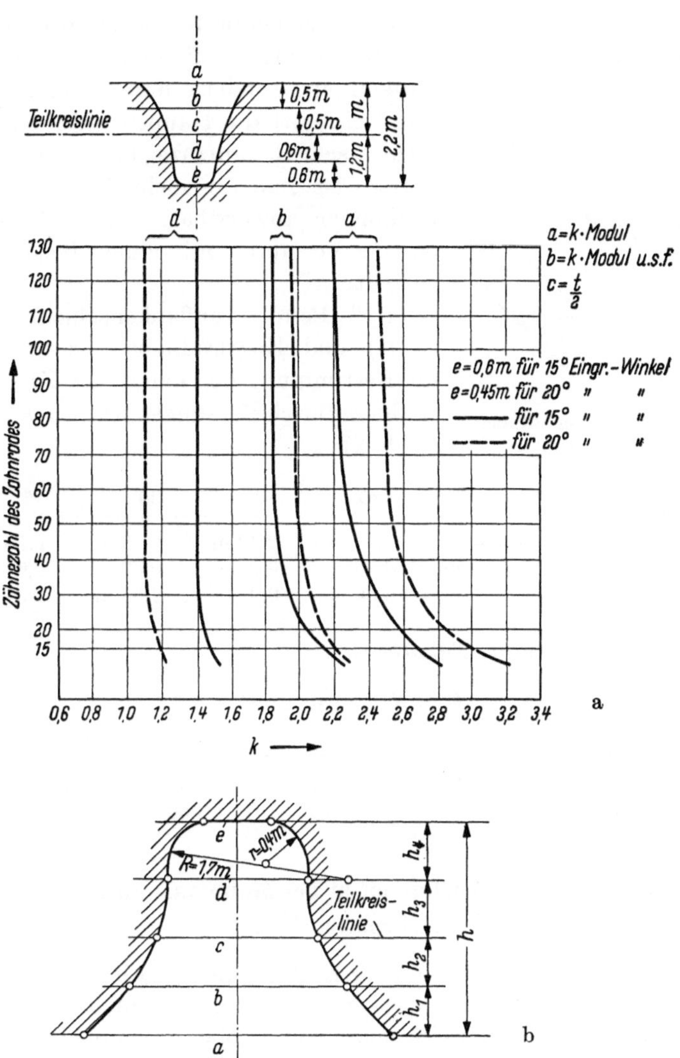

Abb. 1a u. 1b. Angenäherte Bestimmung der Lückenabmessungen von Stirnrädern mit Evolventenverzahnung

Beispiel: $m = 26$; $z = 13$; E ∢ = 75°

Reihenfolge: 1. $h = 2{,}16\ m = 2{,}16 \cdot 26 = 56$ mm

2. $h_1 = 0{,}5\ m = 0{,}5 \cdot 26 = 13$ mm $= h_2$

3. $h_3 = 0{,}58\ m = 0{,}58 \cdot 26 = 15$ mm $= h_4$

4. $a = 3{,}1\ m = 82$ mm (aus Abb. 1a)

$b = 2{,}17\ m = 56{,}5$ mm (aus Abb. 1a)

$c = 1{,}57\ m = 41$ mm (aus Abb. 1a)

$d = 1{,}4\ m = 36{,}4$ mm (aus Abb. 1a)

$e = 0{,}6\ m = 15{,}6$ mm (aus Abb. 1a)

Das Aufzeichnen geschieht auf Millimeterpapier

mit dem Hobelstahl (s. S. 28) ist das Lückenprofil des zu verzahnenden Rades festzulegen. Hierbei kommt es nicht auf einen mathematisch genauen Verlauf der Zahnflanken an, sondern darauf, ohne Zirkel und Reißbrett die Hauptpunkte der Zahnlücke schnell aufzuzeichnen. Das Verfahren ist nur für nicht korrigierte Verzahnungen anwendbar. In Abb. 1a und 1b ist das Verfahren mit einem Beispiel dargestellt.

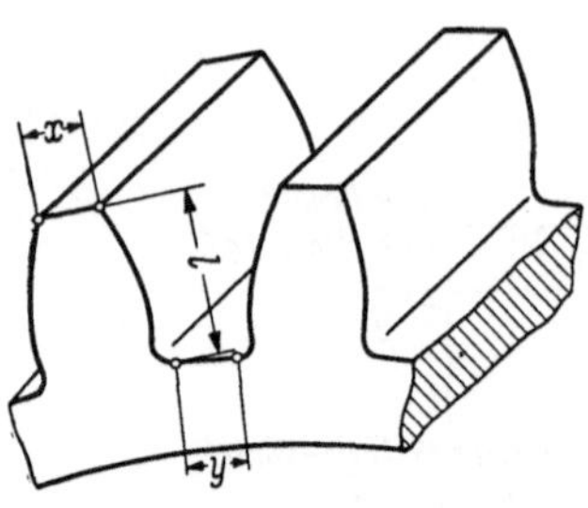

Abb. 2. Kantenmaße von Stirnradzähnen

1.12 Beim Zahnflankenschleifen (siehe S. 94) und Kegelradhobeln (s. S. 101) ist die Bestimmung der Länge der Zahnflanke wichtig. Durch Messungen wurde festgestellt (Abb. 2):

Radzähnezahl	$z = \infty$	135	80	30	15
Für $\alpha = 20°$, nicht	$l = 2{,}33$ m	2,4 m	2,42 m	2,53 m	2,56 m
korrigierte Ver-	$x = 0{,}77$ m	0,76 m	0,7 m	0,67 m	0,6 m
zahnung	$y = 0{,}73$ m	0,83 m	0,9 m	1,0 m	1,2 m

1.13 Flächengröße der Zahnlücke.

$$F = K\,\text{m}^2 \text{ (in mm}^2\text{)}.$$

Werte von K (für $\alpha = 20°$ Normalverzahnung):

$z =$	∞	135	80	30	15
$K =$	3,3	3,42	3,47	3,56	3,63

1.2 Bestimmung der Verteilzeiten bei Mehrmaschinenbedienung (Mehrplatzarbeit)

Die Verzahnungsmaschinen sind Halbautomaten, die nach dem Einrichten und Ingangsetzen das Werkstück in einem oder mehreren Arbeitsgängen fertigstellen. Daher läßt man mehrere Maschinen in einer Gruppe von einem Arbeiter bedienen. Es bestehen mehrere Verfahren, die Verteilzeiten bei Mehrmaschinenbedienung festzulegen:

a) 1. *Bei 2 Maschinenbedienung:*

Vorgabezeit $= T/2 + 10\% = 0{,}55\ T$ je Maschine.

2. *Bei 3 Maschinenbedienung:*

Vorgabezeit $= T/3 + 7\% \sim 0{,}36\ T$ je Maschine.

$T =$ Auftragszeit; $T = t_r + t_1$; $t_r =$ Rüstzeit; $t_1 =$ Ausführungszeit für 1 Stck; $t_1 = t_h + t_n + t_v$; $t_h =$ Hauptzeit; $t_n =$ Nebenzeit; $t_v =$ Verteilzeit.

b) 1. *Bei 2 Maschinenbedienung:*
Vorgabezeit = 0,6 T je Maschine.

2. *Bei 3 Maschinenbedienung:*
Vorgabezeit = 0,4 T je Maschine.

3. *Bei 4 Maschinenbedienung:*
Vorgabezeit = 0,3 T je Maschine.

Beispiel zu *b*)

3 Maschinen: Masch. 1: $T_1 = 60$ min; Masch. 2: $T_2 = 100$ min; Masch. 3: $T_3 = 150$ min.

Vorgabezeit: $T_1 = 24$ min; $T_2 = 40$ min; $T_3 = 60$ min.

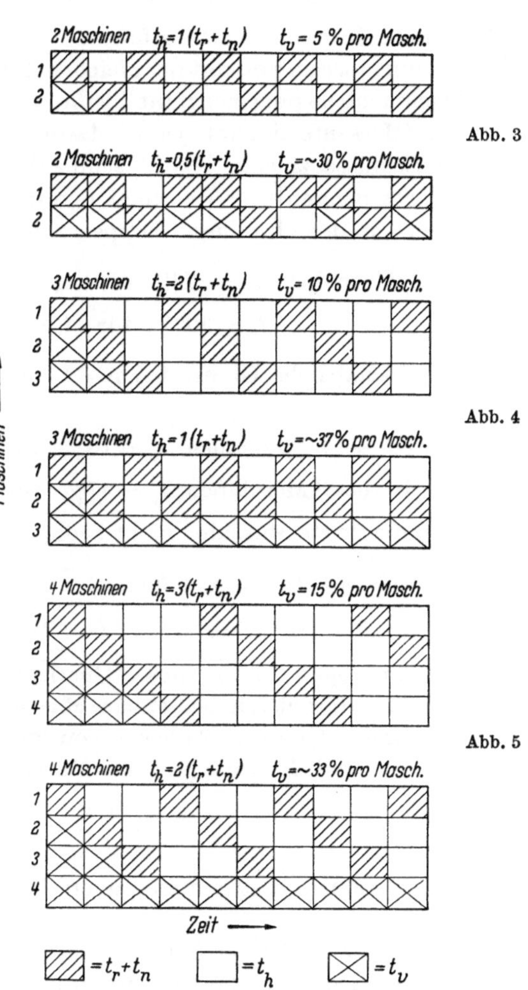

Abb. 3

Abb. 4

Abb. 5

Abb. 3–5. Gruppen, bestehend aus 2–4 Maschinen (Verteilzeiten bei Mehrmaschinenbedienung)

Diese Berechnungsverfahren sind ungenau, da sie die wirklichen Verhältnisse selten berücksichtigen. Dies gilt besonders für die Einzelfertigung.

Die Vorausbestimmung der Verteilzeit bei Mehrmaschinenbedienung in der Einzelfertigung ist kaum möglich, denn es ist bei der Festlegung der Stückzeit nicht bekannt, wie die jeweilige Besetzung der einzelnen Maschine vorgenommen wird. Die Anzahl der von einem Arbeiter bedienten Maschine schwankt je nach der Maschinenart, Größe der Maschine und ihrer Anordnung in der Werkstatt zwischen 2 und 5.

Was unter Verlust durch Mehrmaschinenbedienung verstanden wird, zeigt Abb. 3···5. Hier sind für je eine Gruppe von 2, 3 und 4 Maschinen $t_r + t_n$, t_h und t_v

als Flächen dargestellt und zwar gehören die Werte einer waagerechten Reihe zu einer Maschine. Die mit ☒ bezeichneten Fächer zeigen die durch Zusammenfallen zweier gleichzeitig auftretenden Zeiten $t_r + t_n$ entstehenden Verluste an, *Verlust durch Mehrmaschinenbedienung* genannt. Zur Vereinfachung wurde t_r und t_n zusammengefaßt als zeitlich nacheinander auftretend betrachtet, obwohl dies in Wirklichkeit nur vereinzelt vorkommt.

Die Betrachtung von Abb. 3 ··· 5 führt zu folgendem Ergebnis:

1. t_v steigt mit $\frac{t_r + t_n}{t_h} = \varphi$.
2. t_v steigt mit der Anzahl der bedienten Maschinen.

Sämtliche Kombinationen erfolgten unter dem Gesichtspunkt, daß jede Maschine fortlaufend mit der gleichen Arbeit besetzt ist, so daß φ für eine Maschinenbelegung konstant bleibt. Dies trifft in der Praxis ganz selten zu (Massenfertigung), jedoch lassen sich aus dieser Einstellung wichtige Schlüsse ziehen. Die Maschinenbelegung in dieser Form sei Gleichschritt genannt. Man verfolgt nun die Verluste, die sich bei verschiedenen φ in den einzelnen Gruppen ergeben:

1. Bei 2 Maschinen $t_v = 5\%$ für $t_h = 1\ (t_r + t_n)$ (Abb. 3) $\varphi = 1$;
$t_v = 30\%$ für $t_h = 0{,}5\ (t_r + t_n)$ $\varphi = 2$.

Die wirtschaftliche Grenze bei $\varphi = 1$ liegt bei Zweimaschinenbedienung.

2. $\varphi = 0{,}5$ bei 3 Maschinen: $t_v = 10\%$ für $t_h = 2\ (t_r + t_n)$ (Abb. 4);
$\varphi = 1$ bei 3 Maschinen: $t_v = 37\%$ für $t_h = 1\ (t_r + t_n)$.

Hier kann die dritte Maschine nicht bedient werden.

3. 4 Maschinen: $t_h = 3\ (t_r + t_n)$; $t_v = 15\%$;
$t_h = 2\ (t_r + t_n)$; $t_v = 40\%$ (Abb. 5).

Man kann allgemein aus dieser Überlegung eine Formel bilden, die Aufschluß über die zulässig bedienbare Maschinenzahl gibt, wenn die Verluste in geringen Grenzen bleiben sollen und die Maschinen im Gleichschritt besetzt sind. Ist x die gesuchte Maschinenzahl, so ergibt sich

$$x = \frac{1}{\varphi} + 1$$

Wird bei x einem bestimmten φ überschritten, so steigen die Verluste sofort stark an.

Im Fall 1 ··· 3 sind zwar 5, 10 und 15% Verlust ausgerechnet worden, diese kommen jedoch in Fortfall, wenn man sich die Maschinen bereits eingerichtet denkt, so daß der Abschnitt, der die Verlustfelder enthält, fortgefallen ist. Da die Kombinationsmöglichkeiten durch die oben dargelegten Fälle bei weitem nicht erschöpft sind und außerdem Gleichschritt in Wirklichkeit selten vorliegt, können die Werte für t_v nur als Anhalt dienen.

(Bei allen derartigen Zusammenstellungen muß die Maschine mit dem kleinsten φ zuerst eingesetzt werden, dann die mit dem nächstgrößeren φ usw.)

Durch geschickte Verschiebung der Arbeitsfolge: Rüst- und Nebenzeit + Hauptzeit kann t_v herabgesetzt werden.

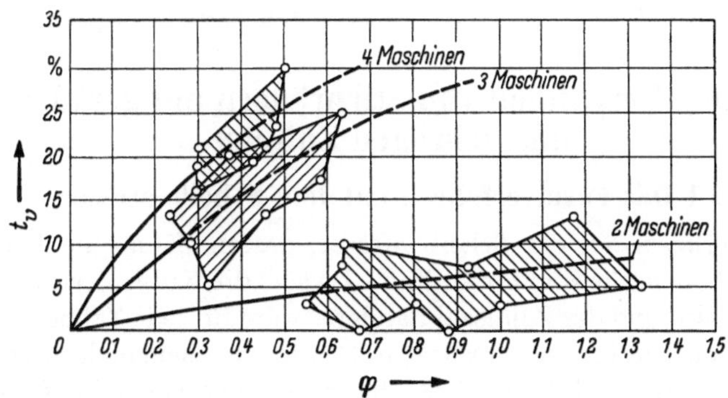

Abb. 6. t_v in Abhängigkeit von $\varphi = \frac{t_r + t_n}{t_h}$ für verschiedene Maschinenzusammenstellungen

Bei den Untersuchungen wurden 2 Annahmen gemacht:

1. auf jeder Maschine wurde während der Arbeitsperiode das gleiche φ eingehalten.

2. $t_r + t_n$ wurde in allen 3 Fällen gleich groß gewählt.

In der Einzel- und Reihenfertigung kommen beide Fälle kaum vor. Eine Untersuchung aller möglichen Kombinationen ist nicht durchführbar. Daher können die vorliegenden Beispiele nur eine grobe Übersicht über die voraussichtliche Verteilzeit geben. Wenn man für 2, 3 und 4 Maschinengruppen eine Anzahl Kombinationen mit wechselndem φ aufstellt, erhält man die in Abb. 6 aufgezeichneten Felder der $t_{v\varnothing}$ in Abhängigkeit von $\varphi_\varnothing$, wobei $\varphi_\varnothing$ das arithmetische Mittel der φ der einzelnen Maschinen ist.

Man erkennt hieraus:

1. Bei einer Gruppe von 2 Maschinen schwankt $t_{v\varnothing}$ zwischen 0 und ~13%; bei 3 Maschinen zwischen 5 und 25%; bei 4 Maschinen zwischen 15 und 30%.

Vom Standpunkt der Maschinenausnutzung (Kosten je Maschinenstunde) ist eine Gruppierung von mehr als 2 Maschinen je Bedienungsmann nicht mehr wirtschaftlich, es sei denn, es handelt sich um große Serien.

2. Der Schwerpunkt der Flächen in Abb. 6 liegt

bei 2 Maschinen etwa bei $\varphi = 0{,}95$;

bei 3 Maschinen etwa bei $\varphi = 0{,}45$;

bei 4 Maschinen etwa bei $\varphi = 0{,}4$.

Nicht enthalten sind in den oben ermittelten Verteilzeiten die Verteilzeit für persönliche Verluste t_{v_p}. Dies muß durch eine Arbeitsablaufstudie aufgenommen werden, da die Arbeitsverhältnisse in jedem Werk anders sind. Als Richtwert sei $t_{v_p} = 5\%$ angegeben.

2. Das Verzahnen von Stirnrädern mit geraden und schrägen Zähnen

2.1 Das Formverfahren mit dem Scheibenfräser

Das Werkzeug ist ein Scheibenfräser, dessen Zähne die Form der Zahnlücke haben. Sie sind hinterdreht. Da sich die Kurve der Zahnflanke mit dem Modul und der Zähnezahl ändert, wäre für jede Zähnezahl einer Teilung jeweils ein Fräser erforderlich. Da dies zu einem nicht wirtschaftlichen Fräserbestand führen würde, hat man das System *Satzfräser* aufgestellt. Bei größeren Teilungen und Zahnrädern aus Stahl von höherer Festigkeit wendet man Vorfräser an. Damit wird der teure Formfräser nur zum Fertigfräsen der Zahnlücke eingesetzt.

2.10 Die Bedingungen für wirtschaftliches Fräsen. Eine wirtschaftliche Zerspanung ist gewährleistet, wenn der Fräser so ausgebildet wird und die Schnittgeschwindigkeit so gewählt ist, daß bei einem vorliegenden Spanquerschnitt eine niedrige Schneidentemperatur und damit eine möglichst hohe Standzeit der Fräserschneiden erreicht wird.

Gute Fräsleistungen erhält man, wenn der Fräser folgende Eigenschaften hat:

1. Große Bohrung (kräftiger Fräsdorn),
2. Günstige Schnittwinkel,
3. Richtige Zähnezahl (wenn zu hoch, zu große Spanarbeit),
4. Schneidenausbildung so, daß freier Spanablauf gewährleistet ist (keine Nebenschneiden),
5. Schlagfreier Lauf, damit alle Zähne gleichmäßig schneiden,
6. Der Werkstoff des Fräsers soll hochlegierter Schnellstahl sein,
7. Einwandfreie Härtung und einwandfreier Schliff.

2.11 Verschiedene Ausführung der Zahnlückenfräser.

I. Lückenvorfräser

a) *Stufenfräser*, hinterdreht (Abb. 7)

Geringe Fräsbreite = Projektion der Zahnlückenfläche. Gute Zerspanung des herausgefrästen Materials, keine Nebenschneide, günstiger Spanablauf.

Nachteile: Brustwinkel 0°; da Zähne am Umfang nicht geschliffen, ungleichmäßige Zahnbelastung.

b) *Vorfräser mit Zickzackverzahnung* (kreuzverzahnt) (Abb. 8)
Vorteil: Da allseitig am Umfang geschliffen, gleichmäßige Zahnbelastung; richtige Schnittwinkel.
Nachteil: Große Fräsbreite.

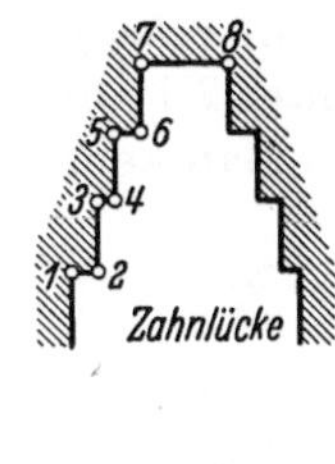

Abb. 7. Stufenvorfräser; Zähnezahl meist 12. Fräsbreite = 2 (1 ÷ 2 + 3 ÷ 4 + 5 ÷ 6) + 7 ÷ 8 = Projektion der Zahnlücke

II. Ausführung der Fertigfräser: Er entspricht dem Lückenquerschnitt der Zahnlücke.

Nachteile:

a) Schwierige Herstellung,
b) Brustwinkel muß 0° sein, sonst Profilverzerrung,
c) Schlechte Spanabwicklung durch Stauchung der Spanelemente,
d) Geringe Zähnezahl, da Lebensdauer sonst zu gering.

2.12 Ermittlung der Fräszeit:

Hierzu werden folgende Werte gebraucht:

Abb. 8. Vorfräser mit Zickzackverzahnung. Zähnezahl 26 ÷ 36. Vorteil: Schneidkanten geschliffen. Fräsbreite: 1 ÷ 2 + 2 ÷ 3 + 3 ÷ 4, also sehr groß im Verhältnis zu Abb. 7

D_k = Außendurchmesser des Fräsers in mm, $= D$
z_f = Zähnezahl des Fräsers (hinterdreht: $z_f = 12 \cdots 14$) (gefräst: $z_f = 26 \cdots 36$),
v = Schnittgeschwindigkeit in m/min,
n = Drehzahl des Fräsers in der Minute $= \frac{1000\, v}{D_k \pi}$,
s_z = Vorschub je Fräserzahn (in mm je Zahn),
s_n = Vorschub je Fräserumdrehung,
$s_n = z_f s_z$,
s' = Vorschubgeschwindigkeit des Fräsers in mm/min, $s' = n\, z_f\, s_z$,
$v = \frac{D_k \pi n}{1000}$ in m/min, wenn D_k in mm eingesetzt wird,
i = Anzahl der Schnitte.

Wenn die Fräserzähnezahl z_f bekannt ist sowie der Vorschub s_z je Fräszahn, dann kann s' berechnet werden. Es existieren Tabellen für s_z und z_f für die gebräuchlichen Fräser, aber nicht für Zahnprofilfräser. Man rechnet allgemein nicht mit s_z, sondern mit s_n, da hierfür auf

Grund von Zeitaufnahmen ungefähre Richtwerte in der Industrie bekannt sind.

$s' = n\, s_n$; s_n ist verschieden groß für das Schruppen und Schlichten beim Zahnfräsen.

a) *Schruppen.* s_n hängt ab von der Bauart des Schruppfräsers, wie unter 2.11 beschrieben.

Man kann rechnen für Stg 52 und St 50:

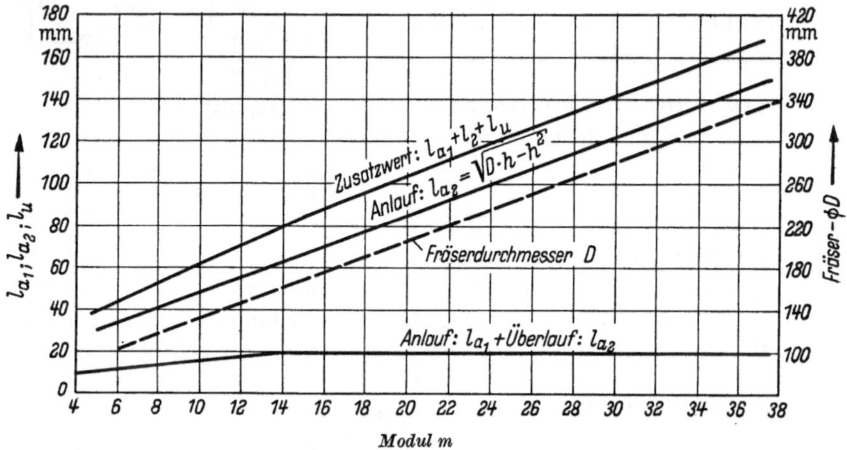

Abb. 9. Durchmesser und Zusatzwert von Scheibenfräsern

1. Stufenfräser, hinterdreht, $s_n = 1{,}5$ mm je Fräserumdrehung;

2. Allseitig geschliffener kreuzverzahnter Vorfräser, $s_n = 1{,}5$ mm je Fräserumdrehung.

Die Anwendung dieser Vorschübe hängt von der Stärke der Fräsmaschine ab, da mit steigendem Modul die zu zerspanende Menge steigt (s. S. 6; Zahnlückenfläche $F = K\, m^2$).

b) *Schlichten mit Profilfräser, hinterdreht.*

	$m = 20$	$m = 35$
Erster Schlichtschnitt	$s_{n_1} = 4{,}5$	3,5
Zweiter Schlichtschnitt	$s_{n_2} = 3{,}5$	2,5

Der letzte Schlichtvorschub hängt von der Genauigkeit und Oberflächengüte des Radzahnes ab. Da man heute das Fräsen mit dem Scheibenfräser nur bei größeren Teilungen vornimmt, also bei Rädern, an die man nicht zu hohe Ansprüche stellt (geringe Umfangsgeschwindigkeit), ist der erforderliche Genauigkeitsgrad gering und man kann einen entsprechend größeren Vorschub für den letzten Schlichtvorgang wählen (Satzfräser!).

Anzahl der Schnitte i (Stg 52, St 50).
bis $m = 14$: $i = 2$; ab $m = 15$ bis $m = 35$: $i = 3$ (an schweren Fräsmaschinen!).

Schnittgeschwindigkeit v. Hauptsächlich abhängig vom Werkstoff (Standzeit), Größe der Maschine.

v ist (bei $m = 20$) $= 20$ m/min Stg 52, St 50,

Schruppen (bei $m = 40$) $= 16$ m/min Stg 52, St 50.

(Fräser aus Schnellstahl für den Schruppschnitt.)

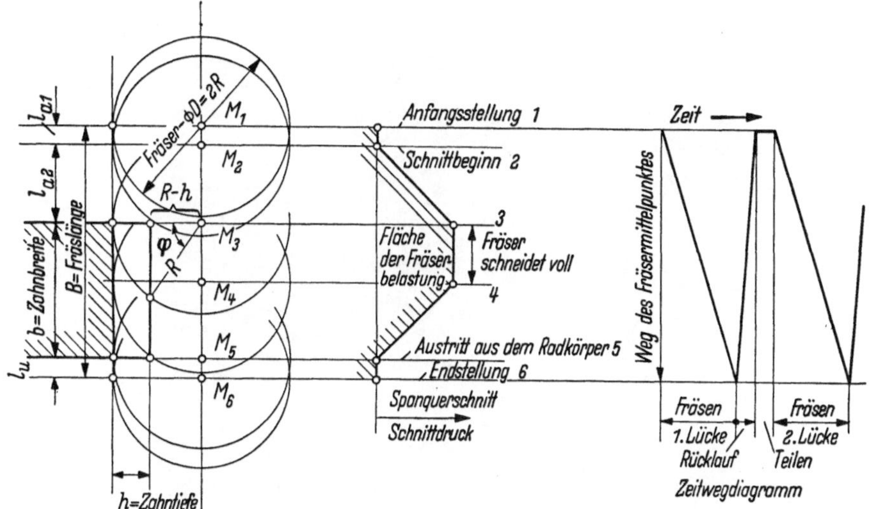

Abb. 10. Arbeitsweise des Scheibenfräsers. Ermittlung der Fräslänge B
$l_{a2} = \sqrt{Dh - h^2}$ in mm
$l_{a1} + l_u$ je nach Größe und Alter der Maschine $= 10 \div 20$ mm

v Schlichten ist aus Versuchen mit 12 m/min als günstig ermittelt. (Schonung des teuren Profilfräsers, der bei großen Teilungen oft aus weniger hochwertigem Schnellstahl hergestellt ist.)

Fräserdurchmesser D_k s. Tabelle (Abb. 9) $= D$.

Fräsvorgang beim Scheibenfräsen (Abb. 10). Das Fräsen erfolgt nach dem Teil- oder Formverfahren. Während des Fräsens steht das Rad still. Der Fräser fräst eine Zahnlücke und geht im Schnellgang in seine Anfangsstellung zurück. Durch eine automatische Teilvorrichtung wird das Zahnrad um eine Teilung gedreht, danach wird die nächste Zahnlücke ausgefräst. Vorgenommen wird die Fräsarbeit auf Sondermaschinen (Abb. 11 u. 12). Diese Maschinen werden heute kaum noch hergestellt, sind aber noch in manchen Werken in Betrieb. Das Fräsen erfolgt im Gegenlauf.

Die Hauptzeit t_h für das Fräsen eines Zahnes setzt sich zusammen aus:

Fräsen + Fräserrücklauf + Teilen:

bei z Zähnen des Zahnrades und i Schnittes ergibt sich

$$t_h = i\,z\,(\text{Fräsen} + \text{Fräserrücklauf} + \text{Teilen})$$

Die Zeit für den eigentlichen Fräsvorgang ist für einen Zahn

$$\text{Zeit in min} = \frac{\text{Fräsweg}}{\text{Vorschubgeschwindigkeit}}\,. \tag{1}$$

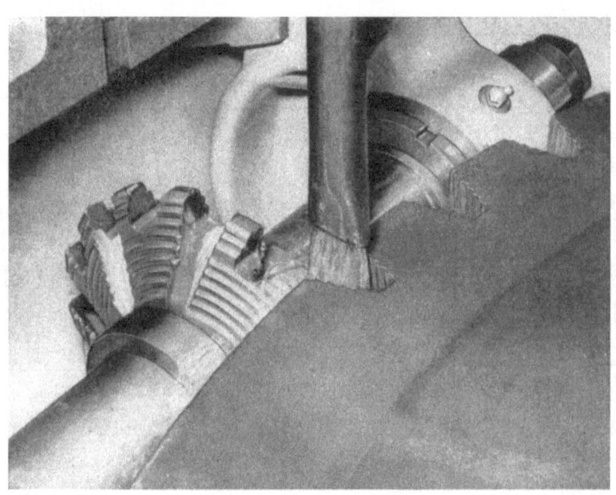

Abb. 11. Vorfräsen einer Zahnlücke mit Stufenfräser auf einer modernen Abwälzfräsmaschine mit Einzelteilvorrichtung (Maschinenfabrik Lorenz, Ettlingen)

Für $z = 1$ ist $\qquad t_h = \dfrac{B}{s'}\,.$

Aus Abb. 10 ist

$$B = l_{a_1} + l_{a_2} + b + l_u\,; \quad (l_{a_1} + l_{a_2} + l_u \text{ aus Abb. 9}).$$

Dann wird

$$t_h = i\,z\left(\frac{(l_{a_1} + l_{a_2} + l_u + b)}{s'} + \text{Rücklauf} + \text{Teilen}\right). \tag{2}$$

Zeit für Rücklauf und Teilen im Durchschnitt

Maschine: klein (bis 2000 ∅)	mittel (bis 4000 ∅)	groß (bis 6000 ∅)
$c = 0{,}4$	0,5	0,6 min

c = Zeit für Rücklauf + Teilen je Zahn und Schnitt, also mit i multiplizieren).

Rechenbeispiel:

Gegeben ist: Modul $m = 25$; Zähnezahl $z = 160$; Zahnbreite $b = 240$ mm; Werkstoff: Stg 52.81

1. *Zusatzwert*

$$\left.\begin{array}{ll} l_{a_1} + l_{a_2} + l_u & \text{aus Abb. 9} = 123\,\text{mm} \\ & b = \underline{240\,\text{mm}} \\ l_{a_1} + l_{a_2} + l_u + b & = B = 363\,\text{mm} \end{array}\right\} i = 3$$

Abb. 12. Stirnradfräsmaschine von L. Loewe (alter Typ)

2. *Vorschübe in mm je Fräserumdrehung*

1. Schnitt $s_1 = 1{,}5$ mm
2. Schnitt $s_2 = 4{,}0$ mm
3. Schnitt $s_3 = 3{,}3$ mm

3. *Fräserumdrehungen*

$$n = \frac{v}{D_k \pi} \qquad D_k\,(\text{aus Abb. 9}) = 240\,\text{mm} = D$$

1. Schnitt: $v_1 = 20$ m/min $\qquad n_1 = \frac{20}{0{,}24\,\pi} = 26{,}5$ U/min

2. Schnitt: $v_2 = 12$ m/min $\qquad n_2 = \frac{12}{0{,}24\,\pi} = 16$ U/min

3. Schnitt: $v_3 = 12$ m/min $\qquad n_3 = n_2 = 16$ U/min

4. *Vorschubgeschwindigkeiten* $= s'$ *in* mm/min

$$s_1' = 26{,}5 \cdot 1{,}5 = 40\,\text{mm/min}$$
$$s_2' = 16 \quad \cdot 4{,}0 = 64\,\text{mm/min}$$
$$s_3' = 16 \quad \cdot 3{,}3 = 53\,\text{mm/min}$$
$$t_h = \frac{B}{s'} + C_1$$

$C_1 =$ Zeit für Rücklauf und Teilen $= 0{,}6$ min.

$$1.\ \text{Schnitt}\ t_{h_1} = \frac{363}{40} + 0{,}6 = 9{,}1 + 0{,}6 = 9{,}7\,\text{min}$$
$$2.\ \text{Schnitt}\ t_{h_2} = \frac{363}{64} + 0{,}6 = 5{,}7 + 0{,}6 = 6{,}3\,\text{min}$$
$$3.\ \text{Schnitt}\ t_{h_3} = \frac{363}{53} + 0{,}6 = 6{,}9 + 0{,}6 = \underline{7{,}5\,\text{min}}$$
$$23{,}5\,\text{min}$$

$t_h = 160 \cdot 23{,}5 = 3750\,\text{min} = 62{,}5$ Std.

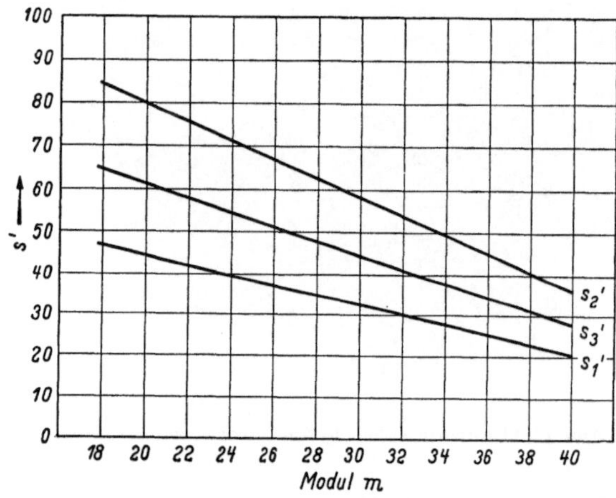

Abb. 13. Vorschub in mm je min. s' für Stahl von 50 ÷ 60 kg Festigkeit

Da die Schnittgeschwindigkeiten beim Schruppen und Schlichten, ebenso wie die Vorschübe nicht gleich sind, nimmt man zur Vereinfachung der Berechnung eine Umformung vor:

Es ist 1. Schnitt : Vorschub s_1'; Fräszeit t_{h_1}

2. Schnitt : Vorschub s_2'; Fräszeit t_{h_2}

3. Schnitt : Vorschub s_3'; Fräszeit t_{h_3}

Aus Versuchen an einer schweren Fräsmaschine sind in Abb. 13 die Vorschübe s_1', s_2' und s_3' zusammengestellt.

$$t_h = t_{h_1} + t_{h_2} + t_{h_3}$$

$$l_{a_1} + l_{a_2} + l_u = A \text{ in mm}; \quad \text{Zahnbreite} = b \text{ in mm}$$

c = Zeit für Rücklauf und Teilen (Minuten je Zahn).

Dann ist bei 3 Schnitten:

$$t_h = z\left(\frac{A+b}{s_1'} + \frac{A+b}{s_2'} + \frac{A+b}{s_3'} + c\right)$$

für $z = 1$ und $\frac{1}{s_1'} = K_1$; $\frac{1}{s_2'} = K_2$; $\frac{1}{s_3'} = K_3$

wird

$$\underline{t_h = (A+b)(K_1 + K_2 + K_3) + c} \tag{3}$$

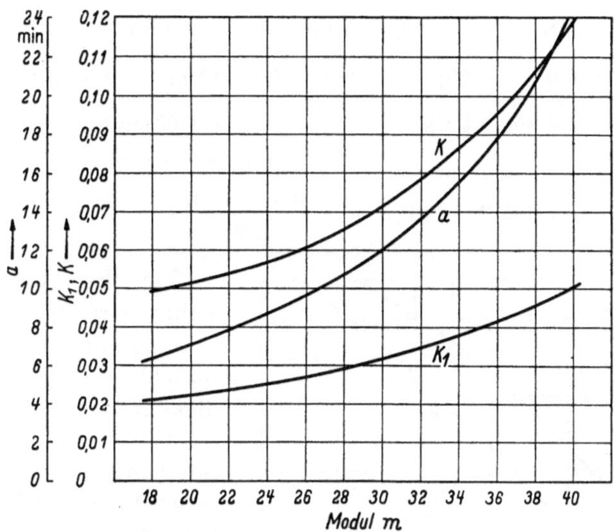

Abb. 14. Werte zur Berechnung der Fräszeit nach Formel 6 (für Sghl von 50 ÷ 60 kg Festigkeit), schwere Fräsmaschine (k_1 ÷ nur Vorfräsen)

Mit K_1, K_2, K_3 wird von Modul 18···40 aus Abb. 13 eine Tabelle gebildet

$m =$	18	20	25	30	40
$s_1' =$	47	45	39	32	20
$K_1 = \frac{1}{s_1'} =$	0,021	0,022	0,026	0,031	0,050
$s_2' =$	85	80	70	60	35
$K_2 = \frac{1}{s_2'} =$	0,012	0,013	0,014	0,017	0,029
$s_3' =$	65	60	53	45	25
$K_3 = \frac{1}{s_3'} =$	0,016	0,017	0,019	0,022	0,040
$K = K_1 + K_2 + K_3 =$	0,049	0,052	0,059	0,070	0,119

K siehe Abb. 14

Zur weiteren Vereinfachung wird Gl. (3) umgeformt.

$$t_h = A K + b K + c \quad (4)$$

für $z = 1$

$A\,K$ und c werden für verschiedene Modul ausgerechnet und in einer Kurve dargestellt.

$$A K + c = a \quad \text{(Abb. 14)}$$

Dann lautet die Gleichung für die Hauptzeit:

$$t_h = a + b K \quad \text{Minuten für einen Zahn} \quad (5)$$

$$t_h = z(a + b K) \quad \text{Minuten für } z \text{ Zähne} \quad (6)$$

Beispiel (wie oben) $m = 25$; $z = 160$; $b = 240$ mm; Stg. 52.81

$$t_h = z(a + b K) \qquad a = 9{,}00 \text{ min}$$
$$K = \sim 0{,}06 \text{ min}$$

$$t_h = 160(9 + 240 \cdot 0{,}06) = \frac{160(9 + 14{,}5)}{60} = 63 \text{ Std.}$$

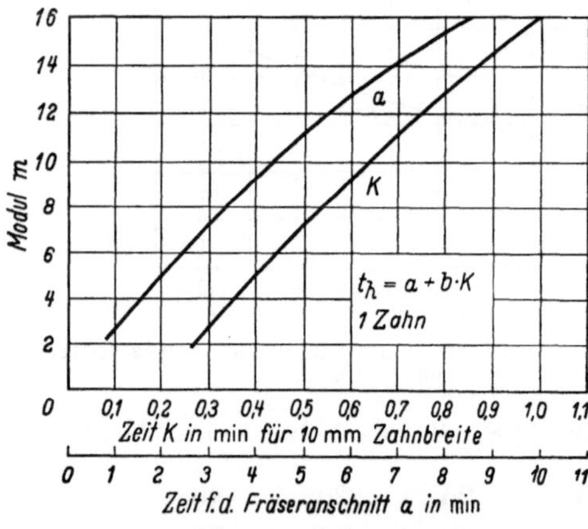

Abb. 15. Werte zur Berechnung der Fräszeit nach Formel 6 für Stahl von 50 ÷ 60 kg Festigkeit (leichte Fräsmaschine)

Zur Berechnung von Zahnrädern mit kleinerer Teilung auf leichten Fräsmaschinen (wie Abb. 12) dient Abb. 15.

Abb. 16 zeigt eine Zusammenstellung der Hauptzeiten für einen Zahn, abhängig von Modul und Zahnbreite.

2.13 Festlegung der Rüst- und Nebenzeit.

a) für leichte Maschinen (Abb. 12).

Rüstzeit t_r: Teilwechselräder einsetzen, Vorschub einstellen, Aufspanndorn wechseln, Planscheibe anbringen, Fräserwechsel usw.

Nebenzeit t_n: Rad auf- und abspannen, zentrieren, Schnitt anstellen (messen) usw.

Rad-∅ in mm	500	1000	1500	2000
t_r in Minuten	30	40	50	70
t_n in Minuten	60	80	90	120

b) für schwere Maschinen (Abb. 11).

Rad-∅ in mm	1000	2000	3000	4000	6000
t_v in Minuten:	210	250	300	320	340
t_n in Minuten:	160	190	230	270	350

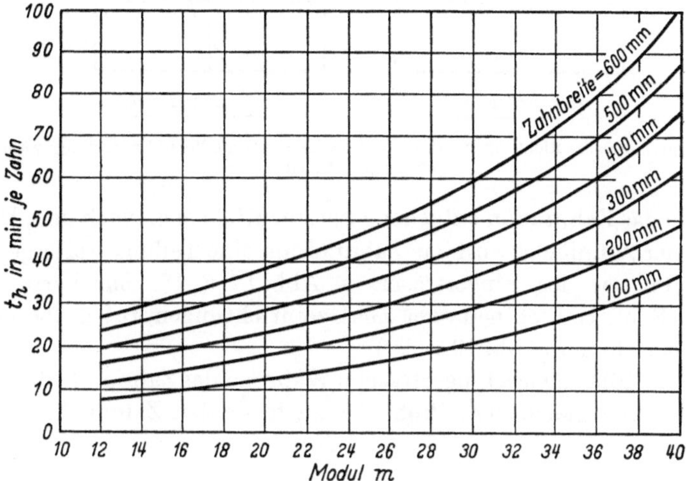

Abb. 16. t_h in Minuten je Zahn für Stg. 52.81 (schwere Maschine)

2.2 Das Formverfahren mit dem Fingerfräser
(gerade, schräge und Pfeilzähne)

Fräsvorgang beim Fingerfräsen. Das Fräsen erfolgt nach dem Formverfahren. Wie bei dem Verfahren mit Scheibenfräsern wird eine Zahnlücke nach der anderen gefräst. Während bei Stirnrädern mit geraden Zähnen das Zahnrad während des Fräsens stillsteht, wird es bei Rädern

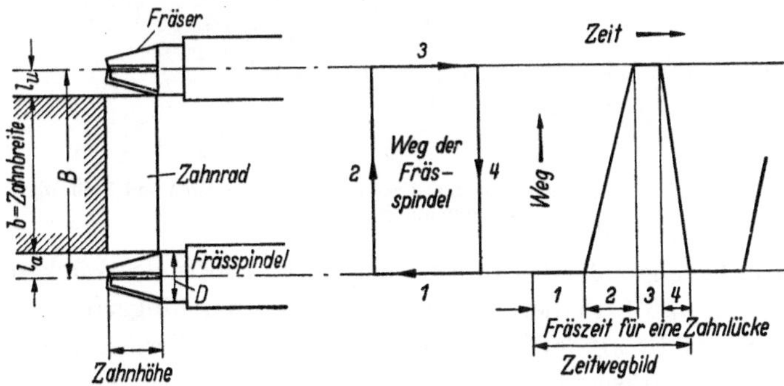

Abb. 17. Arbeitsweise des Fingerfräsers: Weg *1*: Einstellen auf Schnittiefe; Weg *2*: Fräsen der Zahnlücke; Weg *3*: Fräser geht aus der Zahnlücke heraus: Weg *4*: Schneller Rückgang des Frässupportes in Anfangsstellung (gleichzeitig Teilvorgang)

mit Schrägzähnen während des Fräsens gedreht. Sind Pfeilzähne herzustellen, so bewegt sich das Zahnrad in einer der angedeuteten Pfeilrichtungen, bis der Fräser die halbe Zahnbreite durchlaufen hat, dann

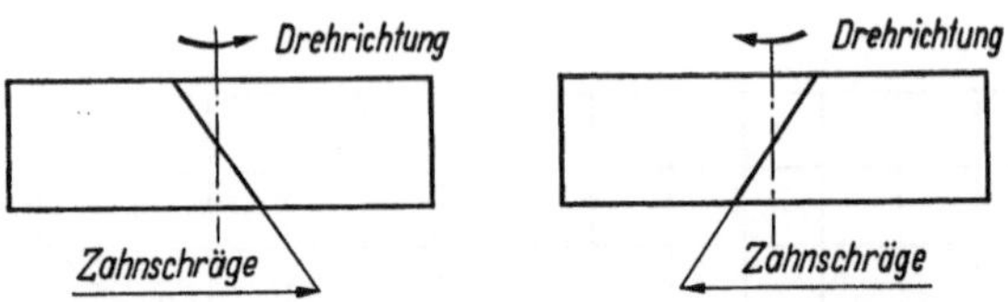

Abb. 18. Zeigt, in welcher Richtung das Zahnrad je nach der erforderlichen Zahnschräge während des Fräsens gedreht wird

dreht sich das Zahnrad in entgegengesetzter Richtung. Nach dem Durchfräsen einer Zahnlücke wird das Zahnrad um eine Teilung weitergedreht.

Arbeitsweise des Fingerfräsers s. Abb. 17 u. 18. Zur Verwendung kommen Sondermaschinen oder Zusatzeinrichtungen auf größeren Abwälzfräsmaschinen (Abb. 19 u. 20).

2.20 Ausführung des Fingerfräsers. Während das Zahnprofil der Scheibenfräserzähne gleich dem Profil der zu fräsenden Zahnlücke ist, ent-

Abb. 19. Winkelzahnfräsmaschine zum Fräsen von Kammwalzen und Pfeilrädern (Maschinenfabrik Lorenz)

spricht die Erzeugende des Fingerfräsers der Hälfte des Lückenprofils. Das bedeutet, daß für einen bestimmten Modul der Fingerfräser wesentlich kleiner ausfällt, als der Scheibenfräser. Dafür ist allerdings die Lebensdauer des Fingerfräsers erheblich geringer.

I. Vorfräser. Man verwendet als Vorfräser Fingerfräser mit geraden Flanken, die hinterdreht sind.

II. Fertigfräser. Der Fertigfräser hat das Profil der zu fräsenden Zahnlücke. Der Außendurchmesser, der zur Berechnung der Drehzahl notwendig ist, wird Abb. 21 entnommen.

Abb. 20. Große Winkelzahnfräsmaschine (Maschinenfabrik Lorenz)

Die Zähnezahl des Fräsers. Fräser bis $m = 27$ enthalten 4 Zähne, darüber 6. Je kleiner der Modul ist, um so ungünstiger wird die Fräserform. Die Grenze liegt etwa bei Modul 10. Bei Einstellung der Schruppschnitte

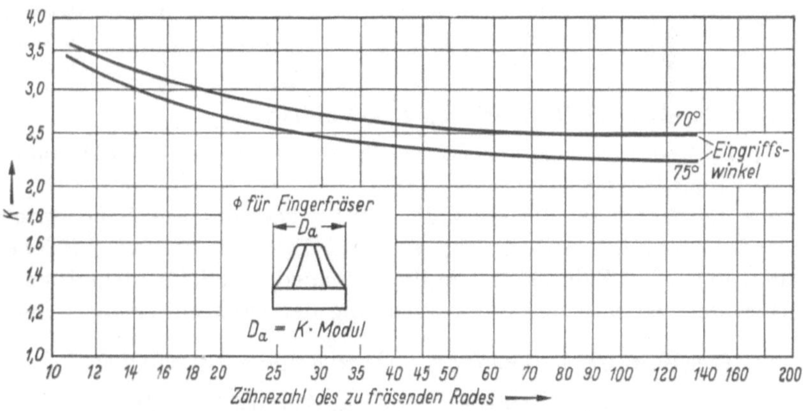

Abb. 21. Außendurchmesser des Fingerfräsers = Zahnlückenweite am Außendurchmesser des Zahnrades, in Abhängigkeit von der Zähnezahl des Zahnrades dargestellt

ist darauf zu achten, daß nach dem Grund der Zahnlücke zu, genügend Material stehen bleibt, damit der Fräser während des Schneidens genügend Führung behält (Abb. 22). Der Fräserverbrauch beim Fingerfräsen ist verhältnismäßig wesentlich höher, als beim Fräsen mit dem Scheibenfräser.

2.21 Ermittlung der Fräszeit (für gerade und schräge Zähne). Die erforderlichen Rechengrößen sind die gleichen, wie unter 2.12 beschrieben.

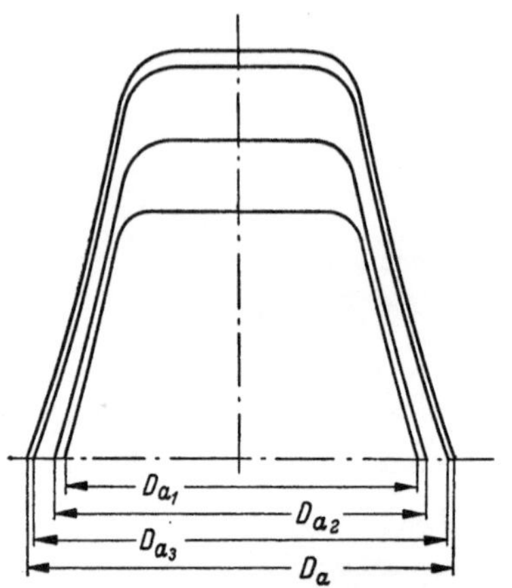

Abb. 22. Fingerfräser, auf verschiedene Frästiefen eingestellt

Vorschub je Fräserumdrehung s_n (Abb. 23, gerade Zähne). Mit steigendem Modul werden die Fräser größer und kräftiger, so daß s_n entsprechend gesteigert wird. Bei großen Teilungen spielt die Leistungsfähigkeit der Fräsmaschinen eine ausschlaggebende Rolle.

Anzahl der Schnitte i (Stg 52, St 50), (große Maschine).

Von Modul 10 bis Modul 39 ist $i = 3$,

ab Modul 40 bis Modul 60 ist $i = 4$,

bei größeren Teilungen müssen weitere Schnitte eingeführt werden.

Schnittgeschwindigkeit v. Für Stg 52 und St 50 können etwa folgende Schnittgeschwindigkeiten eingesetzt werden (Schnellstahl).

m	10	15	20	30	50	60
v_1 (1. Schnitt) =	10	13	15	16	16	16 m/min
v_2 (2. Schnitt) =	11	16	17	18	19	19 m/min
v_3 (3. Schnitt) =	12	16	17	20	20	20 m/min
v_4 (4. Schnitt) =	—	—	—	—	20	20 m/min

Fräserdurchmesser D_a (Abb. 21), D_a ist abhängig:

1. vom Modul, 2. von der Zähnezahl des zu fräsenden Zahnrades, 3. vom Eingriffswinkel.

Er entspricht beim Fertigschnitt der Lückenweite am Außendurchmesser des Zahnrades. Abb. 22 zeigt Vor- und Fertigfräser in verschiedenen Stellungen in einer Zahnlücke. Für die verschiedenen Schnitte ergibt sich als Durchmesser, mit dem die Berechnung der Drehzahl erfolgen muß:

1. Schnitt $D_{a_1} = 0{,}85\,D_a$ 2. Schnitt $D_{a_2} = 0{,}9\,D_a$

3. Schnitt $D_{a_3} = 0{,}95\,D_a$ 4. Schnitt $D_{a_4} = D_a$

Man rechnet im Durchschnitt mit $D_{a\varnothing} = 0{,}9\,D_a$.

2.22 Die Hauptzeit für das Fräsen eines Zahnes wird ermittelt wie folgt (gerade Zähne):

$$t_h = i\,z\,(\text{Fräsen} + \text{Anstellen} + \text{Rücklauf} + \text{Teilen})$$

$$\text{Weg:}\quad 2 + 1 + 3 + 4 \text{ nach Abb. 17}$$

$$t_h = i\,z\left(\frac{B}{s'} + c\right); \quad 1 + 3 + 4 = c$$

$$B = b + l_a + l_u; \quad l_a = l_u = \frac{D_a}{2}$$

$$\underline{B = b + D_a}$$

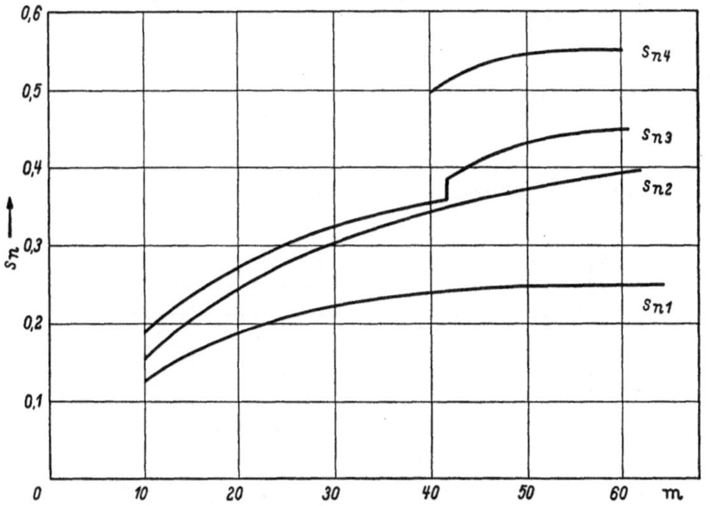

Abb. 23. Vorschub in mm je Fräserumdrehung s_n für Stahl von 50 ÷ 60 kg Festigkeit (s_{n1} = erster Schnitt usw.)

c aus Abb. 24, abhängig von der Zahnbreite für leichte und schwere Maschinen, aus Untersuchungen ermittelt.

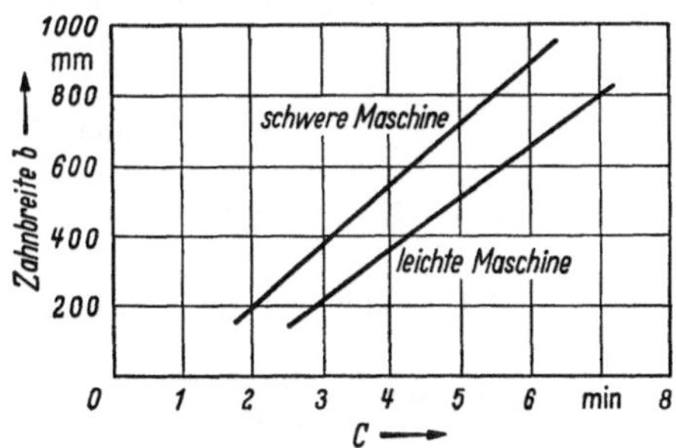

Abb. 24. Zeitfaktor c für Anschnitt, Teilen und Rücklauf, abhängig von der Zahnbreite b

$$t_h = i\,z\left(\frac{b + D_a}{s'} + c\right) \text{ in min} \tag{7}$$

Es ist $s' = n\,s_n; \quad n = \frac{v\,1000}{0{,}9\,D_a\,\pi}; \quad n\,s_n = s_n \frac{v\,1000}{0{,}9\,D_a\,\pi};$

$$t_h = z\left[(b + D_a)\frac{0{,}9\,D_a\,\pi}{1000}\underbrace{\left(\frac{1}{v_1\,s_{n_1}} + \frac{1}{v_2\,s_{n_2}} + \cdots\right)}_{\text{1. Schnitt; 2. Schnitt usw.}} + i\,c\right] \tag{8}$$

$$t_h = z\left(\frac{(b + D_a)\,2{,}84\,D_a\,K}{1000} + i\,c\right) \text{ abgerundet auf}$$

$$t_h = z\left(\frac{(b + D_a)\,2{,}9\,D_a\,K}{1000} + i\,c\right) = \textit{Hauptzeit in Minuten} \tag{9}$$

$$K = \underbrace{\frac{1}{v_1\,s_{n_1}}}_{K_1} + \underbrace{\frac{1}{v_2\,s_{n_2}}}_{K_2} + \cdots = \text{Vorschubfaktor}$$

Abb. 25 zeigt K abhängig vom Modul.

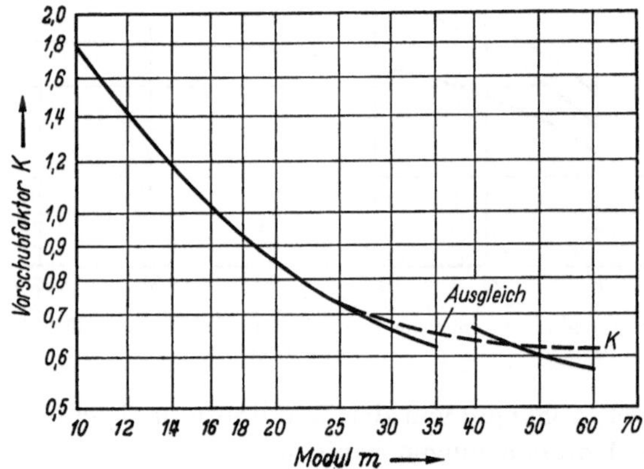

Abb. 25. Vorschubfaktor K für Stirnräder mit geraden Zähnen (St. 50 ÷ 60 kg Festigkeit)

Beispiel:

$m = 30; \quad z = 150; \quad b = 400; \quad \alpha = 15°$ (gerade Zähne); $i = 3$

Nach Gl. (9): $\quad t_h = z\left(\frac{(b + D_a)}{1000}\,2{,}9\,D_a\,K + i\,c\right)$

c (aus Abb. 24) $= 3{,}2$ min; $\quad 0{,}9\,D_a = 0{,}9 \cdot 2{,}3 \cdot 30 = 63$ mm

$$t_h = 150\left((400 + 63)\frac{2{,}9 \cdot 63 \cdot 0{,}64}{1000} + 9{,}6\right)$$

$$t_h = 150\,(463 \cdot 0{,}128 + 9{,}6) = 150\,(59 + 9{,}6) = 10400 \text{ min}$$

$$t_h = \frac{10400}{60} = 173 \text{ Std.}$$

Das gleiche Beispiel nach Gl. (7) berechnet, ergibt:

$$t_h = i\,z\left(\frac{b + D_a}{s'} + c\right) \qquad i = 3; \quad c = 3{,}2\,\text{min}$$

$$t_h = i\,z\left(\frac{b + D_{a_1}}{n_1 s_{n_1}} + \frac{b + D_{a_2}}{n_2 s_{n_2}} + \frac{b + D_{a_3}}{n_3 s_{n_3}} + c\right)$$

$D_a = 69$ mm $\quad D_{a_1} = 0{,}85 \cdot 69 = 59$ mm $\quad D_{a_2} = 0{,}9\,D_a = 63$ mm $\quad D_{a_3} = 69$ mm

$v_1 = 16$ m/min $\quad v_2 = 18$ m/min $\quad v_3 = 20$ m/min (Tab. S. 22)

$n_1 = \frac{16}{0{,}059\,\pi} = 86$ U/min $\quad n_2 = \frac{18}{0{,}063\,\pi} = 91$ U/min $\quad n_3 = \frac{20}{0{,}069\,\pi} = 92$ U/min

$s_{n_1} = 0{,}23$ mm/Fräserumdrehung $\quad s_{n_2} = 0{,}31$ mm/Fräserumdrehung

$s_{n_3} = 0{,}33$ mm/Fräserumdrehung

$n_1 s_{n_1} = 86 \cdot 0{,}23 = 19{,}8$ mm $\quad n_2 s_{n_2} = 91 \cdot 0{,}3 = 27{,}3$ mm

$n_3 s_{n_3} = 92 \cdot 0{,}33 = 30{,}4$ mm

$$t_h = \sim 150\left(\frac{469}{20} + \frac{469}{27} + \frac{469}{31} + 9{,}6\right)\text{min}$$

$$t_h = \sim \frac{9900}{60} = \sim 165\ \text{Std.}$$

Vereinfachung der Gl. (9). Die Benutzung der Gl. (9) ist immer noch umständlich durch den Wert D_a, der sich mit α, z und m ändert. Um eine Vereinfachung in der Berechnung zu erreichen, werden aus der Kurve für D_a (Abb. 21) 3 Punkte herausgenommen ($\alpha = 20°$).

1. für $z = 20$; $\quad D_a = 2{,}9$ m
2. für $z = 30$; $\quad D_a = 2{,}7$ m
3. für $z = 50$ bis $150\,D_a = 2{,}5$ m

Aus der Gl. (9) wird zusammengefaßt:

$$t_b = z\left((b + D_a)\,\frac{2{,}9\,D_a K}{1000} + i\,c\right)$$

$$z = 20$$

zu 1. $\quad D_a = 2{,}9$ m

$$t_h = z\left((b + 2{,}9\,m)\underbrace{\frac{2{,}9 \cdot 2{,}9\,m\,K}{1000}}_{\lambda_{20}} + i\,c\right)$$

$$4.\ t_h = z[(b + 2{,}9\,m)\,\lambda_{20} + i\,c] \qquad (10)$$

$$z \leqq 20$$

$$5.\ t_h = z[(b + 2{,}7\,m)\,\lambda_{30} + i\,c] \qquad (11)$$

$$z \leqq 30$$

$$6.\ t_h = z[(b + 2{,}5\,m)\,\lambda_{50} + i\,c] \qquad (12)$$

$$z \geqq 50$$

Beispiel: $m = 30$; $z = 150$; $b = 400$; $\alpha = 15°$

Aus Gl. (12) ist:

$$t_h = 150\,[(400 + 2{,}5 \cdot 30) \cdot 0{,}128 + 9{,}6] = 150\,(475 \cdot 0{,}128 + 9{,}6)$$

$$t_h = \frac{10600}{60} = 177 \text{ Std.}$$

In Abb. 26 sind einige Werte von λ dargestellt.

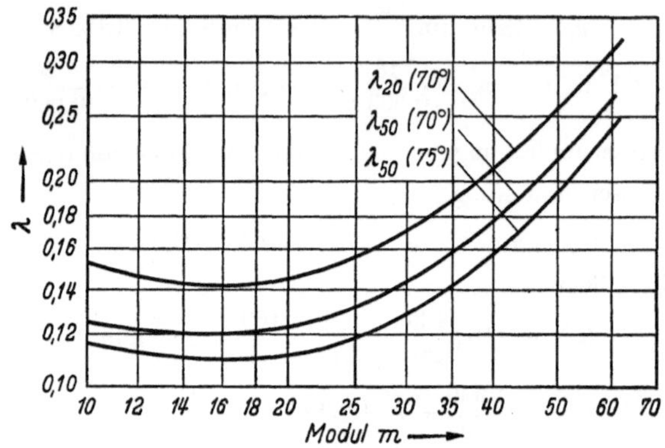

Abb. 26. Faktoren von λ, abhängig von Modul (nach Formel 10; 11; 12)

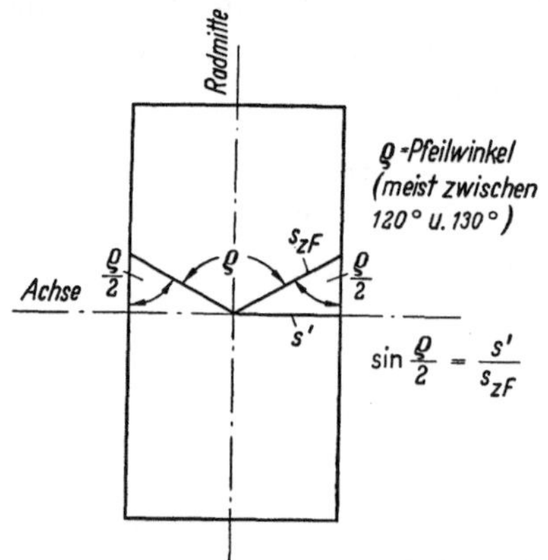

Abb. 27. Bei schrägen oder Pfeilzähnen muß mit s_{zf} = Vorschub in Richtung des Zahnes gerechnet werden

2.23 Berechnung der Fräszeit für schräge und Pfeilzähne. Die Berechnung erfolgt in gleicher Weise, wie in 2.21 beschrieben. Die Werte s_n bzw. s' ändern sich, wie Abb. 27 zeigt. Ist s' der Vorschub in Richtung des Frässchlittens, s_{z_f} in Pfeilrichtung (hervorgerufen durch zusätzliche Drehung des Rades beim Fräsen) dann ist $s_{z_f} = \frac{s'}{\sin \varrho/2}$.

Dementsprechend müssen die Vorschübe von Abb. 23 umgerechnet werden. Dann wird für Pfeilzähne Gl. (7) abgewandelt:

$$t_h = i\,z \left[\left(\frac{b + D_a}{s_{z_f}} + c\right) = i\,z \left(\frac{b + D_a}{\frac{s'}{\sin \varrho/2}} + c\right)\right] \tag{13}$$

Zu der Zeit für das Fräsen der Zahnlücken kommt noch das Abfräsen der Zahnspitzen 1, 5, 7, 6 (Abb. 28). D = Fräserdurchmesser $\sim 0{,}9\,D_a$.

$$\sin\varphi = \frac{x}{D} \qquad \varphi = 30° \qquad x = D \sin\varphi = 0{,}5\,D$$

Zur Berechnung wird Gl. (7) angewandt,

Beispiel: $m = 30$; $z = 150$; $2\,x = D = 2{,}3\,m = 69$ mm.

Hierzu kommt als An- und Auslauf $l_a = D = 69$ mm.

Fräsbreite $2\,x + l_a = 138$ mm $\qquad i = 1$

$v = v_1 = 16$ m/min $\qquad n = \dfrac{16}{0{,}069\,\pi} = 74$ U/min

s_{n_1} (Abb. 23) $= 0{,}23$ $\qquad s' = 0{,}23 \cdot 74 = 17$ mm/min

$$t_h = i\,z\left(\frac{2\,x + l_a}{s_1} + c\right) = 1 \cdot 150\left(\frac{138}{17} + 2\right)$$

$$t_h = 1500\ \text{min} = 25\ \text{Std.}$$

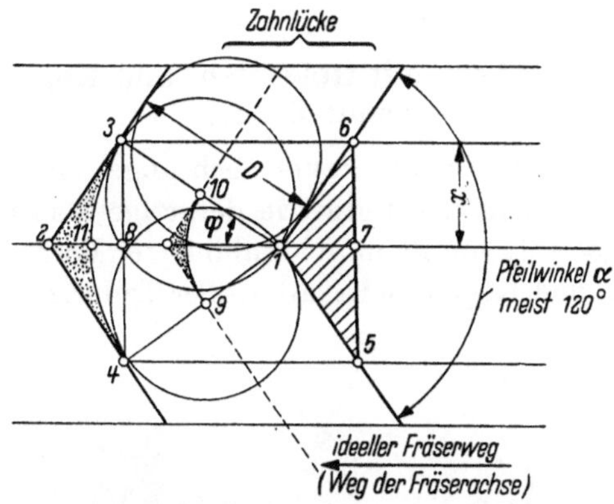

Abb. 28. Zahnspitze abfräsen bei Pfeilrädern. Beim Fräsen der Zahnlücke um die Ecke *1* bleibt die Fläche *2–3–11–4* stehen. Die Ecke *1* des Gegenzahnrades setzt bei *11* auf. Deshalb fräst man in einem besonderen Arbeitsgang die Fläche *1–5–7–6* bei Rad und Gegenrad weg.

2.24 Rüst- und Nebenzeiten.

1. Stirnräder mit geraden Zähnen.

Rad-∅	1500	2500	4000	5000	6000
t_r in min	170	220	240	250	260
t_n in min	200	300	400	560	700

2. Stirnräder mit Pfeilzähnen.

Rad-∅	1500	2500	4000	5000	6000
t_r in min	270	320	350	370	390
t_n in min	200	300	400	560	700

3. Kammwalzen, Abb. 29.

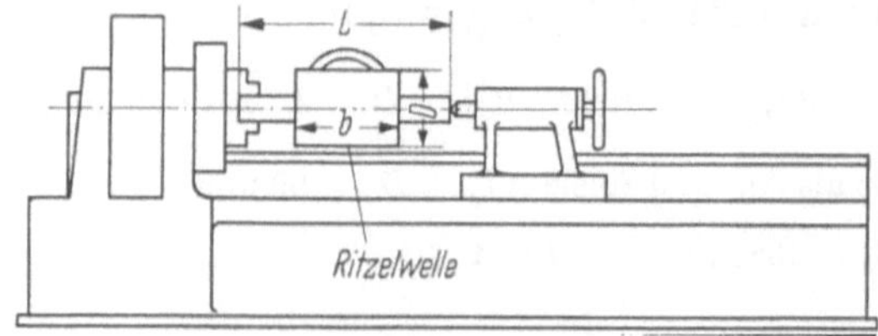

Abb. 29. Rüst- und Nebenzeiten an der Kammwalzenfräsmaschine (Abb. 19)

	a	b	c		
L =	1000	2000	2000	3000	mm
b =	500	500	1000	1500	mm
D =	500	500	1000	1500	mm
t_r =	70	100	100	130	min
t_n =	200	230	300	400	min

a = gerade Zähne, b = Pfeilzähne, c = Doppelpfeilzähne (Kammwalzen)

2.3 Das Formverfahren mit Hobelstahl und Kopierschablone
(gerade Zähne)

Dieses Verfahren wird heute kaum noch angewandt. Um die Jahrhundertwende wurden in der Industrie derartige Maschinen in erheblichem Maße eingesetzt, vor allem in kombinierter Form zur Herstellung von großen Stirn- und Kegelrädern mit großer Teilung (bis $m = 50$). Der

Abb. 30. Einstahl-Schablonenhobler für Kegel- und Stirnräder bis etwa 2000 mm Teilkreisdurchmesser (altes Modell) von Gleason

Vorzug dieser Hobelmaschinen war die sehr einfache und billige Werkzeugeinrichtung, bestehend aus Kopierschablone und Hobelstahl. Nachteilig ist die geringe Genauigkeit der erzeugten Zahnflanken und die lange Verzahnungszeit. Der Vollständigkeit halber wird eine solche Maschine beschrieben (s. S. 109).

Es bestanden vorwiegend zwei Fabrikate: Gleason, Rochester und Renk, Augsburg.

Abb. 30 zeigt eine Hobelmaschine für Stirnräder bis 2000 mm Außendurchmesser von Gleason.

Die Flankenform des Zahnrades entsteht dadurch, daß der Hobelschlitten mit der Kopierrolle an einer Schablone entlanggeführt wird. Auf dem Hobelschlitten gleitet der durch einen Kurbeltrieb angetriebene Support, der den Hobelstahl aufnimmt. Es wird jeweils eine Zahnflanke gehobelt. Das Arbeitsverfahren beim Hobeln einer Zahnlücke ist in s. S. 102 dargestellt.

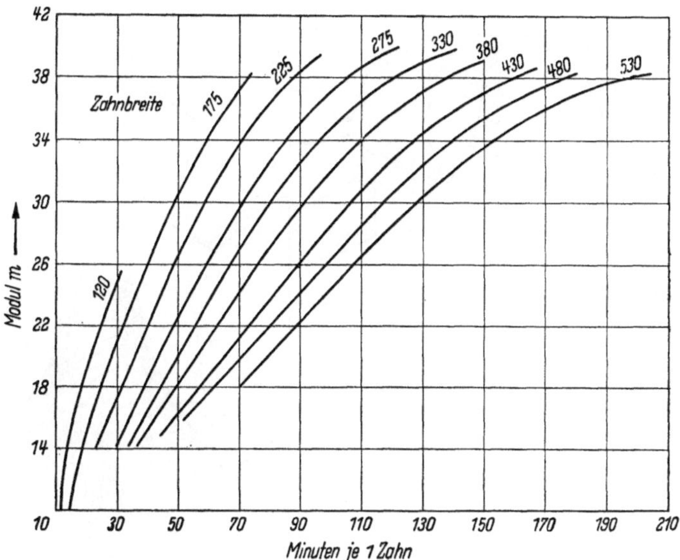

Abb. 31. $t_h + t_n$ in Minuten je Zahn für eine Maschine nach Abb. 30 (ältere Bauart)

Abb. 31 zeigt die Verzahnungszeiten einschließlich der Nebenzeiten für St 50 ··· 60 kg.

Bei Rädern aus Stahl- oder Grauguß werden bei größeren Teilungen die Lücken vielfach vorgegossen, wobei sich die Hobelzeiten entsprechend verringern.

2.4 **Das Wälzverfahren mit dem Wälzfräser** (gerade und schräge Zähne)

Die Herstellung von Stirnrädern nach dem Wälzverfahren unterscheidet sich vom Formverfahren dadurch, daß bei dem Wälzverfahren sämtliche Zahnlücken kontinuierlich bearbeitet werden. Das Zahnrad ist mit einem schneckenförmig ausgebildeten Fräser in Eingriff gebracht, beide drehen sich zwangsläufig, wobei der Fräser eine Vorschubrichtung parallel zur Achse des Zahnrades erhält. Versieht man bei entsprechender Fräsereinstellung die Drehbewegung des Rades mit einer Zusatzbewegung,

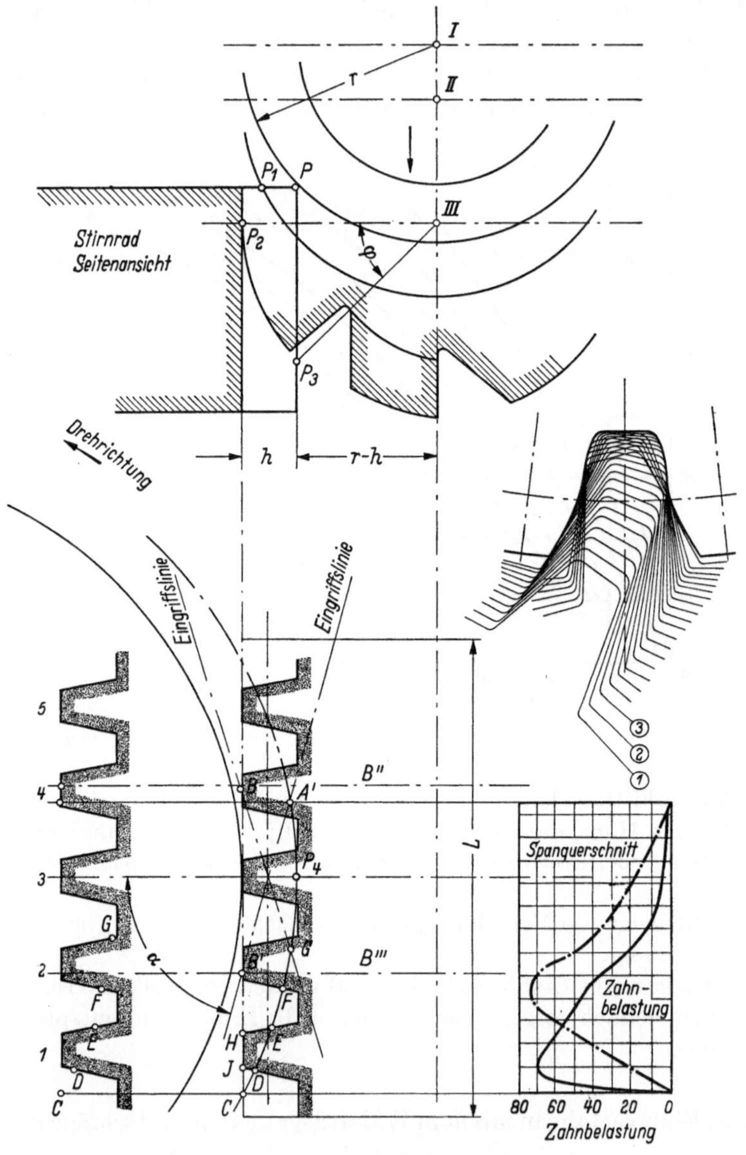

Abb. 32. Die Arbeitsweise des Wälzfräsers

Abb. 33. Die Zahnbelastung des Wälzfräsers während des Fräsvorganges

so entsteht je nach Größe dieser zusätzlichen Bewegung ein Stirnrad mit schrägen Zähnen mit einem mehr oder weniger großen Steigungswinkel.

2.40 Ausführung des Wälzfräsers. Der Fräser hat die Form einer Schnecke, die mit dem zu verzahnenden Stirnrad im Eingriff ist.

Die Arbeitsweise des Wälzfräsers. Abb. 32 zeigt die Eingriffsverhältnisse eines eingängigen Abwälzfräsers mit einem Stirnrad mit geraden Zähnen. (Bei dieser Betrachtung wurde der Steigungswinkel des Fräsers außer acht gelassen, da er klein ist.) Die Fräserachse bewegt sich in Pfeilrichtung (Seitenansicht), die Drehrichtung des zu verzahnenden Rades ist in der Draufsicht angedeutet.

1. Stellung der Fräserachse Punkt *I* (Seitenansicht). Der Außendurchmesser der Fräserzähne berührt das Rad in $P = P_4$ (Grundriß).

2. Stellung der Fräserachse Punkt *II*. Hier beginnt die Seite JH des des Zahnes 1 zu schneiden (Draufsicht).

3. Stellung der Fräserachse in Punkt *III*. Die Zähne 1 ··· 4 sind voll im Eingriff, Zahn 5 schneidet nicht mehr, da nach der Verzahnungstheorie außerhalb des Punktes B keine Berührung zwischen Fräser- und Zahnradzahn mehr besteht. Der Fräser beginnt in C zu schneiden und kommt in B außer Eingriff. Die Zahnbelastung durch den Spanquerschnitt steigt beginnend vom Ausschnittpunkt C (Zahn 1) bis etwa an die Punkte A', B. In dem Feld $GB \cdots A'B'$ ist die hauptsächlichste Zerspanungsarbeit geleistet, hier wird der Zahn fertiggewälzt. Abb. 33 zeigt die einzelnen Spanflächen beim Durchgang des Fräserzahnes durch die Zahnlücke. Trägt man die Flächen über CA' auf, so erhält man etwa eine Kurve wie in Abb. 33 gezeichnet.

Durch die ungleiche Belastung der Fräserzähne tritt eine entsprechende Abnutzung ein. Die Zähne 1 ··· 3 stumpfen ab, während die übrigen Zähne noch scharf sind. Diese ungleiche Abnutzung macht den Einsatz des Fräsers unwirtschaftlich. Man gleicht dies aus, indem man den Fräser axial verschiebt, um alle Zähne einer gleichmäßigen Abnutzung zu unterwerfen. Eine andere Lösung des Froblems wird erreicht, wenn man das einlaufende Ende des Fräsers konisch macht. Damit verteilt sich in dem Feld der Zerspanung die Belastung auf mehr Zähne. Fräser für Schrägverzahnung werden in allen Fällen konisch angespitzt.

Abb. 34. Vorfräser mit wechselseitig schneidenden Kanten (ältere Ausführung)

2.41 Zur Schonung des teuren, hinterschliffenen Fertigfräser werden *Vorfräser* angewandt.

1. Vorfräser mit wechselseitigen Schneiden der Zahnkante a, b, c, Brustwinkel γ, bei Kopfkante c durch Hohlschliff ebenfalls der Brustwinkel γ vorhanden. Nachteil: Umständliches Nachschleifen. Abb. 34, 36.

2. Vorfräser mit Zick-Zackverzahnung, bestehend aus drei nebeneinanderliegenden Ringhälften. Die Zahnkanten a und b arbeiten wechselseitig, Brustwinkel γ = positiv (Abb. 35 u. 36). Zum Schleifen werden

Abb. 35. Vorfräser, bestehend aus mehreren Scheiben

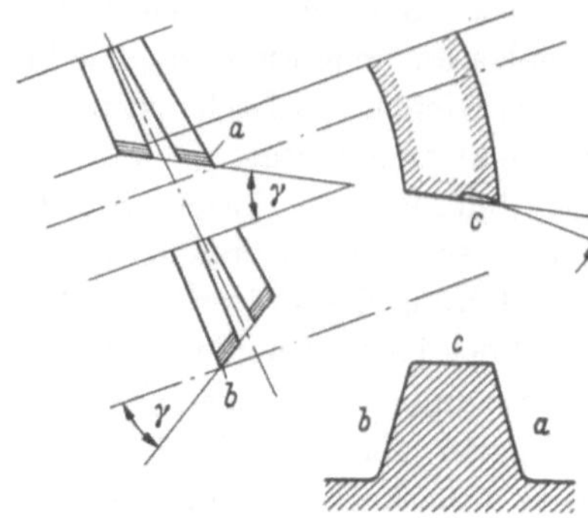

Abb. 36. Schnittwinkelanordnung des Fräsers Abb. 34

die einzelnen Ringe gedreht, so daß einmal alle rechtsspiraligen und in einem zweiten Arbeitsgang alle linksspiraligen Spanflächen geschliffen werden.

3. Normaler Abwälzfräser, 2gängig ausgeführt. Brustwinkel $\gamma = 0°$.

4. Hochleistungsfräser. Fräskörper aus Spezialstahl, Messer aus Hochleistungsstahl eingesetzt.

a) Hochleistungs-Wälzfräser mit Rundmessern; Fertigfräser. Die Fräser sind genormt nach DIN 8002. Kopfkreisdurchmesser nach Abb. 37. Nachteil: geringe Spannutenzahl.

b) Hochleistungs-Wälzfräser mit eingesetzten Messerschienen. Körper aus vergütetem Baustahl, Schneidmesserschienen aus Hochleistungs-Schnelldrehstahl. Dieser Fräser ist vor allem bei großen Teilungen (Modul 20···36) zu empfehlen, weil die Herstellung derartig großer Fräser aus Vollmaterial schwierig ist und das Werkzeug sehr teuer werden würde (der Fräserdurchmesser bei Modul 30 würde etwa 340 mm, die Fräserlänge $L = 14 \cdot \text{Modul} = 720$ mm betragen).

2.42 Ermittlung der Fräszeit (gerade Zähne). Zur Berechnung der Hauptzeit werden folgende Werte benutzt:

D_k = Außendurchmesser des Fräsers in mm (Abb. 37), $D_k = D$,
v = Schnittgeschwindigkeit in m/min,
n = Drehzahl des Fräsers in der Minute $= \dfrac{v \cdot 1000}{D_k \pi}$,
s_R = Vorschub je Radumdrehung in mm,
g = Gangzahl des Fräsers (meist $g = 1$),
i = Anzahl der Schnitte (Schnittzahl).

Die Hauptzeit wird berechnet nach der Gleichung:

$$\text{Hauptzeit} = \frac{(\text{Zahnbreite} + \text{Zusatzbreite}) \times \text{Zähnezahl} \times \text{Schnittzahl}}{\text{Vorschub je Radumdrehung} \times \text{Fräserumdrehungen}}$$

$$t_h = \frac{(b + \overbrace{l_{a_1} + l_{a_2} + l_u}^{a})\, z\, i}{s_R\, g\, n} = \frac{(b + a)\, z\, i}{s_R\, n\, g} \qquad (14)$$

$l_{a_1} + l_u$ = Anlauf + Überlauf ist ungefähr 3···5 mm je nach Art der Beschaffenheit der Maschine und der Fräserlänge, die von dem Modul abhängt.

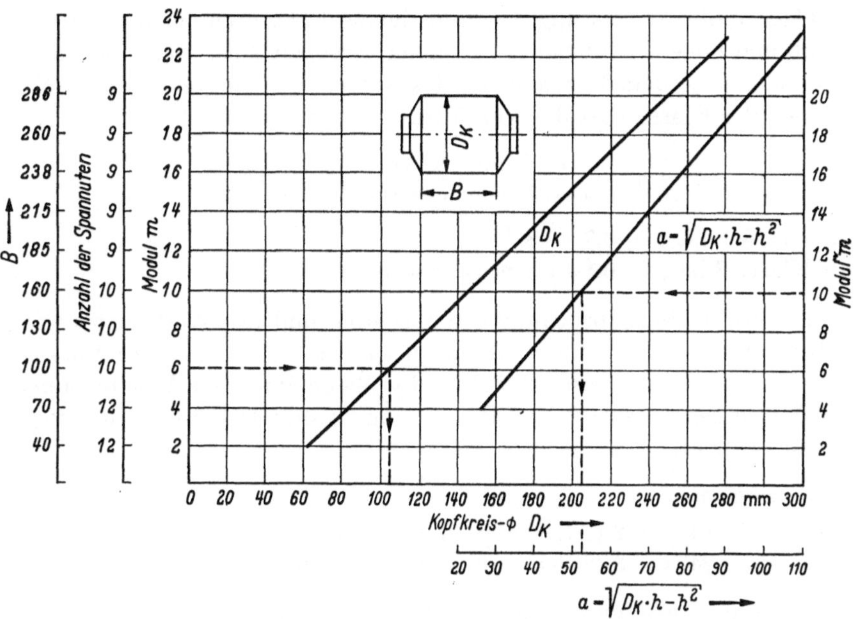

Abb. 37. Abmessungen und Anschnittwert der Wälzfräser nach DIN 8002; $a = l_{a_2}$ = Fräseranschnitt

l_{a_2} ist der Fräseranschnitt und hängt von D_k und vom Modul ab. Für die Fräser nach DIN 8002 ist $l_{a_2} \sim \sqrt{D_k\, h - h^2}$ auf Abb. 37 festgelegt. Dieser Wert gilt nur für Stirnräder mit geraden Zähnen, für Schrägzahnräder ist er größer und wird später ermittelt.

l_{a_2} gilt für den 1. Schnitt (Schruppschnitt), für den zweiten Schruppschnitt ist $l_{a_{22}} = 0{,}5\, l_{a_2}$, für den Schlichtschnitt $l_{a_{23}} = 0{,}3\, l_{a_2}$.

Für die Festlegung der Werte für i, v, s_R sind folgende Gesichtspunkte zu beachten:

a) Bauart und Werkstoff des Fräsers,

b) Verhältnis des Raddurchmessers und des zu fräsenden Moduls zur Größe der Maschine,

c) Fräsverfahren (Gegenlauf, Gleichlauf),
d) verlangte Genauigkeit des zu fräsenden Rades,
e) Werkstoff des Zahnrades,
f) Kühlung.

Die Fräsmaschinen werden in drei Klassen eingeteilt:

Klasse 1: Ältere Maschinen, etwa Baujahr 1925···1940,
Klasse 2: Moderne Typen, etwa Baujahr ab 1945,
Klasse 3: Hochleistungs-Fräsmaschinen ab 1950.

Bei den universalen Zahnradfräsmaschinen, wie sie bei Einzel- und Reihenfertigung in Gebrauch sind, sinkt mit steigendem Raddurchmesser und Modul die Fräsleistung. Die günstigsten Fräszeiten bei großem Vorschub und hoher Schnittgeschwindigkeit ergeben sich, wenn der Raddurchmesser $\leqq$ dem Durchmesser des Aufspanntisches ist. Bei den Maschinen der Klasse 1 ist das Verhältnis

$$\varphi = \frac{\text{Tischdurchmesser}}{\text{max. Raddurchmesser}} = 0{,}5\cdots 0{,}6$$

für Klasse 2 ist $\varphi = 0{,}7\cdots 0{,}8$,
für Klasse 3 ist $\varphi = 0{,}8\cdots 1$ ermittelt worden.

Die größte Beanspruchung der Maschine und des Werkzeuges tritt naturgemäß beim Vorfräsen (Schruppschnitt) auf. Unter der Voraussetzung, daß das zu fräsende Zahnrad größenmäßig dem Arbeitsbereich der Maschinen entspricht, wird die Schnittzahl i festgesetzt, wie folgt (gerade Zähne):

Schnittzahl i:

Modul: 1···14, $i = 2$ (1 Schrupp-, 1 Schlichtschnitt),
15···24, $i = 3$ (2 Schrupp-, 1 Schlichtschnitt).

Schnittgeschwindigkeit v. Für St 50···60 kg, 1 Schruppschnitt.

a) für Abwälzfräser nach DIN 8002, Maschinenklasse 1.

Fräsen im Gegenlauf.

Rad-⌀ m	4	8	12	16	20	22
bis 2000	20	19	18	16	14	14 } alte Maschine
bis 4000			16	15	14	14 }

b) Abwälzfräser nach DIN 8002, Maschinenklasse 2.

Fräsen im Gegenlauf.

Rad-⌀ m	4	8	12	16	20
bis 1000	35	33	30	28	25 } neue Maschine
bis 2000		30	25	22	20 }

c) Hochleistungs-Wälzfräser (nach 2.41, 1···4), Maschinenklasse 3 (Schnellwälzfräsmaschinen).

Fräsen im Gleichlauf.

Rad-∅ m	2	4	6	8	10	12
bis 700	60	50	45	40	35	30
	1 Schnitt bis $m = 5$		2 Schnitte			

Schnittgeschwindigkeit für Schlichten für St 50···60 kg: Die Schnittgeschwindigkeit ist im allgemeinen die gleiche, wie für den Schruppvorgang, sie kann um 10% gesteigert werden, je nach der Fräsdauer (Standzeit!). Der Schlichtvorgang darf nicht durch Fräserwechsel unterbrochen werden! Die angegebenen Werte für v sind den Veröffentlichungen der Werkzeugmaschinen und Werkzeugindustrie entnommen. Die Versuche, die Schnittgeschwindigkeit zu steigern, werden fortgesetzt. (Schnellwälzfräsen mit hohen Schnittgeschwindigkeiten, Machinery, Dezember 1952.)

Vorschub je Radumdrehung s_R (für St 50···60 kg). Der Hauptanteil der Zerspanungsleistung fällt den Vorfräsern (2.41, 1···4) zu. Die Sauberkeit der gefrästen Zahnflanken spielt beim Schruppvorgang eine untergeordnete Rolle. Infolgedessen entscheidet die Leistung des Fräsers und der Fräsmaschine die Größe des Vorschubs s_R beim Schruppen.

In dem Schlichtvorgang ist die Güte der Verzahnung maßgebend (Genauigkeit, glatte Zahnflanken), deshalb sind hier der Größe des Vorschubs s_R Grenzen gesetzt.

Bei Rädern mit kleineren Teilungen, die nur in einem Schnitt gefräst werden, ist der geringere Schlichtvorschub anzuwenden.

Nachstehend einige Richtwerte für s_R (für St 50···60 kg):

A. *Maschinen, Klasse 1, Fräser nach DIN 8002, Gegenlauf.*

m	4	8	12	16	20	22	Rad-∅
1. Schnitt Schruppen	1,3	1,3	1,2	1,3	1,3	1,2	bis 1000
				1,1	1,0	1,0	1000–4000
2. Schnitt Schruppen	–	–	–	1,5	1,5	1,5	
Schlichten	1	1	1	1,2	1,2	1,2	

B. *Maschinen, Klasse 2, Fräser nach DIN 8002, Gegenlauf.*

m	4	8	12	16	20	22	Rad-∅
1. Schnitt Schruppen	1,3	1,3	1,3	1,3	1,3	1,0	bis 1000
		1,3	1,2	1,3	1,3	1,1	bis 4000
2. Schnitt Schruppen	–	–	–	1,5	1,5	1,5	
Schlichten	1,2	1,2	1,3	1,4	1,5	1,5	bis 4000

C. *Maschinen, Klasse 3, Hochleistungswälzfräser mit hoher Spannutenzahl, Schnellwälzfräsmaschinen, Gleichlauf.*

m	2	4	6	8	10	Rad-Ø
Schruppen	0,7	1,3	2,0	3,0	3,0	bis 750
Schlichten	–	–	1,5	1,5	2,0	
	Bei Serienfertigung					

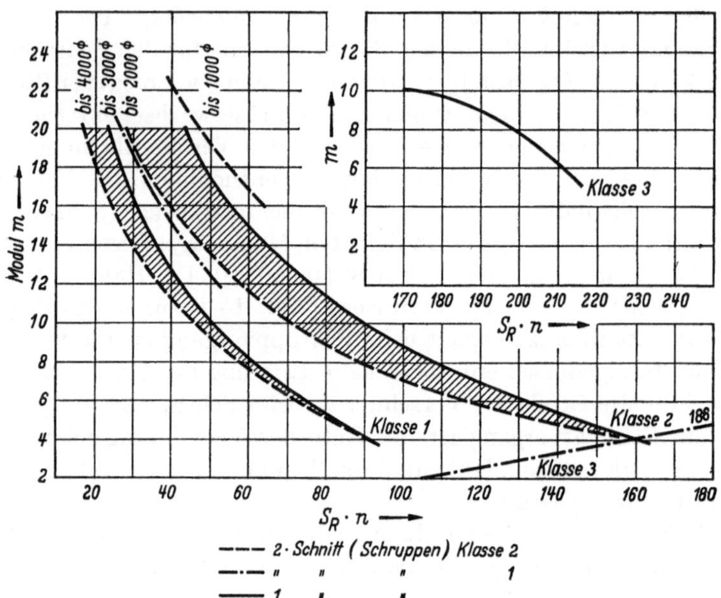

Abb. 38. Vorschubwert $s_R \cdot n$, abhängig vom Modul (Schruppen), für Stahl 50 ÷ 60 kg Festigkeit

Die Größe des Schlichtvorschubs wird bestimmt:

1. Von dem Verwendungszweck des Zahnrades [Qualität und geforderte Toleranzen[1]].

2. Von der Festigkeit des Zahnradwerkstoffes.

3. Von der Standzeit des Fräsers. (Der Schlichtvorgang darf nicht unterbrochen werden.)

Beispiel für die Berechnung der Hauptzeit:

$m = 10$; $z = 60$; Zahnbreite $b = 160$; Stg 52.81.

Maschine: Klasse 1 $i = 2$.

Fräser-Ø (Abb. 37) = 145 mm,
Fräseranschnitt $a =$ 52 mm.

$$t_h = \frac{(a + b)\, z\, i}{s_R\, n}$$

[1] s. a. „Werkstatt und Betrieb“ (1957) H. 2, S. 125

1. Schruppen: $s_R\,n$ (Abb. 38) = 50 mm/min

$$t_{h_1} = \frac{(52 + 160) \cdot 60 \cdot 1}{50} = \frac{212 \cdot 60}{50} = 254\,\text{min}$$

2. Schlichten: $s_R\,n$ (Abb. 39) = 40 mm/min

Fräseranschnitt $a = 52 \cdot 0{,}3 = 15{,}66 \cong 16$ mm

$$t_{h_2} = \frac{176 \cdot 60 \cdot 1}{40} = 264\,\text{min}$$

Summe: $t_h = 518$ min

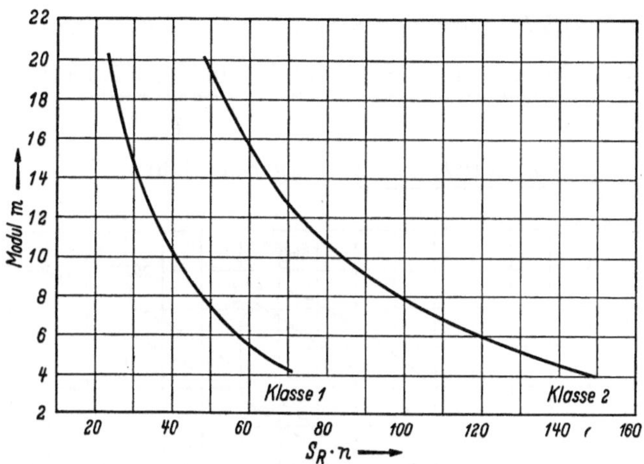

Abb. 39. Vorschubwert $s_R \cdot n$, abhängig vom Modul (Schlichten), für Stahl 50 ÷ 60 kg Festigkeit

Berechnung für Maschinen Klasse 2:

1. Schruppen: (Abb. 38) $s_R\,n$ = 90 mm/min

$$t_h = \frac{212 \cdot 60 \cdot 1}{90} = 142\,\text{min}$$

2. Schlichten: $s_R\,n$ = 85 mm/min (Abb. 39)

$$t_h = \frac{176 \cdot 60 \cdot 1}{85} = 125\,\text{min}$$

Summe: $t_h = 267$ min

Vereinfachte Berechnung der Hauptzeit t_h.

Es ist

$$t_h = \underbrace{t_{h1}}_{\text{Schruppen: 1. Schnitt}} + \underbrace{t_{h2}}_{\text{Schruppen: 2. Schnitt}} + \underbrace{t_{h3}}_{\text{Schlichten}}$$

$$t_h = \frac{z\,i\,(b + l_{a_1} + l_{a_2} + l_u)}{s_R\,n} \qquad (15)$$

$$l_{a_1} + l_{a_2} + l_u = a \left\{ \begin{array}{l} a_1 \text{ für den 1. Schnitt} = a \\ a_2 \text{ für den 2. Schnitt} = 0{,}5\,a \\ a_3 \text{ für den 3. Schnitt} = 0{,}3\,a \end{array} \right\}$$

$$t_h = \underbrace{\frac{z(b + a_1)}{n_1 s_{R_1}}}_{\text{1. Schnitt}} + \underbrace{\frac{z(b + a_2)}{n_2 s_{R_2}}}_{\text{2. Schnitt}} + \underbrace{\frac{z(b + a_3)}{n_3 s_{R_3}}}_{\text{3. Schnitt}}$$

$$t_h = z(b + a)\underbrace{\frac{1}{n_1 s_{R_1}}}_{K_1} + (b + 0{,}5\,a)\underbrace{\frac{1}{n_2 s_{R_2}}}_{K_2} + (b + 0{,}3\,a)\underbrace{\frac{1}{n_3 s_{R_3}}}_{K_3}$$

$$t_h = z\,[(b\,K_1 + a\,K_1 + b\,K_2 + 0{,}5\,a\,K_2 + b\,K_3 + 0{,}3\,a\,K_3)]$$

$$t_h = z\,[b\,\underbrace{(K_1 + K_2 + K_3)}_{K} + a\,\underbrace{(K_1 + 0{,}5\,K_2 + 0{,}3\,K_3)}_{p}]$$

$$\underline{t_h = z\,(b\,K + a\,p)} \qquad \text{(gerade Zähne)} \qquad (16)$$

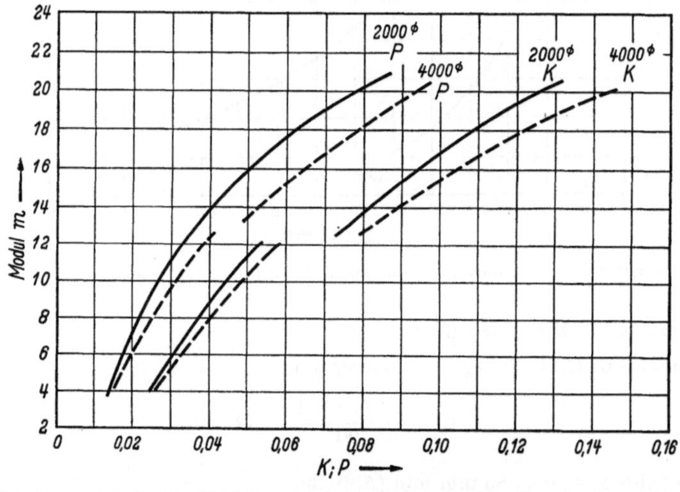

Abb. 40. Werte von k und p für Stahl 50 ÷ 60 kg Festigkeit für Stirnräder 2000 und 4000 mm Teilkreisdurchmesser nach Formel 16 (Maschinenklasse 1)

Für die Fräsmaschinen Klasse 1 und St 50···60 kg wird nachfolgend (Abb. 40) K und p errechnet:

1. Für Räder bis 2000 ∅,
2. Für Räder bis 4000 ∅.

Für gerade Zähne ist dann (mit $a \cdot p = c$):

$$\underline{t_h = z\,(b\,K + c)} \qquad \text{(gerade Zähne)} \qquad (17)$$

c in min; b in mm; K = min pro mm.

Beispiel: $m = 10$; $b = 160$ mm; St 50⋯60 kg; Maschine Klasse 1; $z = 60$:

$$t_h = 60\,(1{,}42 + 160 \cdot 0{,}045) = 60 \cdot 8{,}62 = 516 \text{ min}$$

Die Werte c, K und p für Maschinen, Klasse 1, siehe (Abb. 41).

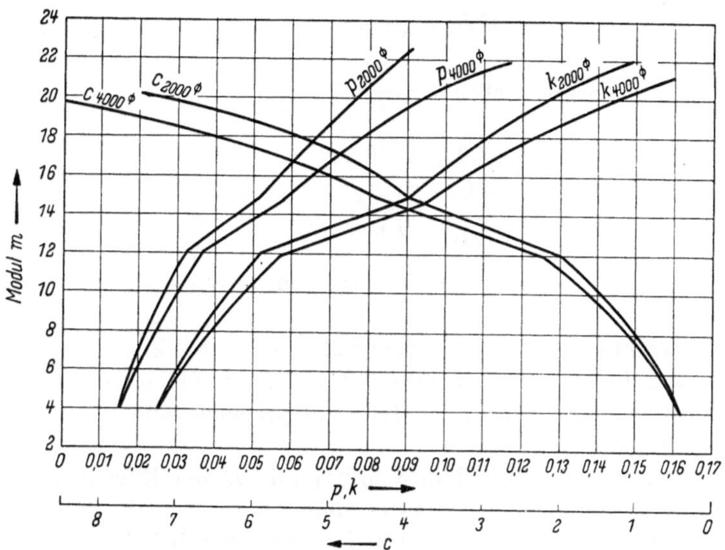

Abb. 41. Werte von p, k und c für Stahl 50 ÷ 60 kg Festigkeit (Maschinenklasse 1)

2.43 Ermittlung der Fräszeit für Räder mit schrägen Zähnen. *Die Bestimmung der Zusatzbreite* $l_{a_1} + l_{a_2}$ *bei Stirnrädern mit schrägen Zähnen* (Abb. 42). In der Abbildung ist ein Zahnrad mit den unter dem Winkel ϱ geneigten Zähnen dargestellt.

Der Fräser schneidet im Punkt B (B'') das Rad an. Annahme, daß B'' mit B' zusammenfällt (Rad mit ∞ großem $\varnothing$).

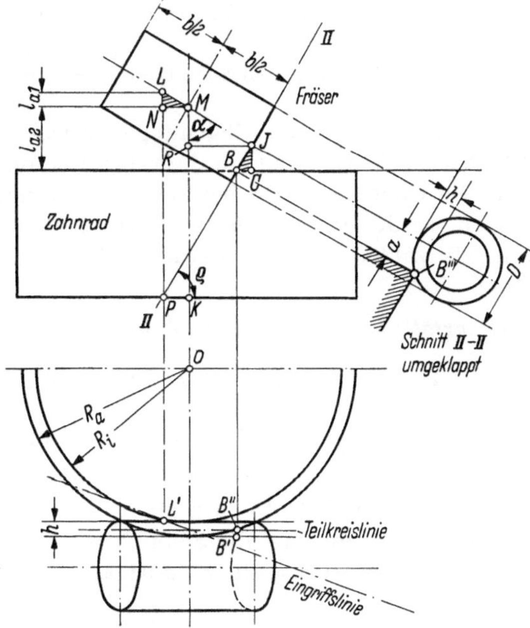

Abb. 42. Bestimmung des Fräseranschnittes $l_{a1} + l_{a2}$ beim Fräsen von Stirnrädern mit schrägen Zähnen

$$\Delta\, MRJ: \quad \cos\varrho = \frac{MR}{MJ}$$

$$MJ = \frac{b}{2}$$

$$MR = \frac{b}{2}\cos\varrho$$

$$\Delta\, BCJ: \quad \sin\varrho = \frac{JC}{BJ} = \frac{JC}{a}$$

$$a = \sqrt{Dh - h^2}$$

$$JC = a\sin\varrho$$

$$l_{a_2} = MR + JC$$

$$l_{a_2} = \frac{b}{2}\cos\varrho + \sin\varrho\sqrt{Dh - h^2} \tag{17a}$$

Wenn der Fräser sich soweit verschoben hat, daß M nach K gekommen ist, sind die Radzähne noch nicht voll ausgebildet. Dies tritt erst dann ein, wenn L mit P zusammenfällt, entsprechend einer weiteren Verschiebung mit l_{a_1}.

$p = LM$ ergibt sich aus dem Schnittpunkt L' der Eingriffslinie mit dem Kopfkreiszylinder des Fräsers und ist für 15° Eingriffswinkel $= 3{,}85$ Modul, für $20° = 2{,}94$ Modul. Im Dreieck LMN ist: $l_{a_1} = LM \cdot \cos\varrho = p\cos\varrho$. Dann ist $l_{a_1} = 3{,}85\, m \cos\varrho$ (15°), $l_{a_1} = 2{,}94\, m\cos\varrho$ (20°).

$$l_{a_1} + l_{a_2} = A_{20°} = 2{,}94\,\mathrm{m}\cos\varrho + \frac{b}{2}\cos\varrho + \sin\varrho\sqrt{Dh - h^2} \tag{18}$$

$$A_{15°} = 3{,}85\,\mathrm{m}\cos\varrho + \frac{b}{2}\cos\varrho + \sin\varrho\sqrt{Dh - h^2} \tag{19}$$

Bei dem Ansatz der Gleichungen wurde der Frässersteigungswinkel nicht berücksichtigt und ein ∞ großer Radaußendurchmesser angenommen. Die Gleichung wird bei kleinen Raddurchmessern zu hohe Werte ergeben. In der Praxis müßten durch Messungen an der Fräsmaschine Korrekturzahlen ermittelt werden, mit denen $l_{a_1} + l_{a_2}$ zu multiplizieren wäre.

Grenzfälle: $\varrho = 90°$ (gerade Zähne): $l_{a_2} = \frac{b}{2}\cos 90 + \sin 90\sqrt{Dh - h^2}$

$l_{a_2} = \frac{b}{2}\cdot 0 + 1\sqrt{Dh - h^2} = \sqrt{Dh - h^2}$ (Fräseranschnitt für gerade Zähne)

$\varrho = 0°$: $l_{a_2} = \frac{b}{2} + 0\sqrt{Dh - h^2} = \frac{b}{2}$, d.h. die halbe Fräserlänge ist gleich dem Anschnitt. Für $\varrho = 80°$ bis 50° und 20° $E\measuredangle$ sind die Werte für den Anschnitt in Abb. 43 dargestellt.

Bei Schrägzähnen ist die Schnittgeschwindigkeit die gleiche, wie auf S. 34 angegeben, ebenso die Schnittzahl i, jedoch wird ab $m = 10$, $i = 3$ genommen.

Der Vorschub je Radumdrehung ändert sich mit der Größe der Zahnschräge, wie in Abschn. 2.23 festgelegt. An Stelle von s_R wird mit $s_R \sin \varrho$ gerechnet, d. h. ab $\varrho = 60°$ wird statt des für gerade Zähne angewandten Vorschubes $S_R \cdot 0{,}9$, bei $\varrho = 45° : S_R \cdot 0{,}7$ zur Berechnung eingesetzt.

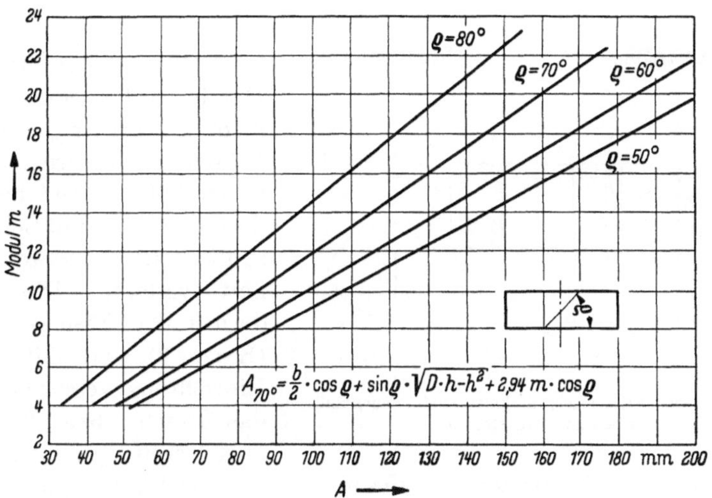

Abb. 43. Fräseranschnitt A (Zusatzbreite) für Stirnräder mit schrägen Zähnen nach Gl. 18

Beispiel für die Berechnung eines Stirnrades mit schrägen Zähnen:

$\varrho = 70°$; $m_n = 13$; $z = 240$; $b = 375$ mm

$\alpha = 70°$; Werkstoff: Stg 52.81, Maschine Klasse 1.

Da $\varrho = 70°$ ist, können die Vorschübe für gerade Zähne angewandt werden.

$$t_h = \frac{(b + A)\, z\, i}{s_R\, n\, g} \qquad \begin{matrix} g = 1 \\ i = 3 \end{matrix} \tag{14}$$

A für 20° und Modul 13 nach Abb.43 = 108 mm.

1. Schnitt $s_{R_1} n_1 = 33$ (Abb. 38) $A_1 = 108$ mm,
2. Schnitt $s_{R_2} n_2 = 48$ $A_2 = 0{,}5 \cdot 108 = 54$ mm,
3. Schnitt $s_{R_3} n_3 = 32$ $A_3 = 0{,}3 \cdot 108 = 32$ mm.

$$t_{h_1} = \frac{(375 + 108) \cdot 240}{33} = 3520 \text{ min}$$

$$t_{h_2} = \frac{(375 + 54) \cdot 240}{48} = 2150 \text{ min}$$

$$t_{h_3} = \frac{(375 + 32) \cdot 240}{32} = 3050 \text{ min}$$

8770 min

$$t_h = \frac{8770}{60} = 146 \text{ Std.}$$

Mit Gl. (16) ergibt sich für das gleiche Beispiel:

$$t_h = z(b K + A p)$$

k aus Abb. 41 $\sim 0{,}082$; p aus Abb. 41 $\sim 0{,}048$; $A = 108$ mm

$$t_h = 240\,(375 \cdot 0{,}082 + 108 \cdot 0{,}048) = \frac{35{,}9 \cdot 240}{60} = 144 \text{ Std.}$$

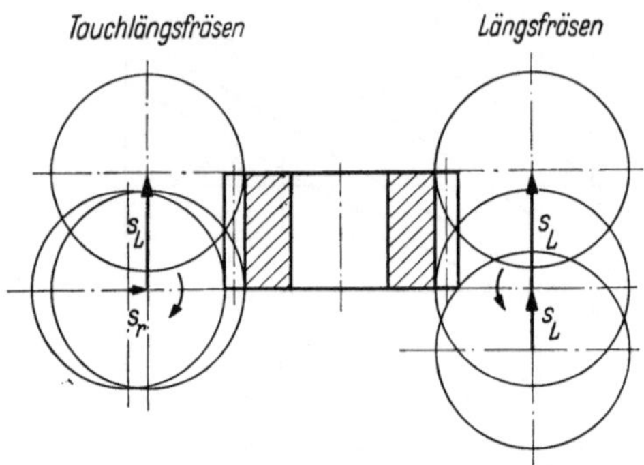

Abb. 44. Vergleich des Fräseranschnittes beim Tauchlängsfräsen und Längsfräsen

2.44 Tauchlängsfräsen. Durch den Fräseranschnitt beim Längsfräsen geht beim Fräsen von Rädern mit geraden Zähnen und besonders bei solchen mit Schrägzähnen von großer Steigung Zeit verloren. Die modernen Wälzfräsmaschinen (Klasse 3) sind mit einer Einrichtung versehen, die das Tauch-, bzw. Tauchlängsfräsen ermöglicht. (Abb. 44) zeigt die beiden Verfahren, a) das Längsfräsen und b) das Tauchfräsen für Gleichlauf. Beim Tauchfräsen wird durch Radialvorschub das Werkstück bis auf die Zahntiefe zugestellt, anschließend wird mit Längsvorschub der Zahn fertiggefräst.

Beispiel: $m = 2{,}5$; $z = 109$; $D_k = 110$ mm; $g = 4$; $n = 190$ U/min.

$s_T = 0{,}56$ mm/Radumdrehung *Tauchvorschub* $s_L = 2{,}5$ mm/Radumdrehung *Längsvorschub*

Tauchfräsen:

Zahntiefe $2{,}2 \cdot 2{,}5 = 5{,}5$ mm

$$t_{h_T} = \frac{5{,}5 \cdot 109}{190 \cdot 4 \cdot 0{,}56}$$

$$t_{h_T} = 1{,}41 \text{ min}$$

Längsfräsen:

Bei $D_k = 110$ ist

$a = 40$ mm = Fräslänge

$$t_{h_L} = \frac{40 \cdot 109}{190 \cdot 4 \cdot 2{,}5}$$

$$t_{h_L} = 2{,}1 \text{ min}$$

d.h.: Die Fräszeit bei dem Tauchfräsvorgang ist mit 1,41 Minuten um 0,69 Minuten geringer als wenn der Fräseranschnitt a nach dem Längsverfahren gefräst würde.

Die Verhältnisse werden noch günstiger, wenn es sich um ein Zahnrad mit großer Zahnschräge gehandelt hätte.

Es gilt:

$$\frac{\text{Zahnhöhe}}{\text{Tauchvorschub}} < \frac{\text{Fräseranschnitt}}{\text{Längsvorschub}}$$

Das Tauchverfahren wird neuerdings viel angewandt. Die Maschinen der Klasse 3 sind meist mit einer Einrichtung zum Tauchfräsen versehen.

2.45 Rüst- und Nebenzeiten (Stirnräder mit geraden Zähnen).

Rad-Ø	800	1200	2500	4000
t_r	50	60	80	220
t_n bis $m = 12$	65	85	125	200
ab $m = 12$	80	100	150	—

2.5 Das Wälzverfahren mit dem Schneidrad
(gerade und schräge Zähne)

Ein Stirnrad von einer bestimmten Teilung läßt sich herstellen, wenn man es sich mit einem zweiten Stirnrad von gleicher Teilung und belie-

Abb. 45. Wälzstoßmaschine von Lorenz, Ettlingen

biger Zähnezahl abwälzen läßt. Dieses zweite Stirnrad ist als Schneidwerkzeug ausgebildet und erhält außer der Drehbewegung um seine Achse eine weitere auf- und abgehende Bewegung, die je nach Lage der Schneiden die Stoß- und Rücklaufbewegung wird. Das Verfahren hat sich besonders bewährt bei der Herstellung von Innenverzahnungen, kann aber gleichfalls bei Stirnrädern mit Außenverzahnung vorteilhaft Anwendung finden, besonders dann, wenn aus konstruktiven Gründen der Auslauf des Werkzeuges knapp gehalten werden muß, so bei Doppelrädern. Abb. 45 zeigt eine Stirnradstoßmaschine von Lorenz.

Abb. 46. Scheibenschneidrad

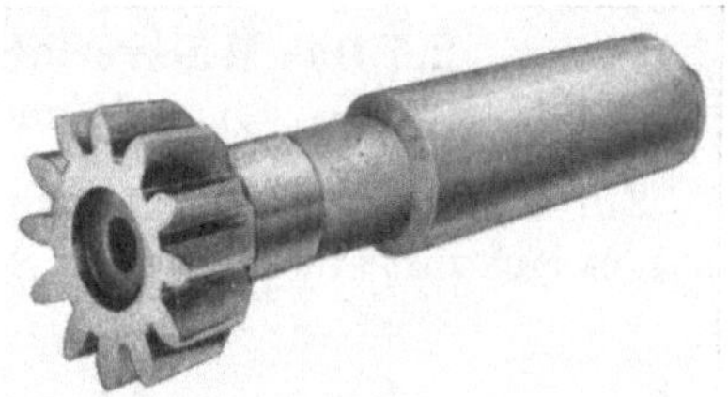

Abb. 48. Schaftschneidrad

Abb. 47. Glockenschneidrad

Abb. 49. Scheibenschneidrad für Schrägverzahnung

2.50 Das Schneidrad. Das Werkzeug ist ein Stirnrad aus gehärtetem Schnellstahl, dessen Zähne so hinterschliffen sind, daß die Flanken der einen Seite des Schneidrades als Schneiden ausgebildet sind. Je nach dem Verwendungszweck hat das Schneidrad verschiedene Formen:

1. *Scheiben-Schneidrad* (Abb. 46). Dies wird am häufigsten verwandt. Ist bei Innenzahnrädern mit Boden der Überlauf l_u aus Konstruktionsgründen sehr klein, so daß für die unten befindliche Befestigungsmutter kein Platz ist, so wird das Glockenschneidrad (Abb. 47) benutzt. Das Schaftschneidrad (Abb. 48) findet Anwendung bei Innenverzahnungen, bei denen der Platz für das Schneidrad sehr knapp ist, etwa durch eine

Nabe, die in der Mitte des Zahnrades vorsteht. Je größer die Zähnezahl des Schneidrades ist, desto geringer ist die Belastung und Abnutzung des einzelnen Zahnes.

Die in Abb. 46 bis 48 dargestellten Schneidräder gelten für Zahnräder mit geraden Zähnen. Bei schrägverzahnten Rädern kommen Schneidräder nach Abb. 49 zur Anwendung. Abb. 50 zeigt ein Scheibenschneidrad für Geradverzahnung im Schnitt.

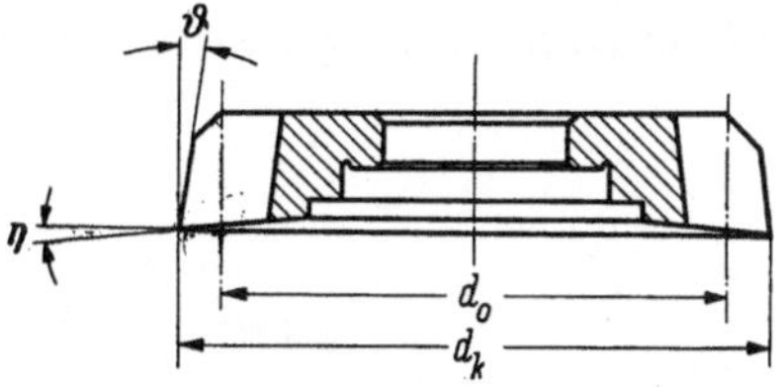

Abb. 50. Scheibenschneidrad, im Schnitt gezeichnet (Anordnung der Schneidwinkel)

Rückenwinkel $\vartheta = 2°$, Brustwinkel $\eta = 5°$ an der Zahnkopfkante. (In Sonderfällen Kehlschliff, so daß die Schneidkanten der Flanken einen Winkel $\eta = 3 \cdots 5°$ erhalten.

Bei der Herstellung von Innenverzahnungen ist folgendes bei der Wahl des zu verwendenden Schneidrades zu beachten: Bei normaler Verzahnung muß für 20° Eingriffswinkel das Verhältnis der Zähnezahlen des Innenrades z_1 zu der Schneidradzähnezahl z_2 (nach Lorenz) $z_1/z_2 = 2{,}5$ sein, oder $z_2 < z_1/2{,}5$, da sonst beim Zerspanungsvorgang das Schneidrad aus den Zähnen des Innenzahnrades Teile herausschneidet, die nicht dem normalen Flankenverlauf entsprechen und dadurch die Flankenform verfälscht. Dies muß bei der Auswahl der Schneidräder beachtet werden. Hergestellt werden vorwiegend:

Scheibenschneidräder (gerade Zähne):

	Teilkreis ∅
bis Modul 4,5	75 mm
bis Modul 6,5	100 mm
ab Modul 6,5 bis Modul 8	103···112 mm (nach LORENZ)

Glockenschneidräder (gerade Zähne):

	Teilkreis ∅
bis Modul 4,5	70··· 90 mm
bis Modul 5	100 mm
ab Modul 5	103···120 mm (nach LORENZ)

Schaftschneideräder (gerade Zähne) s. Abb. 48:

	Teilkreis-∅	
bis Modul 2,5	25 mm	(nach FELLOW)
von Modul 1···4	38 mm	(nach FELLOW)

Schneidräder für Schrägzähne von $1^1/_2''$ bis $4^1/_2''$ Durchmesser.

Arbeitsweise des Schneidrades.

Abb. 51 zeigt das Stoßen einer Innenverzahnung, Abb. 52 das Stoßen einer Außenverzahnung. Beide Zahnräder und Schneidräder haben die gleiche Teilung und Zähnezahl. Gezeichnet ist ein Stirnrad mit Innenverzahnung mit dem Mittelpunkt M_1, das Schneidrad mit dem Mittelpunkt M und dem Außendurchmesser d_a. Der Achsenabstand der beiden Mittelpunkte M und M_1 ist A. Die Drehrichtung von Innenzahnrad und Schneidrad ist durch die Pfeile angedeutet. In Abb. 52 sind die Mittelpunkte von Außenzahnrad und Schneidrad M_2 bzw. M_3, der Achsenabstand ist A_1. Bewegt sich das Zahnrad und das Werkzeug in der angegebenen Drehrichtung, so beginnt ein Zahn des Stoßrades in P_1 mit der Zerspanung. Mit jedem Hub schneidet das Schneidrad Späne mit dem Querschnitt f_1, f_2 ... aus dem zu verzahnenden Rad heraus, wobei sich Schneidrad und Zahnrad gleichmäßig in Pfeilrichtung drehen. In Mittelstellung (Linie M_2, M_3) ist der größte Teil der Lücke zerspant. Die Zer-

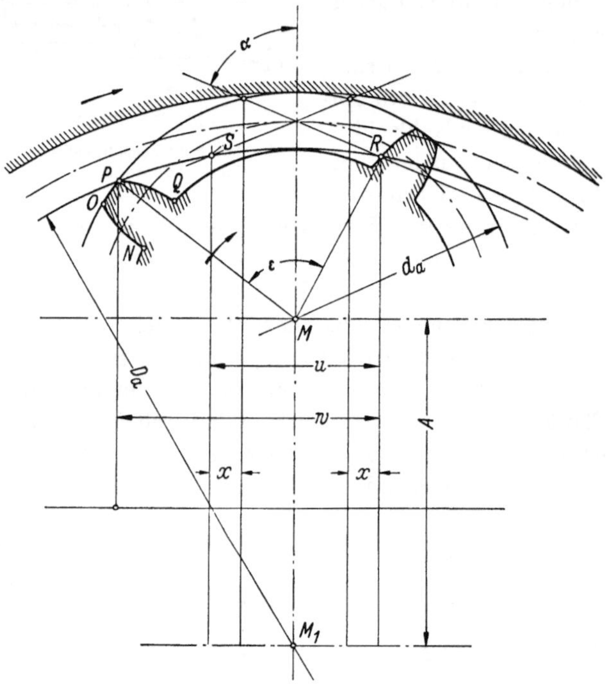

Abb. 51. Stoßen eines Innenzahnrades

spanung endet etwa im Punkt R_1, dem Schnittpunkt der unter dem Eingriffswinkel α gegen die Achse M_2, M_3 geneigten Eingriffslinie mit dem Kopfkreis des Zahnrades. Ein Zahn des Schneidrades schneidet auf dem Weg P_1 R_1 entsprechend der Strecke w_1 oder dem Winkel ε_1 eine Lücke aus dem Zahnrad heraus. Bei den Schlichtvorgang, bei dem auf den Flanken des Zahnrades eine geringe Zugabe für den Schlichtspan (etwa 1 mm pro Flanke) vorhanden ist, beginnt die Zerspanung erst kurz vor dem Punkt S_1 und endet im R_1. Der Zerspanungsvorgang spielt sich hier entsprechend der Strecke u_1 ab. Im Abb. 52 erkennt man, daß bei gleichförmiger Drehbewegung von Stoßrad und Zahnrad die Spanquerschnitte f_1, f_2 ... verschieden groß sind. Trägt man den Flächeninhalt der einzelnen Spanquerschnitte längs des Weges w_1 entsprechend auf, so erhält man eine Kurve, die Aufschluß über die Belastung des Schneidradzahnes bei seinem Durchgang durch das Zahnrad gibt. Die Belastung durch den Schnittdruck steigt vom Beginn des Zerspanens P_1 (entsprechend dem Punkte a) allmählich auf ihren Höchstwert, sinkt dann aber bis zur Mittelstellung b ab, hier ist die Lücke zum größten Teil ausgeschnitten. Von b aus sinkt dann der Spanquerschnitt bis $c = 0$. Die Hauptzerspanungsarbeit haben die Schneiden Q_1 P_1 und 0_1 P_1 zu leisten. Die dritte Schneide 0_1 N_1 hat nur kleine Spanquerschnitte auszuschneiden und wird entsprechend weniger belastet und angegriffen. Abb. 51 zeigt das Schneidrad im Eingriff mit dem Innenzahnrad. Der Zahn des Schneidrades muß den Winkel ε zurücklegen, um eine Lücke zu verzahnen, in Abb. 52 den Winkel ε_1. ε ist größer als ε_1. Es sei angenommen, daß $\varepsilon = 80°$ ist, $\varepsilon_1 = 55°$. Das Schneidrad habe eine Hubzahl von 50 in der Minute. Nach 9 Minuten habe sich das Schneidrad einmal um sich gedreht. Diese Umdrehung entspricht $50 \cdot 9 = 450$ Hüben. In Abb. 51 entspricht der Bogen

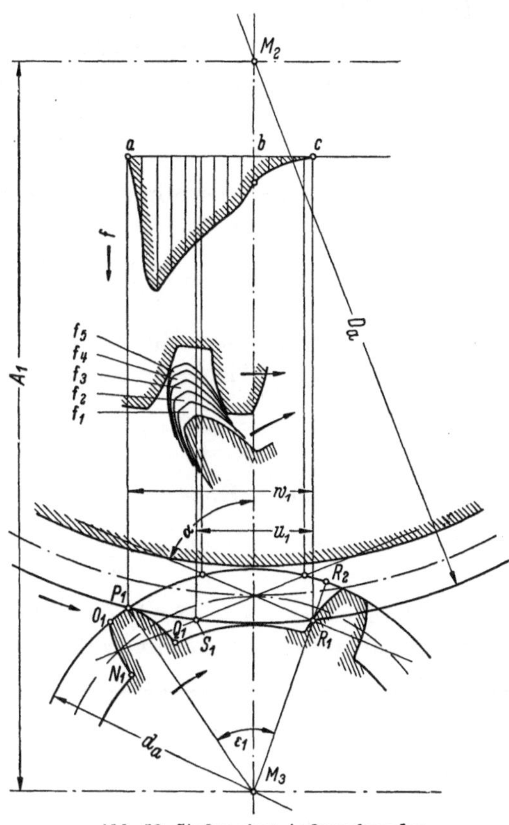

Abb. 52. Stoßen eines Außenzahnrades

$$PR = \frac{450}{\frac{360°}{80°}} = 100 \text{ Hüben, in Abb. 52. } P_1 R_2 = \frac{450}{\frac{360°}{55°}} = 68 \text{ Hüben}$$

Das besagt, daß bei dem Innenzahnrad die Zahnlücke in 100 Hüben gestoßen wird, bei dem Außenzahnrad in 68 Hüben. Damit ist die Belastung des Schneidradzahnes bei der Innenverzahnung um etwa 47% geringer, wie bei der Außenverzahnung, da ja die Spanquerschnitte pro Hub des Schneidrades kleiner sind und zwar im Verhältnis der Hubzahlen pro Durchgang des Schneidradzahnes durch die Lücke.

2.51 Ermittlung der Hauptzeit. Während des Hobelvorganges wälzt sich der Teilkreisdurchmesser des Schneidrades am Teilkreisdurchmesser des zu verzahnenden Rades ab. Die Vorschubgeschwindigkeit am Teilkreisdurchmesser ist s' in der Minute.

Damit wird

$$t_h = \frac{\text{Teilkreisumfang des Zahnrades}}{\text{Vorschubgeschwindigkeit am Teilkreis in der Minute}}$$

$$t_h = \frac{z\,m\,\pi}{s'}\,; \quad z = \text{Zähnezahl des Zahnrades}$$

Bei n Doppelhüben in der Minute und s_n mm Vorschub je Doppelhub (auf dem Teilkreis) wird:

$$t_{h_1} = i\,\frac{z\,m\,\pi}{n\,s_n}\,; \qquad n\,s_n = s' \tag{20}$$

Zu dieser Zeit kommt noch die Zeit t_{h_2} für die Tieferschaltung bis auf Zahntiefe h. Mit s_{n_1} = Tiefenvorschub in mm je Doppelhub wird

$$t_{h_2} = \frac{h}{n\,s_{n_1}} \tag{21}$$

Dann ist die gesamte Hobelzeit:

$$t_h = i\,\frac{z\,m\,\pi}{n\,s_n} + \frac{h}{n\,s_{n_1}} \tag{22}$$

h ist ~2,2 · Modul; i = Anzahl der Schrupp- und Schlichtschnitte.

Für St 50···60 kg und Innenverzahnungen rechnet man etwa:

	m	3	4	5	6	7	8
Schruppen	$i_1 =$	1	1	2	2	2	2
Schlichten	$i_2 =$	1	2	1	2	2	2

Vorschub je Doppelhub s_n*:* (Schneidrad 100 ∅). Bei einem anderen Schneidraddurchmesser x muß s_n im Verhältnis $100/x$ geändert werden.

	m	2	3	4	5	6	7	8
Auf Tiefe schalten	$s_{n_1} =$	0,03	0,03	0,03	0,03	0,03	0,03	0.03
Schruppen	$s_{n_2} =$	0,2	0,2	0,2	0,25	0,25	0,25	0,20
Schlichten	$s_{n_3} =$	0,25	0,30	0,35	0,44	0,44	0,44	0,44

Schnittgeschwindigkeit: Für St 50···60 kg im Durchschnitt 17 m/min. Die Grenzen liegen bei 20···22 m/min. Diese Schnittgeschwindigkeiten sind bei größeren Maschinen nur bei großen Zahnbreiten einzusetzen, bei schnellaufenden kleinen Stoßmaschinen auch bei den kleinen Zahnbreiten.

$$v = \frac{2\,H\,n}{1000} \qquad H = \text{Hublänge in mm}$$

Zur Berechnung der Doppelhubzahl n aus der angenommenen Schnittgeschwindigkeit kann man 2 Gleichungen benutzen:

1. Bei Annahme einer *mittleren* Geschwindigkeit v_{mittel} ist

$$n = \frac{v_{\text{mittel}}}{2H} \quad \text{Doppelhübe in der Minute}$$

2. Unter Berücksichtigung der *maximalen* Schnittgeschwindigkeit ist

$$n \cong \frac{v_{\max}}{\pi H}$$

Diese Gleichung findet nur Verwendung bei Maschinen mit durch Kurbeltrieb angetriebenem Stößel.

Setzt man beide Gleichungen gleich, so verhält sich

$$\frac{v_{\max}}{v_{\text{mittel}}} \cong \frac{\pi}{2}, \quad \text{d.h.:} \quad \underline{v_{\max} = \sim 1{,}57\, v_{\text{mittel}}} \qquad (23)$$

Der Stößel der Schneidradstoßmaschine wird durch einen Kurbeltrieb angetrieben, die Geschwindigkeit des Kurbelzapfens ist gleich der Umfangsgeschwindigkeit des Kreises mit $2r = H$, in dem der Mittelpunkt des Kurbelzapfens läuft. Die größte Umfangsgeschwindigkeit liegt in der Mitte der Hublänge H. Sie ist gleich $v_{\max}$ und darf nicht überschritten werden, wenn das Werkzeug nicht frühzeitig stumpf werden soll.

In den nachfolgenden Berechnungen ist immer mit mittlerer Geschwindigkeit gerechnet worden.

$$H = \underbrace{\text{Zahnbreite}}_{b} + \underbrace{\text{Anlauf} + \text{Überlauf}}_{l_a}$$

$$H = b + l_a$$

$$H = b + 10\text{ mm (bis } b = 50\text{ mm)}$$

$$H = b + 15\text{ mm (bis } b = 100\text{ mm)}$$

$$H = b + 20\text{ mm (bis } b = 160\text{ mm)}$$

Beispiel: $m = 5$; $b = 70$; $z = 80$ (Innenverzahnung) $= z_1$.

1. Wahl des Schneidrades: (Zähnezahl z_2)

$$\frac{z_1}{z_2} = 2{,}5; \qquad z_2 < \frac{z_1}{2{,}5} = \frac{80}{2{,}5} = 32 \text{ Zähne}$$

(Für $\alpha = 20°$)

Gewählt wird ein Schneidrad:

$z_2 = 20$ Zähne; Schneidrad-∅ = 100 mm,

$i = 2$ Schruppschnitte, 1 Schlichtschnitt,

$v = 17$ m/min; $\quad n = \dfrac{v \cdot 1000}{2H}$

$$H = b + 15 = 85\text{ mm}; \quad n = \frac{17 \cdot 1000}{170} = 100 \text{ Doppelhübe/min}$$

$$t_{h_1} = \underbrace{\frac{i\,z\,m\,\pi}{n\,s_{n_2}}}_{\text{Schruppen}} + \underbrace{\frac{i\,z\,m\,\pi}{n\,s_{n_3}}}_{\text{Schlichten}} \tag{24}$$

$$t_{h_1} = \frac{2\cdot 80\cdot 5\,\pi}{100\cdot 0{,}2} + \frac{1\cdot 80\cdot 5\,\pi}{100\cdot 0{,}4} = 126 + 31{,}4\,\text{min}$$

$$t_{h_2} = \frac{h}{n\,s_{n_1}} = \frac{2{,}2\cdot 5}{100\cdot 0{,}03} = 3{,}68\,\text{min}$$

$$t_h = t_{h_1} + t_{h_2} = \sim 161\,\text{min}$$

Vereinfachung der Berechnung der Hauptzeit:

$$t_h = \frac{i\,z\,m\,\pi}{n\,s_n} + \frac{h}{n\,s_{n_1}} \tag{22}$$

n wird durch v und H ersetzt:

$$n = \frac{v\cdot 1000}{2\,H}$$

In Gl. (22) eingesetzt:

$$t_h = \frac{i\,z\,m\,\pi\,2\,H}{1000\,v\,s_n} + \frac{2{,}2\,m\,2\,H}{1000\,v\,s_{n_1}}$$

$$t_h = \frac{z\,m\,H}{1000}\Bigg(\underbrace{\frac{i\,2\,\pi}{v\,s_{n_2}}}_{\substack{\text{Schruppen}\\ K_1}} + \underbrace{\frac{i\,2\,\pi}{v\,s_{n_3}}}_{\substack{\text{Schlichten}\\ K_2}}\Bigg) + \underbrace{\frac{4{,}4\,m\,H}{1000\,v\,s_{n_1}}}_{\text{Tiefenschaltung}}$$

Mit $z\,m = D$ wird:

$$t_h = H\left(\frac{D}{1000}(K_1 + K_2) + \frac{4{,}4\,m}{1000\,v\,s_{n_1}}\right)$$

$$t_h = \frac{H}{1000}[D\underbrace{(K_1 + K_2)}_{K} + K_3] \qquad K_3 = \frac{4{,}4\,m}{v\,s_{n_1}}$$

$$\underline{t_h = \frac{H}{1000}(D\,K + K_3)\,\text{min}} \tag{25}$$

Die Werte K und K_3 werden für eine Stoßmaschine mit einem Bereich bis Modul 8 und einem größten Teilkreisdurchmesser von 1000 mm berechnet. Da die Hubzahlen für geringe Zahnbreiten nicht ausreichten, mußte hier die Schnittgeschwindigkeit herabgesetzt werden. Die Berechnung wird St 50···60 kg und gerade Zähne durchgeführt.

1. *Festlegen von v:* $\qquad n = \dfrac{v\cdot 1000}{2\,H}$

Zahnbreite b	30	50	80	100	130	160
Hublänge H	40	60	95	115	150	180
$2\,H$	80	120	190	230	300	360

v: 20 m/min angenommen; $n = \frac{20000}{2H}$

n für $v = 20$:	250	167	105	87	67	56
n an der Maschine:	175	175	88	88	62	62
v an der Maschine:	14	21	16,7	20	20	20

v unter 30 mm Zahnbreite = 14 m/min, darüber 20 m/min.

2. *Bestimmung von* $K = \frac{i\,2\pi}{v\,s_n} = \overbrace{\frac{i\,2\pi}{v\,s_{n_2}}}^{K_1} + \overbrace{\frac{i\,2\pi}{v\,s_{n_3}}}^{K_2}$

Für obige Maschinen ergibt sich dann für $v = 14$ bzw. 20 m/min.

		$v = 14$			$v = 20$			
	m	2	3	4	5	6	7	8
bis $H = 40$	$K =$	4,03	3,75	3,37	3,95	3,95	4,4	4,57
		$v = 20$						
über $H = 40$	$K =$	2,82	3,25	3,37	3,95	3,95	4,4	4,57

Bestimmung von $K_3 = \frac{4{,}4\,m}{v\,s_{n_1}}$ (Tiefenschaltung)

	m	2	3	4	5	6	7	8
bis $H = 40$	$4{,}4\,m =$	8,8	13,2	17,6	22,0	26,4	30,8	35,2
	$v =$	14,0	14,0	20,0	20,0	20,0	20,0	20,0
	$s_{n_1} =$			0,03				
	$K\,s_{n_1} =$	0,42	0,42	0,6	0,6	0,6	0,6	0,6
	$K_3 =$	21,0	31,4	29,3	36,6	44,0	51,5	59,0
über $H = 40$	$v =$	20,0	20,0	20,0	20,0	20,0	20,0	20,0
	$K_3 =$	14,6	22,0	29,3	36,6	44,0	51,5	59,0

Beispiel: $m = 5$; $z = 80$; $b = 70$; $H = 85$ mm.

$$t_h = \frac{H}{1000}(D\,K + K_3) \qquad \begin{matrix} H \text{ in mm} \\ D \text{ in mm} \end{matrix}$$

$$t_h = \frac{85}{1000}(400 \cdot 3{,}95 + 36{,}6) = 138 \text{ min}$$

Das gleiche Beispiel, das mit einer Schnittgeschwindigkeit von 17 m/min gerechnet wurde, ergab eine Hauptzeit von 161 Minuten. Mit $v = 20$ m/min würde man eine Hauptzeit von $\frac{161 \cdot 17}{20} = 137$ min erhalten.

Tiefenschaltung. Bei älteren Maschinen der Systeme Fellows und Röber wird vor Beginn eines jeden Schnittes auf Schnittiefe geschaltet; wenn diese erreicht ist, beginnt das Schneidrad sich zu drehen, dementsprechend das zu verzahnende Stirnrad. Bei neuen Maschinentypen

(Lorenz, Reinecker) erfolgt die Tiefenschaltung nicht bei stillstehendem Schneidrad, sondern während des Wälzvorganges, wobei die Tiefenschaltung durch eine Kurve erfolgt. Diese Kurve ist auswechselbar und wird zur Herstellung des Zahnrades in 1 bis 3 Werkstückumläufen geliefert. Trotzdem die Tiefenschaltung nach obiger Darstellung in den eigentlichen Verzahnungsvorgang fällt, wurde bei der Entwicklung die Gl. (20) durch die Gl. (21) ergänzt, da ja bei Erreichung der jeweiligen Zahntiefe bei einem Zahnrad von z Zähnen eine Zähnezahl $z + x$ gehobelt werden muß, um alle Zähne auf gleiche Zahntiefe zu bringen. Die Zähnezahl x ist schwer zu bestimmen, deshalb wird die Hauptzeit um den Wert für Tiefenschaltung erhöht.

2.52 Berechnung der Hauptzeit auf den Stirnradstoßmaschinen von Reinecker.

Schnittgeschwindigkeit v_m

Werkstoff	Guß	ECN 35, geglüht 70 kg	St 90 kg	St 50···70 kg	Stg 40···60 kg	Bronze und Messing
Schnittgeschwindigkeit in Meter pro Minute	14	14	14	20	12	24

Type SSM 0: Kleinster/größter Raddurchmesser 10/250 mm,
größte zu stoßende Teilung $m = 4$,
größte Zahnbreite bei Außenverzahnung 50 mm,
größte Zahnbreite bei Innenverzahnung 25 mm.

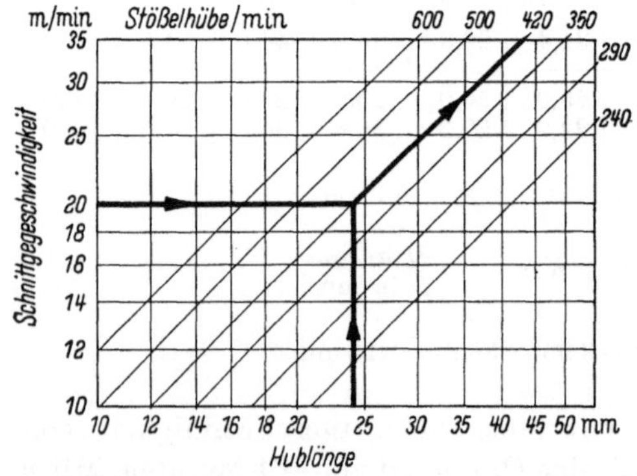

Abb. 53. Berechnung der Stößelhübe aus der Hublänge und der Schnittgeschwindigkeit (Maschine SSMO von Reinecker)

Beispiel zur Berechnung der Stoßzeit für einen Zahn eines Zahnrades:

$m = 3$; $b = 20$ mm;
$H = 24$ mm; $z = 40$ mm;
St 60.11.

a) $v = 20$ m/min; $n = 420$ Doppelhube/min (Abb. 53).

b) $t_{h_{1\,\text{Zahn}}} = 16$ sek (Abb. 54);
$t_h = 40 \cdot 16 \sim 10$ min.

Type SSM 1:

Kleinster/größter Rad-∅ bei Außenverzahnung	25/900 mm,
Kleinster/größter Radinnen-∅ bei Innenverzahnung	50/850 mm,
Größte zu stoßende Teilung	$m = 8$,
Größte Zahnbreite (Außen- und Innenverzahnung)	140 mm.

Beispiel: $m = 4$ mm; $b = 54$ mm; $H = 58$; St 70 kg; $z = 50$; $v = 14$ m/min (Abb. 55); $n = 124$,
$t_{h_{1\,\text{Zahn}}} = 1{,}15$ min (Abb. 56),

$$t_h = 1{,}15 \cdot 50 = 57{,}5 \text{ min.}$$

Reinecker gibt an als mittleren Wälzvorschub für Gußeisen und Stahl: $s_n = 0{,}2 \cdots 0{,}25$ mm, bezogen auf ein Schneidrad von 95 mm Durchmesser.

2.53 Berechnung der Hauptzeit auf der Fellows Stirnradstoßmaschine (nach Fellows).

Maschinentype: Nr. 6 Standard-Type (alte Bauart).

Die Berechnung der Hauptzeit ergibt sich

a) aus $$t\,h_{t\,s} = \frac{\text{Zahntiefe}}{\text{Doppelhubzahl} \times \text{Vorschub je Doppelhub}}$$

$t\,h_{ts}$ = Zeit für Schaltung auf Zahntiefe,
n = Doppelhubzahl in der Minute,
s_n = Vorschub in mm je Doppelhub, angegeben mit 0,046 mm.

$$t_{h_{ts}} = \frac{h}{n\,s_n} \text{ in min} \quad (26)$$

b) Zu der Zeit für die Tiefenschaltung kommt noch die eigentliche Verzahnungszeit.

Das zu verzahnende Rad wird je nach Teilung und Werkstoff in einem oder mehreren Schnitten, d. h. in einer oder mehreren Umdrehungen fertiggestellt. Die Zeit t_{hR} für eine Umdrehung des Zahnrades wird berechnet, wie folgt:

n_R = Doppelhübe je 1 mm Teilkreisdurchmesser,
D = Teilkreisdurchmesser des Rades in mm,
n = Doppelhubzahl in der Minute.

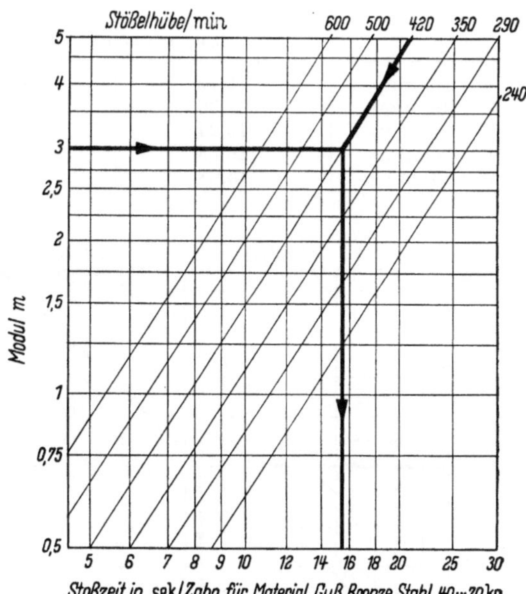

Abb. 54. Stoßzeit in sek/Zahn (Maschine SSM 0 von Reinecker)

Dann ist

$$t_{hR} = \frac{n_R\,D}{n} \quad (27)$$

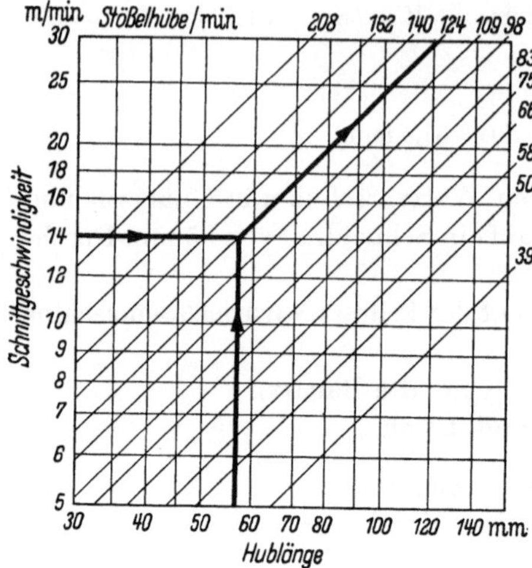

Abb. 55. Berechnung der Stößelhübe (Maschine SSM 1 von Reinecker)

für einen Schnitt; bei i Schnitten (Umdrehungen des Zahnrades) ist

$$t_{h_R} = \frac{i\, n_R\, D}{n} \tag{28}$$

Für die oben angegebenen Maschinen sind die Doppelhübe je 1 mm Teilkreisdurchmesser des Zahnrades in nachfolgender Tabelle festgelegt:

Tabelle 1. *Stößelhübe je 1 mm Teilkreisdurchmesser des zu schneidenden Rades*

Durchmesser des Schneidrades	n_R		
	Fein a	Mittel b	Grob c
	Hübe je 1 mm Teilkreisdurchmesser des Radkörpers		
1″ (25 mm)	54,72	37,6	28,35
2″ (50 mm)	27,36	18,8	14,18
3″ (75 mm)	18,24	12,53	9,45
3,5″ (88 mm)	15,63	10,74	8,1
4″ (100 mm)	13,68	9,4	7,09

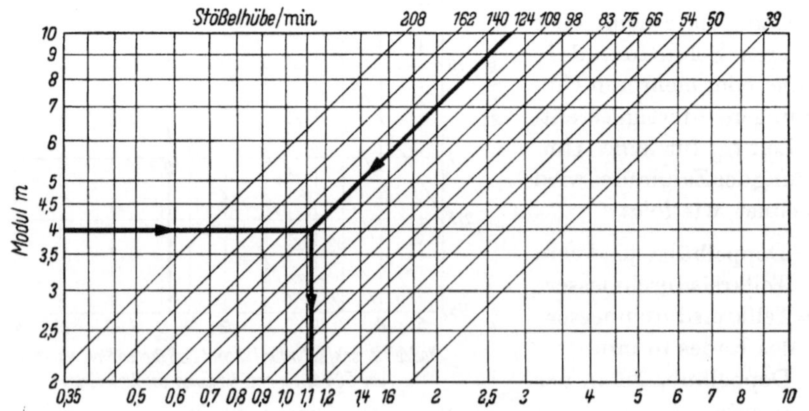

Stoßzeit in min/Zahn für Material Guß oder Stahl mittlerer Festigkeit bei 2 Umläufen des Werkstückes

Abb. 56. Diagramm zur Ermittlung der Stoßzeiten (Maschine SSM 1 von Reinecker)

Beispiel: $m = 4$; $z = 36$; $b = 40$; Werkstoff: Gußeisen.

$$v = 18\,m/\text{min}; \quad n = \frac{18 \cdot 1000}{2H} = \frac{18000}{90} = 200 \text{ Doppelhübe/min.}$$

a) $$t_{h_{ts}} = \frac{h}{n\,s_n} = \frac{9{,}2}{200 \cdot 0{,}046} = 1 \text{ min}$$

b) $$t_{h_R} = \frac{2 \cdot 9{,}4 \cdot 144}{200}\ 13{,}5 \text{ min}$$

wenn $i = 2$ und n_R bei einem mittleren Vorschub für ein Schneidrad von 100 mm Durchmesser = 9,4 Doppelhübe gewählt wird.

2.54 Rüst- und Nebenzeiten.

Rad-∅	100	300	500	1000
t_r	25	30	40	60
t_n	8	17	30	40

2.6 Das Wälzverfahren mit dem Kammstahl (gerade Zähne, schräge Zähne, Pfeilzähne)

2.60 Maschine von Maag (gerade und schräge Zähne); (Abb. 57). Die Maschine arbeitet nach dem Abwälzverfahren. Das Werkzeug ist eine Zahnstange, die als Hobelstahl ausgebildet ist, in einem Stößel gelagert, der sich bei Rädern mit geraden Zähnen in Richtung der Zahnradachse, bei Rädern mit schrägen Zähnen auf einer um den Zahnschrägenwinkel ϱ gegen die Radachse geneigten Bahn bewegt. Der Stößel führt eine Auf- und Abbewegung aus; während dieser Bewegung wälzen sich das Stirnrad und der Kammstahl ineinander ab. Ist eine Zahnlücke gehobelt, so wird der Stößel stillgesetzt und das Rad um eine Teilung verschoben. Nach beendeter Teilung wird der nächste Zahn gehobelt usw.

Wälzvorgang (nach Maag) Abb. 58.

Stellung 1: Anschnitt des ersten Zahnes.

a) = Drehung des Rundtisches mit dem Zahnrad um einen Betrag von s_n mm je Doppelhub in Pfeilrichtung.

b) = Verschiebung des Längstisches in Pfeilrichtung.

Stellung 2: Endstellung vor der *Reversierung*. Der Zahn 1 des Kammstahles hat die erste Zahnlücke ausgebildet. Dann erfolgt die Reversierung, d. h., der Längstisch wird bei stillstehendem Stößel im höchsten Totpunkt und Stillstand der Drehbewegung des Zahnrades a um eine Teilung zurückgeschoben, so daß der Kammstahlzahn 1 in die Zahnlücke 2, der Zahn 2 in die Lücke 3 kommt usw. Damit ist die Teilung vollzogen und in *Stellung 3* wird der Hobelvorgang fortgesetzt.

2.61 Der Kammstahl. Der Kammstahl ist eine kurze Zahnstange mit geraden Flanken aus einem hochwertigen Sonder-Schnellstahl. Er ist allseitig feinstgeschliffen. Kammstähle zum Hobeln von Stahl werden mit den erforderlichen Schnittwinkeln durch Hohlschliff versehen (Abb. 59 a u. b;

60a u. b). Der Schliff erfolgt auf einer Sonderschleifmaschine. Die günstigen Schnittwinkel ermöglichen eine große Spanleistung der Maschine.

Abb. 57. Maag-Wälzhobelmaschine beim Hobeln eines Schrägzahnrades

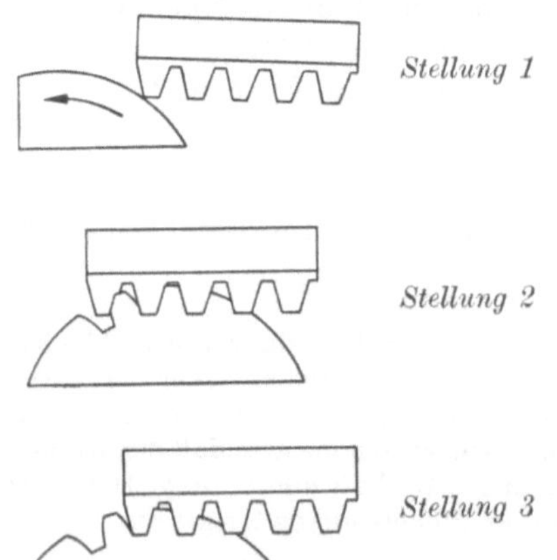

Abb. 58. Wälzvorgang beim Hobeln eines Stirnrades auf der Kammstahlhobelmaschine von Maag

Verwandt werden: Schruppstahl, Schlichtstahl und Schleifstahl, (letzterer bei Verzahnungen, die gehärtet und geschliffen werden).

2.62 Ermittlung der Hobelzeit (gerade Zähne). Der Berechnung werden folgende Werte zugrunde gelegt:

i = Anzahl der Schnitte,

v = mittlere Schnittgeschwindigkeit in m/min. (Durchschnittswert aus v Arbeitshub und v Rücklauf) (s. 2.51),

s_n = Wälzvorschub in mm je Doppelhub,

n = Doppelhübe des Stößels in der Minute: $n = \frac{v \cdot 1000}{2H}$

b = Breite des zu hobelnden Stirnrades in mm,
H = Hublänge des Stößels in mm $= b + 20$ mm,
z = Zähnezahl des Stirnrades,
m = Modul des Stirnrades.

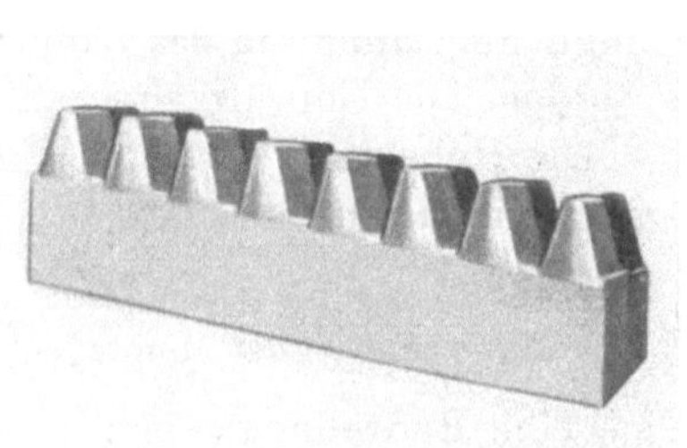

Abb. 59a

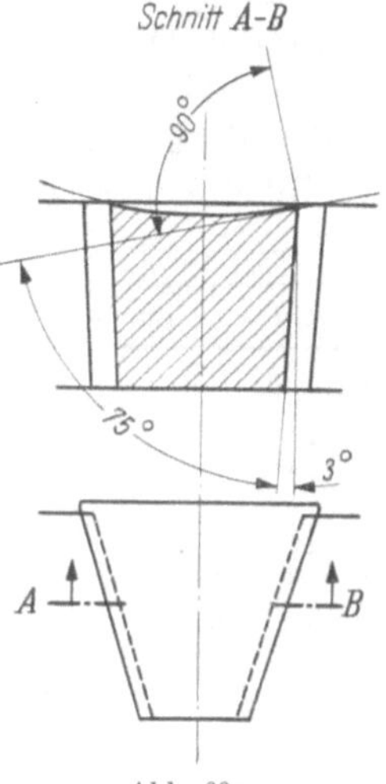

Abb. 60a

Abb. 59a u. 60a. Hobelkamm bis Modul 10 mit Hohlschliff der Brustfläche (Hobeln von Stahl) (Abb. 60a: Schnitt A–B)

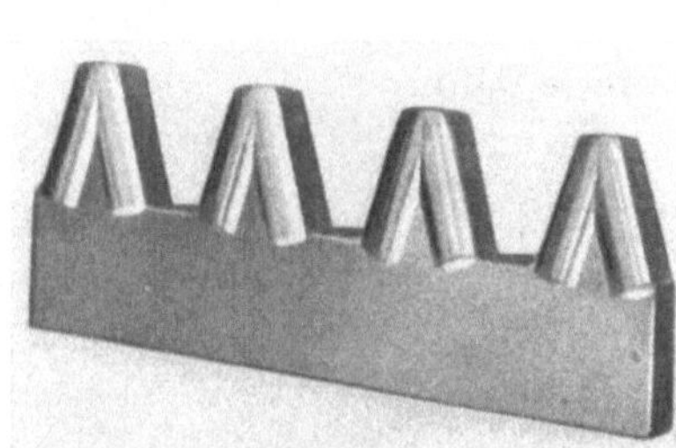

Abb. 59b

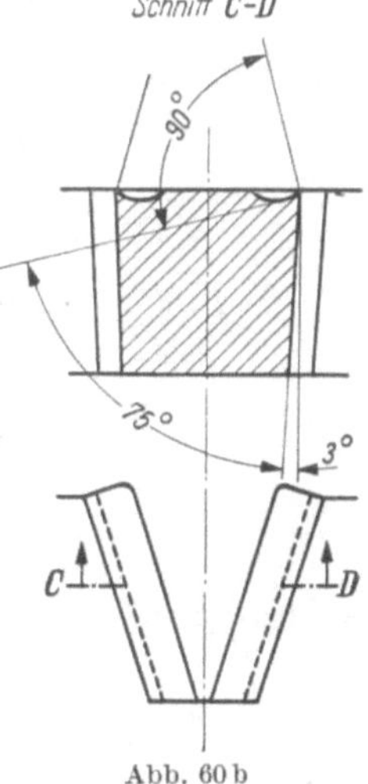

Abb. 60b

Abb. 59b u. 60b. Hobelkamm über Modul 10 mit Hohlschliff der Brustfläche (Hobeln von Stahl) (Abb. 60b: Schnitt C–D)

Die Hauptzeit setzt sich zusammen aus (Abb. 58):

1. Zeit zum Einwälzen beim Schruppen (je Schruppschnitt).
2. Hobelzeit für z Zähne.
3. Zeit für Teilung (Reversierung) für z Zähne (je Schnitt).

Die Hobelzeit für einen Zahn setzt sich zusammen aus:

1. Schruppen.
2. Schlichten.

Der Schruppvorgang beginnt mit dem Einwälzen des Hobelkammes in das Zahnrad. Dieser Vorgang tritt nur einmal bei Beginn des Schruppschnittes ein.

Um die Anzahl der *Einwälzzähne* muß die Zähnezahl des Zahnrades bei der Hobelzeitberechnung erhöht werden. Die Einwälzzähnezahl ist:

Radzähnezahl = z	Einwälzzähnezahl = z_1
3 ··· 6	2
7 ··· 11	2,5
12 ··· 18	3
19 ··· 26	3,5
27 ··· 36	4
37 ··· 48	4,5
49 ··· 80	5
81 ··· 120	6
121 ··· 172	7
173 ··· 220	8

Die Hobelzeit für einen Arbeitsgang eines Radzahnes ist:

$$\frac{\text{Weg des Tisches bei einem Zahn}}{\text{Wälzvorschub in der Minute}} = \frac{w}{s'}$$

w = eine Radteilung = $m\pi$

$s' = n\, s_n$

$$t_{h_{1\,\text{Zahn}}} = \frac{m\pi}{n\, s_n} \text{ in min} \tag{29}$$

Die Hobelzeit für das Schruppen eines Rades mit z Zähnen ist:

$$t_{h_{\text{Schr}}} = \frac{i_{\text{Schr}}(z + z_1)\, m\pi}{n_{\text{Schr}}\, s_{n_{\text{Schr}}}} \text{ min} \tag{30}$$

Hierzu kommt noch die Zeit für das Reversieren (Teilen) = t_{h_R}

$$t_{h_R} = \sim 0{,}12 \text{ min je Zahn.}$$

Damit wird Gl. (30) ergänzt:

$$t_{h_{\text{Schr}}} = \frac{i_{\text{Schr}}(z + z_1)\, m\pi}{n_{\text{Schr}}\, s_{n_{\text{Schr}}}} + i_{\text{Schr}}(z + z_1) \cdot 0{,}12 \text{ min} \tag{31}$$

Die Schlichtzeit beträgt:

$$t_{h_{\text{Schl}}} = \frac{i_{\text{Schl}}\, z\, m\pi}{n_{\text{Schl}}\, s_{n_{\text{Schl}}}} + i_{\text{Schl}}\, z \cdot 0{,}12 \text{ min} \tag{32}$$

Die Hauptzeit wird dann:

$$t_h = t_{h_{\text{Schr}}} + t_{h_{\text{Schl}}}$$
$$= \frac{i_{\text{Schr}}(z + z_1)\, m\pi}{n_{\text{Schr}}\, s_{n_{\text{Schr}}}} + i_{\text{Schr}}(z + z_1) \cdot 0{,}12 + \frac{i_{\text{Schl}}\, z\, m\pi}{n_{\text{Schl}}\, s_{n_{\text{Schl}}}} + i_{\text{Schl}}\, z \cdot 0{,}12 \text{ min} \tag{33}$$

Die Werte i, v, s_n sind abhängig:

a) vom Verhältnis des Raddurchmessers und des zu hobelnden Moduls zur Größe der Maschine.

b) von der verlangten Genauigkeit des zu hobelnden Zahnrades,

c) vom Werkstoff des Zahnrades,

d) von der Kühlung.

Die Berechnung der Hauptzeit wird für 2 Klassen von Hobelmaschinen eingeteilt in:

Klasse 1: ältere Maschinen, etwa Baujahr 1920···1940.

Klasse 2: moderne Maschinen, etwa Baujahr ab 1945.

Ähnlich, wie bei den Wälzfräsmaschinen für Stirnräder, spielt das Verhältnis $\varphi = \frac{\text{Tischdurchmesser}}{\text{max. Raddurchmesser}}$ hinsichtlich der Hobelleistung eine Rolle, wenn auch nicht in gleichem Maße, wie bei den Wälzfräsmaschinen, da bei der Maag-Maschine der Schnittdruck durch ein Gegenlager abgefangen wird. Außerdem werden die Wälzorgane (Teilschneckenantrieb und Modulspindel) durch den Schnittdruck nur teilweise belastet.

φ ist bei Maschinen der Klasse 1 bei kleinen Maschinen = 0,7,
φ ist bei Maschinen der Klasse 1 bei mittl. Maschinen = 0,5,
φ ist bei Maschinen der Klasse 2 bei kleinen Maschinen = 0,67,
φ ist bei Maschinen der Klasse 2 bei mittl. Maschinen = 0,56,
φ ist bei Maschinen der Klasse 2 bei großen Maschinen = 0,56···0,3.

Schnittzahl i (für gerade Zähne):

a) *Schruppen*

m	4	6	8	10	12	14	16	18	20
1. Schnitt i_1 =	1	1	1	1	1	1	1	2	2
2. Schnitt i_2 =	–	1	1	1	1	1	bis 800 ⌀ 1	1	1
							darüber 2	2	2

b) *Schlichten*

Die Anzahl der Schlichtschnitte hängt von der geforderten Genauigkeit der zu erzeugenden Verzahnung ab ($i = 1 \cdots 2$).

Maag hat drei Grade eingeführt:

1. schnellaufende Reduktionsgetriebe, Grad I
2. Räder für Werkzeugmaschinenantrieb, normale Stirnradgetriebe, Grad II
3. Räder von untergeordneter Bedeutung. Grad III

Die Schnittgeschwindigkeit v (mittlere Schnittgeschwindigkeit s. 2.51). Für St 50···60 kg Festigkeit und Stg 52.81 sind die Werte für v in Abb. 61 dargestellt. Sie ändert sich mit der Zahnbreite und dem Teilkreisdurchmesser des Rades. Die Werte wurden ermittelt an Maschinen der Klasse 1.

s_n = *Wälzvorschub in mm je Doppelhub* (Maschinen Klasse 1). In Abb. 62 und 63 sind die Wälzvorschübe in mm je Doppelhub in Abhängigkeit vom Modul und der Radzähnezahl für St 50···60 und Stg 52.81 dargestellt.

Beispiel für die Berechnung der Hauptzeit:
(Für Maschine Klasse 1)

1 Stirnrad: $m = 14$ mm; $z = 17$; Zahnbreite $b = 145$ mm.
Werkstoff Stg 52.81; Teilkreisdurchmesser = 238 mm.
$H = b + 20 = 165\text{ mm} = \sim 12 \times \text{Modul}$,
$v_1 = v_2$ (Schruppen) (Abb. 61) = 8 m/min,
v_3 (Schlichten) (Abb. 61) = 11 m/min.

$$n_{\text{Schr}} = \frac{8}{0{,}33} = 24 \text{ Doppelhübe/min} \qquad (\text{Maschine hat } n = 26)$$

$$n_{\text{Schl}} = \frac{11}{0{,}33} = 33{,}4 \text{ Doppelhübe/min} \qquad (\text{Maschine hat } n = 33)$$

$z_1 = 3$ = Einwälzzähne,
$i_{\text{Schr}} = i_1 + i_2$; $i_1 = 1$; $i_2 = 1$,
$i_{\text{Schl}} = 1$ (Genauigkeitsgrad III),
$s_{n_1} = 0{,}6$; $s_{n_2} = 1{,}3$ (Wälzvorschub für Schruppen, Abb. 62),
$s_{n_3} = 1{,}6$ (Wälzvorschub für Schlichten, Abb. 63).

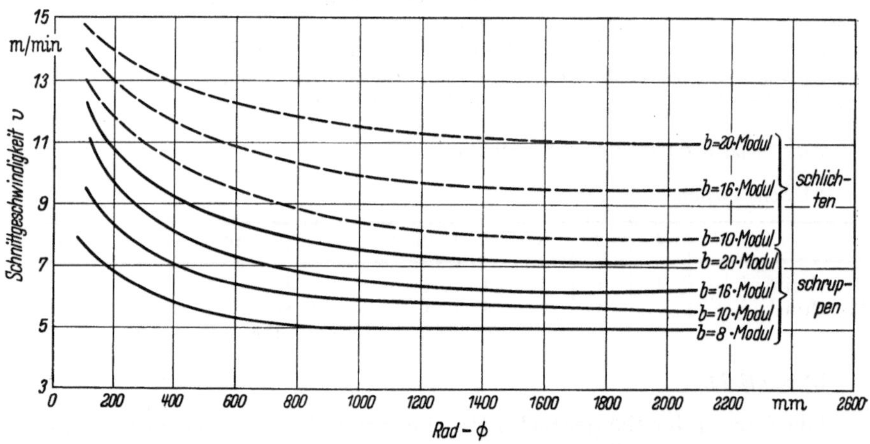

Abb. 61. Schnittgeschwindigkeit beim Hobeln von Stirnrädern mit geraden Zähnen (Stahl 50 ÷ 60 kg und Stg. 52 · 81), abhängig vom Raddurchmesser und der Zahnbreite

Angewandt wird Gl. (33).

$$t_h = \frac{i_{\text{Schr}}(z + z_1)\, m\, \pi}{n_{\text{Schr}}\, s_{n_{\text{Schr}}}} + i_{\text{Schr}}(z + z_1) \cdot 0{,}12 + \frac{i_{\text{Schl}}\, z\, m\, \pi}{n_{\text{Schl}}\, s_{n_{\text{Schl}}}} + i_{\text{Schl}}\, z \cdot 0{,}12$$

$$t_h = \underbrace{\frac{1 \cdot (17 + 3) \cdot 14\pi}{26 \cdot 0{,}6}}_{\substack{\uparrow \\ \text{1. Schnitt} \\ \text{(Schruppen)}}} + \underbrace{\frac{1 \cdot (17 + 3) \cdot 14\pi}{26 \cdot 1{,}3}}_{\substack{\uparrow \\ \text{2. Schnitt} \\ \text{(Schruppen)}}} + \underbrace{2 \cdot (17 + 3) \cdot 0{,}12}_{\substack{\uparrow \\ \text{Reversierzeit} \\ \text{(Schruppen)}}} +$$

$$+ \underbrace{\frac{1 \cdot 17 \cdot 14\pi}{33 \cdot 1{,}6}}_{\substack{\uparrow \\ \text{Schlichten}}} + \underbrace{1 \cdot 17 \cdot 0{,}12}_{\substack{\uparrow \\ \text{Reversierzeit} \\ \text{(Schlichten)}}} \text{ min}$$

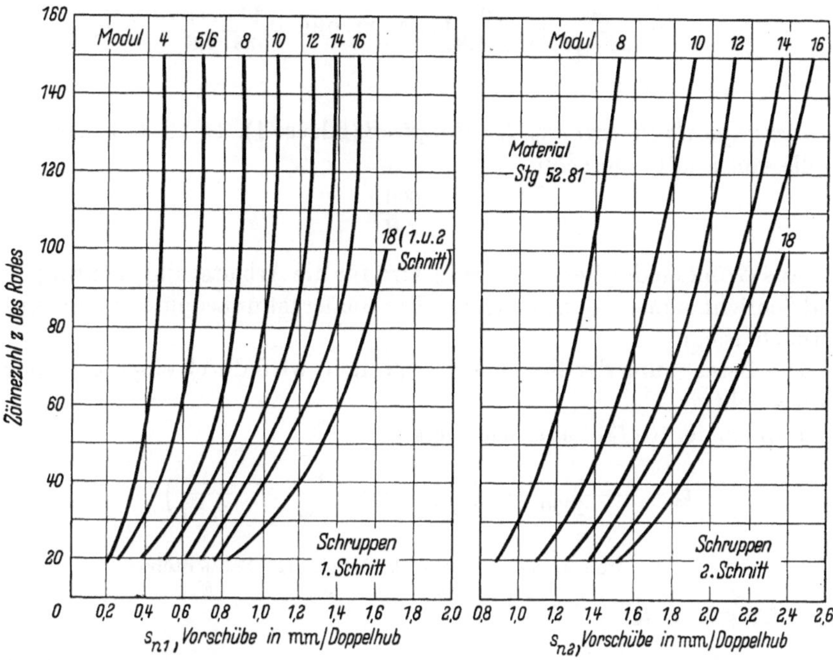

Abb. 62. Vorschub s_{n1} und s_{n2} in mm je Doppelhub (Schruppen) für Stahl 50 ÷ 60 kg und Stg. 52.81

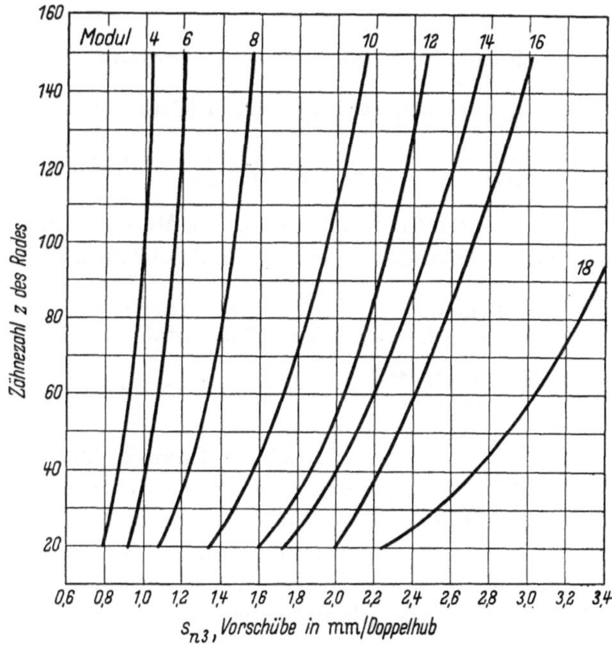

Abb. 63. Vorschub s_{n3} in mm je Doppelhub (Schlichten) für Stahl 50 ÷ 60 kg und Stg. 52.81

$$t_h = 14\pi\left(\frac{20}{26\cdot 0{,}6} + \frac{20}{26\cdot 1{,}3}\right) + 2\cdot 20\cdot 0{,}12 + \frac{17\cdot 14\pi}{33\cdot 1{,}6} + 17\cdot 0{,}12$$

$$t_h = 104\,\text{min}$$

Vereinfachte Berechnung der Hauptzeit (Klasse 1). In Gl. (33) wird an Stelle von n mit v gerechnet.

$$n = \frac{1000\,v}{2H}$$

Aus Gründen der Vereinfachung wird für die Arbeitsgänge Schruppen *und* Schlichten mit $z + z_1$ gerechnet. Der Fehler ist unbedeutend und wird vernachlässigt.

Die Berechnung der Reversierzeit (Teilen) wird durch einen Zuschlag berücksichtigt.

Dann sieht Gl. (33) aus, wie folgt:

$$t_h = \frac{(z+z_1)\,2\,m\,\pi\,H}{1000}\left(\underset{\substack{\uparrow\\ \text{1. Schnitt}\\ K_1}}{\frac{1}{v_1 s_{n_1}}} + \underset{\substack{\uparrow\\ \text{2. Schnitt}\\ K_2}}{\frac{1}{v_2 s_{n_2}}} + \underset{\substack{\uparrow\\ \text{Schlichten}\\ K_3}}{\frac{1}{v_3 s_{n_3}}}\right)$$

Schruppen

$$K_1 + K_2 + \cdots = K$$

$$K\,m\,2\pi = \varphi$$

$$t_{h_1} = \frac{(z+z_1)\,\varphi\,H}{1000}\,\text{min} \qquad (34)$$

Hierzu kommt noch die Zeit für den Reversiervorgang

$$t_{h_2} = (z+z_1)(i_1+i_2+i_3)\cdot 0{,}12\,\text{min}$$

$$t_h = \frac{(z+z_1)\,\varphi\,H}{1000} + (z+z_1)(i_1+i_2+i_3\cdots)\cdot 0{,}12\,\text{min} \qquad (35)$$

Die Werte für φ wurden für St 50···60 kg, die Module von 4···20 sowie Zähnezahlen von 15···100 ausgerechnet und in Abb. 64 grafisch dargestellt.

Beispiel: $m = 14$ mm; $z = 17$; $b = 145$ mm; $H = 165$ mm; $z_1 = 3$ mm; $i = i_1 + i_2 + i_3 = 3$; $\varphi = 32$ mm (Abb. 64).

$$t_h = \frac{(17+3)\cdot 32\cdot 165}{1000} + (17+3)\cdot 3\cdot 0{,}12 = 112\,\text{min}$$

Berechnung der Hauptzeit für Maschinen Klasse 2. Die Bestimmung kann in derselben Weise vorgenommen werden, wie unter Gl. (33) dargestellt. Es werden lediglich andere Werte für s_n und v verwandt. Nachfolgend sei eine andere Rechnungsart eingeführt. (Die gleiche Methode unter Berücksichtigung der unter Klasse 1 verwandten Schnittgeschwindigkeiten und Wälzvorschübe gilt natürlich auch für diese Maschinenklasse.)

Der Berechnung werden folgende Werte zugrunde gelegt:

i = Anzahl der Schnitte,
v = Schnittgeschwindigkeit in m/min (s. 2.51; $v = v_m$),
n = Doppelhübe des Stößels in der Minute $n = \frac{v \cdot 1000}{2H}$,
H = Zahnbreite $b + 20$ mm,
b = Zahnbreite des zu hobelnden Stirnrades in mm,
z = Zähnezahl des zu hobelnden Stirnrades in mm,
m = Modul des zu hobelnden Stirnrades in mm,
n_z = Anzahl der Hüllschnitte, die zum Hobeln einer Zahnlücke erforderlich sind.

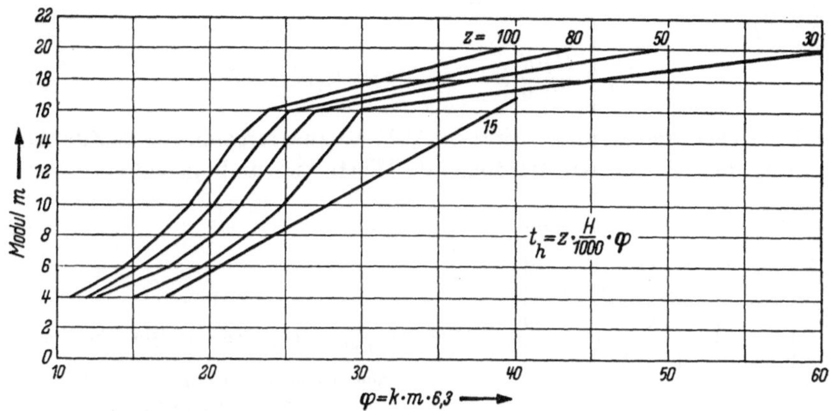

Abb. 64. Zeitfaktor φ, abhängig von Modul und Zähnezahl für Stahl 50 ÷ 60 kg Festigkeit

Diese setzen sich zusammen aus

$$n_z = \text{Schruppen} \quad \text{und} \quad n_z = \text{Schlichten}$$

Allgemein ist:

$$t_h = \frac{\text{Hüllschnitte je Zahn}}{\text{Doppelhube/min}} \text{ Zähnezahl}$$

$$t_h = \frac{n_z}{n} z \text{ in min} \tag{36}$$

Unter Berücksichtigung des unter 2.62 Gesagten ergibt sich:

$$t_h = \left(\frac{i_{\text{Schr}}\, n_{z_{\text{Schr}}}}{n_{\text{Schr}}}\right) \underbrace{[(z + z_1) + i_{\text{Schr}}(z + z_1)] \cdot 0{,}12}_{\text{Schruppzeit}} + \underbrace{\frac{i_{\text{Schl}}\, n_{z_{\text{Schl}}}}{n_{\text{Schl}}} z + i_{\text{Schl}}\, z \cdot 0{,}12}_{\text{Schlichtzeit}} \tag{37}$$

Mit $n = \frac{v \cdot 1000}{2H}$ wird

$$t_h\, \frac{i_{\text{Schr}}\, n_{z_{\text{Schr}}} (z + z_1) \cdot 2H}{v_{\text{Schr}} \cdot 1000} + i_{\text{Schr}}(z + z_1) \cdot 0{,}12 + \frac{i_{\text{Schl}}\, n_{z_{\text{Schl}}}\, z \cdot 2H}{v_{\text{Schl}} \cdot 1000} + i_{\text{Schl}}\, z \cdot 0{,}12 \tag{38}$$

Die Gleichung wird vereinfacht. Es wird beim Schruppen und Schlichten mit $z + z_1$ gerechnet.

$$t_h = \frac{2\,H\,(z + z_1)}{1000}\left(\frac{i_{\text{Schr}}\, n_{z_{\text{Schr}}}}{v_{\text{Schr}}} + \frac{i_{\text{Schl}}\, n_{z_{\text{Schl}}}}{0{,}8\, v_{\text{Schr}}}\right) + (z + z_1)\,(i_{\text{Schr}} + i_{\text{Schl}}) \cdot 0{,}12$$

(v_{Schl} wird mit $0{,}8\, v_{\text{Schr}}$ eingesetzt).

$$t_h = \frac{2\,H\,(z + z_1)}{1000\, v_{\text{Schr}}} \underbrace{\left(\underbrace{i_{\text{Schr}}\, n_{z_{\text{Schr}}}}_{K_1} + \underbrace{i_{\text{Schl}}\, n_{z_{\text{Schl}}}}_{1{,}25\,K_2}\right)}_{K} + (z + z_1)\,(i_{\text{Schr}} + i_{\text{Schl}}) \cdot 0{,}12$$

$$\frac{2}{v_{\text{Schr}}} = p$$

$$t_h = \frac{H\,p\,K}{1000}\,(z + z_1) + (z + z_1)\, i \cdot 0{,}12 \qquad (39)$$

Die Werte für K und p sind in Abb. 65 zusammengestellt. Zur Aufstellung der Gl. (39) wurden folgende Werte zugrunde gelegt:

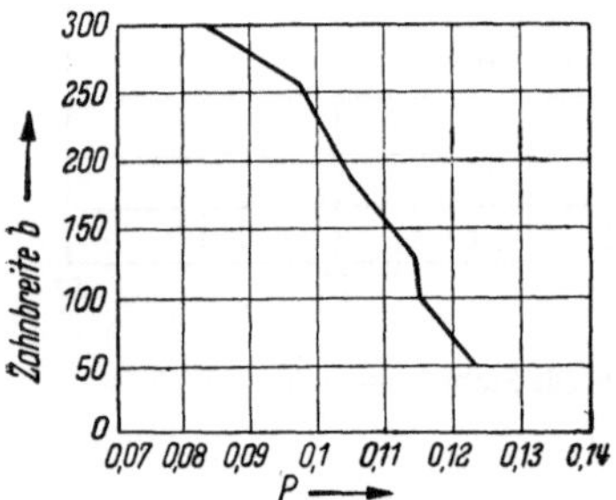

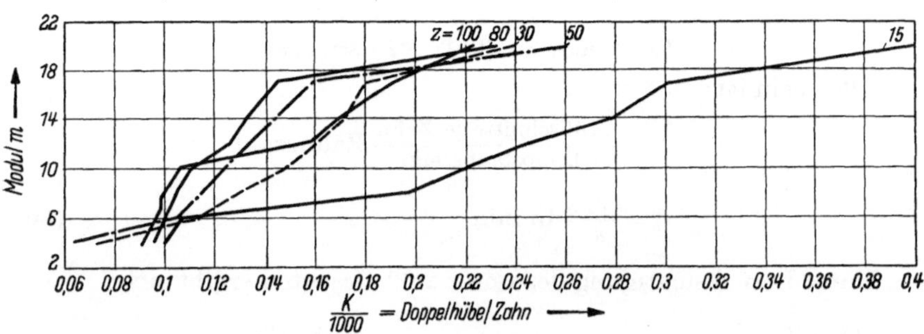

Abb. 65. $\frac{k}{1000}$ = Doppelhübe je Zahn, abhängig von Modul und Zähnezahl und $p = \frac{2}{v_{\text{Schr}}}$ für Stahl 50 ÷ 60 kg Festigkeit (Gl. 39)

Schnittzahl i

a) *Schruppen:*

m	4	6	8	10	12	14
i für $z =$ 15	1	1	2	2	2	2
30	1	2	2	2	2	2
50	2	2	2	2	2	2
über 50	2	2	2	2	3	3

b) *Schlichten:* wie auf S. 59 festgelegt.

Die Schnittgeschwindigkeit: Sie wurde für St 50···60 kg abhängig von der Hublänge H bestimmt (für Maschine, Type SH 180):

$H =$	320	270	200	150	120	100	70
$v_m =$	24	~21	19	18	18	19	17

Die Doppelhübe je Teilung n_z werden festgelegt für $b = \sim 10 \times$ Modul. Für $b > 15 \times$ Modul sind sie um ~16% zu erhöhen. Die Werte sind in nachfolgender Tabelle zusammengestellt:

Tabelle 2. n_z = *Doppelhübe je Teilung*

m	4		6		8		10		12		14	
z	Schr	Schl	Schr	Schl	Schr	Schl	Schr	Schl	Schr	Schl	Schr	Schl
	n_z		n_z		n_z		n_z		n_z		n_z	
15	52	38	55	42	67	50	76	55	85	60	94	64
30	40	25	40	30	43	34	50	38	54	42	58	45
50	38	20	38	23	40	28	43	30	45	35	48	38
80	38	15	38	20	38	23	40	25	44	30	46	32
100	38	12	38	17	38	19	40	22	43	25	45	28

Beispiel: 1 Stirnrad $m = 14$ mm; $z = 17$; $b = 145$ mm; Stg 52.81; $H = 145 + 20 = 165$ mm; $z_1 = 3$; $i = 3$.

$$t_h = H\,p\,K\,(z + z_1) + (z + z_1)\,i \cdot 0{,}12 \text{ min},$$

$$t_h = 165 \cdot 0{,}112 \cdot 0{,}27 \cdot 20 + 20 \cdot 3 \cdot 0{,}12,$$

$$t_h = 100 + 7{,}2 = 107{,}2 \text{ min}.$$

2.63 Bestimmung der Hublänge *L* beim Hobeln von Stirnrädern mit schrägen Zähnen. Beim Hobeln von Stirnrädern mit geraden Zähnen ergibt sich die erforderliche Hublänge H des Stößels annähernd zu: Zahnbreite + 20 mm. Schwieriger wird die Bestimmung von L, wenn Stirnräder mit schrägen Zähnen zu hobeln sind. L ist hier abhängig von der Zahnbreite b, der Länge a des Kammstahles, der Zähnezahl und dem Modul des zu verzahnenden Rades sowie dem Zahnschrägenwinkel ϱ und dem Eingriffswinkel. Abb. 66 zeigt schematisch die Entstehung der Hublänge L.

Das zu verzahnende Stirnrad ist mit dem Zahnschrägenwinkel ϱ gezeichnet. Die Zähne des Hobelkammes schneiden aus dem Zahnrad die Zahnlücken in dem Raum $D\,E\,F\,G$ bzw. $D'\,H'\,B'\,F'$ heraus. Der Hobelkamm tritt bei Punkt F' in den Raum ein, verläßt ihn bei H' und hat seinen zweiten Totpunkt in Stellung II.

Man erhält:

$$\underline{L = 3\,m\,\sqrt{z}\,\cos\varrho + b\,\sin\varrho} \tag{40}$$

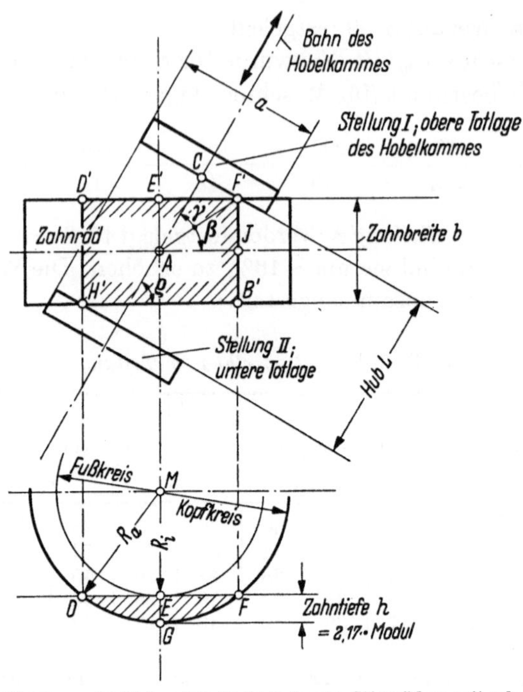

Abb. 66. Bestimmung des Hubes L beim Hobeln von Stirnrädern mit schrägen Zähnen

$$L = 2\,A\,C \qquad A\,C = A\,F' \cos\gamma$$

$$A\,J = D\,E = E\,F$$

$\Delta\,M\,D\,E$:

$$R_a = \frac{Z\,m}{2} + m$$

$$R_i = \frac{Z\,m}{2} - 1{,}17\,\mathrm{m}$$

$$D\,E^2 = A\,J^2 = \left(\frac{m}{2}(Z+2)\right)^2 - \left(\frac{m}{2}(Z-2{,}34)\right)^2$$

$$A\,J = \frac{m}{2}\sqrt{8{,}68\,Z + 1{,}5} \approx 1{,}5\,\mathrm{m}\sqrt{Z}$$

$$\Delta\,A\,J\,F' : A\,F' = \sqrt{A\,J^2 + J\,F'^2}$$

$$A\,F' = \sqrt{2{,}2\,\mathrm{m}^2 \cdot Z + \frac{b^2}{4}}$$

Dann wird aus:

$$A\,C = A\,F' \cos\gamma \quad \text{mit} \quad \gamma = \varrho - \beta$$

$$\frac{L}{2} = A\,F' \cos(\varrho - \beta) = A\,F' (\cos\varrho \cos\beta + \sin\varrho \sin\beta)$$

Es ist: $\cos\beta = \dfrac{A\,J}{A\,F'} = \dfrac{1{,}5\,\mathrm{m}\sqrt{Z}}{A\,F'}$; $\sin\beta = \dfrac{J\,F'}{A\,F'} = \dfrac{b}{2\,A\,F'}$

$$\frac{L}{2} = A\,F'\left(\cos\varrho\,\frac{1{,}5\,\mathrm{m}\sqrt{Z}}{A\,F'} + \sin\varrho\,\frac{b}{2\,A\,F'}\right)$$

$$L = 3\,m\sqrt{Z}\cos\varrho = b\sin\varrho \tag{41}$$

Bei Ansatz der obigen Gleichungen ist die Annahme gemacht:

1. Daß die unter dem Winkel ϱ geneigte Bahn der Mitte des Hobelstahles durch den Schnittpunkt A der halben Zahnbreite b und der durch die Radachse gelegte Mittelebene geht.

2. Daß die halbe Länge des Hobelstahles $a/2 \geqq CF'$ ist (Abb. 67).

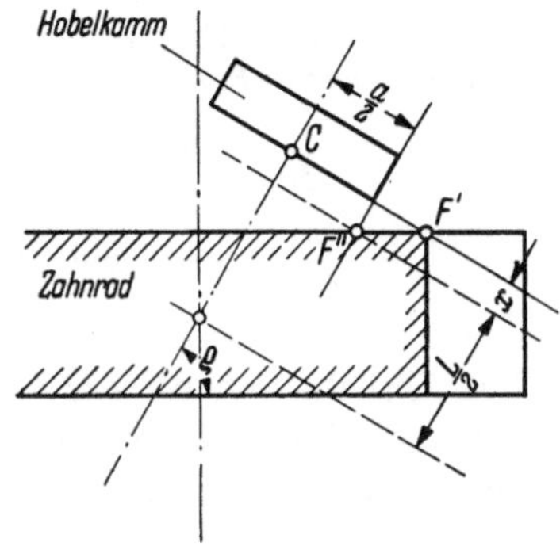

Abb. 67. Wenn $\frac{a}{2} < CF'$ ist, dann ist nicht F' der Punkt, bei dem der Hobelkamm in den schraffierten Raum des Zahnrades eintritt, sondern F''. Damit wird $\frac{L}{2}$ um x kleiner

Die Annahme 1 braucht jedoch nicht einzutreten, wie nachfolgend gezeigt wird: Es wird zunächst angenommen, daß der Winkel $\varrho = 90°$ wird, das Zahnrad also gerade Zähne hat (Abb. 68).

Wie in der Abbildung angedeutet, bewegt sich der Hobelkamm in Pfeilrichtung. Er schneidet im Punkt D das Zahnrad an und kommt in N außer Eingriff. Man läßt also beim Hobeln den Kammstahl soweit einwälzen, bis sein äußerster Zahn, der mit dem Schneiden begonnen hat, bei N aus dem Stirnrad herausgetreten ist. Er hat dann von der Zentrale aus einen Weg K_1 zurückgelegt. Die Werte für k_1 bei einem Eingriffswinkel von 75° und 70° s. Abb. 69. Um nun k_1 auch für Räder mit schrägen Zähnen verwenden zu können, denke man sich das System (Abb. 70) um den

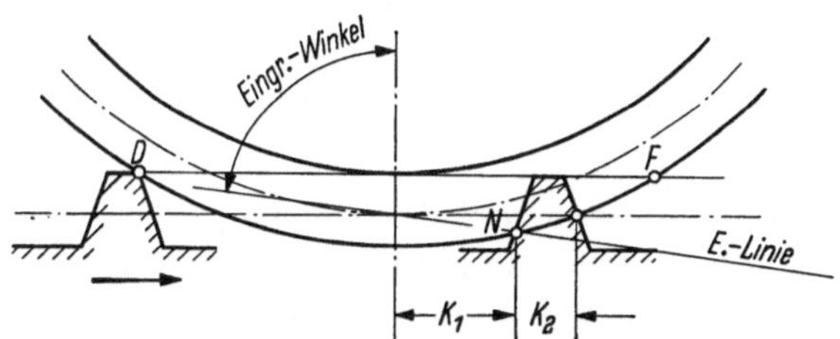

Abb. 68. Eintrittspunkt D und Austrittspunkt N des ersten Zahnes des Hobelkammes beim Hobeln eines Stirnrades mit geraden Zähnen

Punkt A um den Winkel ε gedreht, dann kommt der Punkt in die angedeutete Lage (Gl. 41).

K_1 muß noch um K_2 erhöht werden (Abb. 68), denn der in N außer Eingriff kommende erste Zahn des Hobelkammes muß in der höchsten Stellung des Kammstahles über dem Rad liegen.

K_2 ist anähernd $\frac{t}{2} = \frac{m\pi}{2} = 1{,}6\,m$.

Dann wird

$$L = 2\left(\frac{K_1 + 1{,}6\,m}{\operatorname{tg}\varrho}\right) + \frac{b}{\sin\varrho} + \underbrace{l_a + l_u}_{\text{An- und Überlauf}} \tag{42}$$

$l_a + l_u \sim 20\,\text{mm}$

Beispiel: $m = 12$ mm; $z = 75$; $b = 160$ mm; $\varrho = 50°$; $\alpha = 70°$; K_1 (Abb. 69) für 20° $E\sphericalangle = 2{,}6\,m = \sim 31{,}2$ mm; $1{,}6 \cdot m = 19{,}2$ mm

$$L = \frac{2\,(31{,}2 + 19{,}2)}{1{,}19} + \frac{160}{0{,}77} = 84 + 208 = 292$$

An- und Überlauf = 20 mm $\qquad + \; 20$

$$L = 312\,\text{mm}$$

Das Hobeln von Stirnrädern mit schrägen Zähnen erfordert mehr Schnitte als das Hobeln von Rädern mit geraden Zähnen. Ausschlaggebend für die Anzahl der Schnitte ist der Zahnschrägenwinkel ϱ. Weiterhin muß der Raddurchmesser und die Teilung berücksichtigt werden. Sehr wichtig ist ferner bei Zahnrädern mit pfeilförmigen Zähnen, daß der Zwischenraum zwischen den beiden Zahnhälften, der zum Auslauf des Hobelkammes erforderlich ist, groß genug gehalten wird. Ist dies aus konstruktiven Gründen nicht möglich, so ist man gezwungen, mit einem einseitig eingestellten Hobelkamm zu arbeiten. Die Folge davon ist, daß zur richtigen Ausbildung der einzelnen Radzähne mehr Schnitte erforderlich werden als bei normal eingestelltem Hobelkamm.

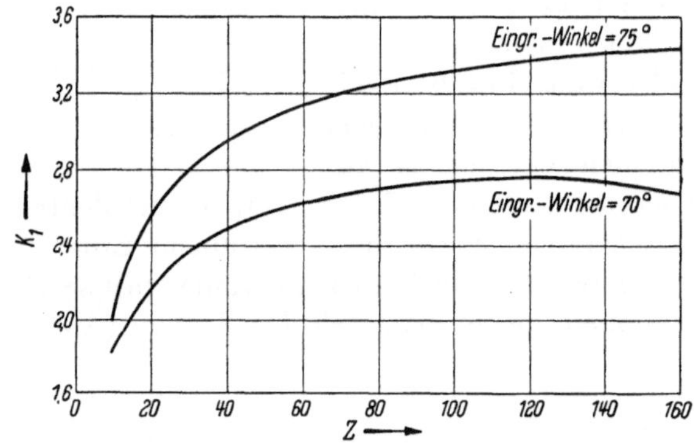

Abb. 69. Der Wert K_1 aus Abb. 68 für 70° und 75° Eingriffswinkel abhängig von der Zähnezahl z des Stirnrades dargestellt

In Abb. 71 sind Schnittgeschwindigkeiten dargestellt. Aus einer Reihe von Versuchen wurde die Anzahl der Zähne am Schaltrad für den ersten Schruppschnitt ermittelt (Abb. 72). Die Werte gelten für Stahl von 50 bis 60 kg/mm² Festigkeit. Die Anzahl der Schrupp- und Schlichtschnitte wurde festgelegt in Abb. 73. Ist die Anzahl der Schaltzähne für die ersten

Schruppschnitte a, so ermittelt sich die Schaltzähnezahl für die folgenden Schnitte annähernd zu:

Radzähnezahl	bis 20	bis 150	über 150
Schaltzähne	$a+1+2$	$a+2+5$	$a+3+1$

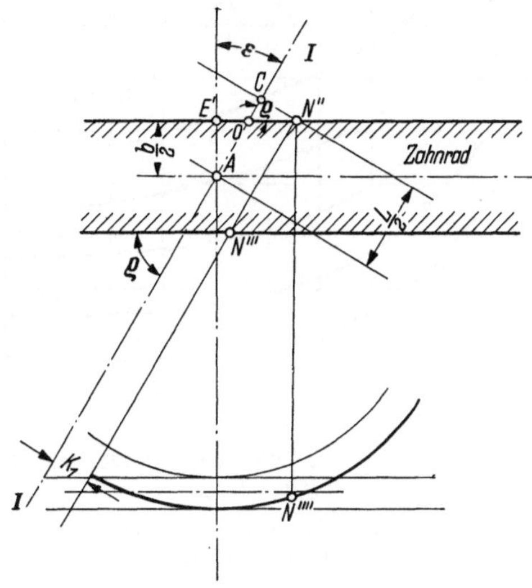

Abb. 70. Linie I–I, die Bahn des Mittelpunktes des Hobelkammes wird um den Punkt A um den Winkel $E = 90-\varrho$ geschwenkt. Damit macht $K_1 =$ Abstand von I–I zu $N''\,N'''$ die gleiche Schwenkung

$$AC = \frac{L}{2} \quad \text{ist zu bestimmen.}$$

$$\left.\begin{aligned} \Delta\, C O N'' : \operatorname{tg} \varrho &= \frac{C N''}{O C}\,; \quad O C = \frac{k_1}{\operatorname{tg} \varrho} \\ A C E' : \sin \varrho &= \frac{A E'}{A O}\,; \quad A O = \frac{b}{2 \sin \varrho} \\ \frac{L}{2} &= O C + A O = \frac{k_1}{\operatorname{tg} \varrho} + \frac{b}{2 \sin \varrho} \end{aligned}\right\} \qquad (41)$$

Die Anwendung zeigt das folgende Rechnungsbeispiel. Die Tabelle zeigt, daß bei großem Winkel ϱ und freiem Überlauf des Hobelkammes annähernd die gleiche Schnittzahl gewählt werden kann, wie für gerade Zähne. Bei Pfeilzähnen mit Zwischenraum steigt dagegen die Schnittzahl erheblich an. Eine genaue Vorausbestimmung der Hauptzeit bei Stirnrädern mit schrägen Zähnen ist schwierig, weil zuviel Veränderliche bei der Wahl der Schnittzahl, des Vorschubes und der Schnittgeschwindigkeit das Ergebnis beeinflussen.

Zur Erläuterung von Abb. 71 bis 73 wird ein Beispiel durchgerechnet: Gegeben ist ein Pfeilrad mit Zwischenraum; $\varrho = 60^\circ =$ Zahnneigungswinkel; Modul = 11; Zähnezahl = 80; $\alpha = 75°$; Zahnbreite $b_1 = b_2 = 140$ mm; Werkstoff: Stg 52.81. t_h ist zu bestimmen.

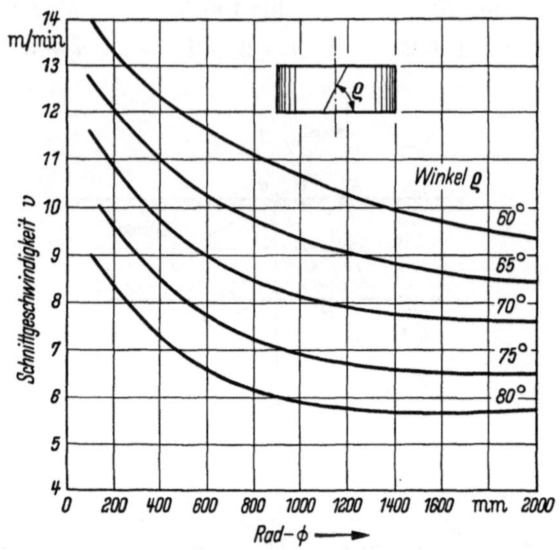

Abb. 71. Schnittgeschwindigkeit v, abhängig vom Raddurchmesser und Zahnneigungswinkel ϱ, für Stg. 60.81. Schruppen: Kurvenwerte; Schlichten: Kurvenwerte × 1,1

1. Berechnung der Hublänge L:

$$L = \frac{2\,(K_1 + 1{,}6\,m)}{\operatorname{tg}\varrho} + \frac{b}{\sin\varrho} + l_a + l_u \qquad \text{Gl. (42)}$$

K_1 aus Abb. 69 für einen Eingriffswinkel $\alpha = 75°$,
$K_1 = 3{,}25 \times$ Modul $= \sim 36$ mm; $\qquad l_a + l_u = 20$ mm

$$L = \frac{2 \cdot (36 + 17{,}6)}{1{,}73} + \frac{140}{0{,}87} + 20 = 243\,\text{mm}$$

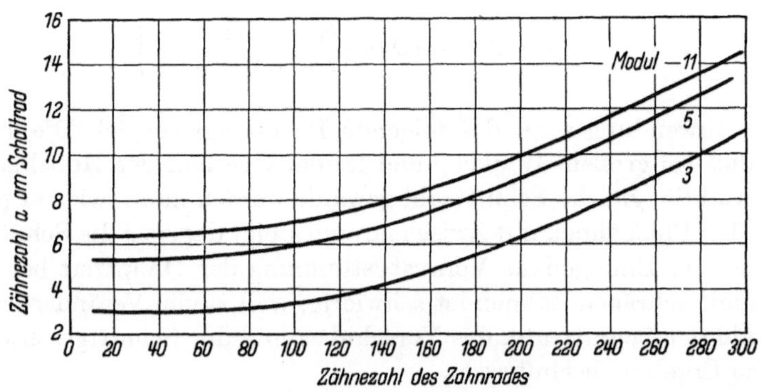

Abb. 72. Bestimmung der Zähnezahl am Schaltrad beim Hobeln von Stirnrädern mit schrägen Zähnen aus Stahl von 50 ÷ 60 kg Festigkeit

v_1 (Abb. 71). Für 60° und 880 Rad-∅ (Schruppen = 11 m/min)

$v_2 = 1{,}1 \cdot 11 = 12$ m/min
$n_1 = 20$ Doppelhübe/min
$n_2 = 26$ Doppelhübe/min

Anzahl der Schruppschnitte } Abb. (73) $= 3 + 2$
Anzahl der Schlichtschnitte } Abb. (73) $= 3$

Anzahl der Schaltzähne a (Abb. 72)

$$a = 7 \quad \text{(3 Schnitte)}$$

$$a + 2 = 9 \quad \text{(2 Schnitte)}$$

$$a + 2 + 5 = 14 \quad \text{(3 Schnitte) (S. 69)}$$

bis 20	bis 150	über 150	Zähnezahl des Zahnrades	
1 + 1 + ①	1 + ①	1 + ①	3π	
2 + 1 + ①	1 + 1 + ①		5π	ϱ = 80° 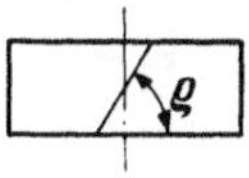
		1 + 1 + ①	4π	ϱ = 60°
		1 + 1 + ①	3,5π	ϱ = 70°
1 + 1 + ①	1 + 1 + ①		7π	ϱ = 70°
		1 + 2 + ③	2,5π	ϱ = 60°
	2 + 3 + ②	2 + 2 + ③	6π	ϱ = 60° 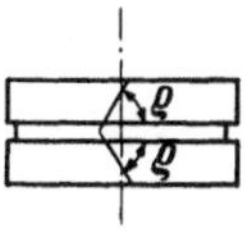
	3 + 2 + ③		11π	ϱ = 60°
	5 + 2 + ④		14π	ϱ = 60°

Abb. 73. Anzahl der Schrupp- und Schlichtschnitte beim Hobeln von Stirnrädern mit schrägen Zähnen aus Stahl von 50 ÷ 60 kg Festigkeit

Offene Zahlen = Schruppschnitte Eingekreiste Zahlen = Schlichtschnitte

Zeit für einen Zahn (s. folgende Tabelle der Hobelzeiten).

$$3 \cdot 1{,}4 = 4{,}2 \text{ min} \quad (n = 20) \quad (a = 7)$$

$$+ 2 \cdot 1{,}17 = 2{,}34 \text{ min} \quad (n = 20) \quad (a = 9)$$

$$+ 3 \cdot 0{,}6 = \underline{1{,}80 \text{ min}} \quad (n = 26) \quad (a = 14)$$

$$t_{h_{1\,\text{Zahn}}} = 8{,}34 \text{ min für einen Zahn.}$$

$$t_h = z\, t_{h_{1\,\text{Zahn}}} = 80 \cdot 8{,}34 = 667 \text{ min}$$

für eine Radhälfte.

$t_h = 2 \cdot 667 = 1334$ min, ohne Berücksichtigung der Einwälzzähnezahl.

Tabelle 3

Hubzahl pro Minute	Geschwindigkeit	Zeit t_h in Minuten je Teilung											
		Anzahl Schaltzähne											
n	G	1	2	3	4	5	6	7	8	9	10	11	12
8	1	22,75	11,60	7,75	5,85	4,75	4,00	3,37	3,00	2,75	2,50	2,25	2,12
10	2	18,22	9,22	6,22	4,72	3,82	3,22	2,72	2,42	2,22	2,02	1,82	1,72
12	3	15,20	7,72	5,20	3,96	3,20	2,80	2,29	2,04	1,87	1,70	1,54	1,45
16	4	11,43	5,82	3,93	3,00	2,44	2,06	1,64	1,56	1,43	1,31	1,18	1,12
20	5	9,18	4,67	3,17	2,42	1,97	1,67	1,42	1,27	1,17	1,07	0,97	0,92
26	6	7,08	3,62	2,47	1,89	1,54	1,31	1,12	1,00	0,93	0,85	0,77	0,74
33	7	5,62	2,88	1,97	1,52	1,24	1,06	0,91	0,82	0,76	0,70	0,64	0,61
41	8	4,54	2,34	1,61	1,24	1,02	0,88	0,76	0,68	0,63	0,58	0,54	0,51
51	9	3,67	1,90	1,32	1,02	0,85	0,73	0,63	0,57	0,53	0,49	0,45	0,43

2.64 Rüst- und Nebenzeiten.

	Stirnräder mit geraden Zähnen								Stirnräder mit schrägen Zähnen						
	Ritzelwellen v. Hd. m. Futter	Ritzelwellen m. Futter m. Kran	Ritzel bis 25 kg v. Hd.	Ritzel mit Kran	Räder bis 650 Ø	Räder bis 1000 Ø	Räder bis 2000 Ø		Ritzelwellen v. Hd. m. Futter	Ritzelwellen m. Futter m. Kran	Ritzel bis 25 kg v. Hd.	Ritzel mit Kran	Räder bis 650 Ø	Räder bis 1000 Ø	Räder bis 2000 Ø
t_r	40	50	55	60	85	100	120		55	60	70	75	100	120	135
t_n	80	90	25	35	40	50	70		80	90	25	35	40	50	70

Abb. 74. Große Sunderland-Zahnradhobelmaschine für Stirnräder mit geraden Zähnen und Pfeilzähnen (J. Parkinson & son. Shipley; England)

2.65 Die Sunderland-Stirnradhobelmaschine (gerade Zähne, schräge Zähne, Pfeilzähne). Die Maschine ist in der Lage, Stirnräder mit geraden, schrägen und Pfeilzähnen herzustellen.

Abb. 74 zeigt eine große Maschine beim Hobeln eines Pfeilrades. Die Maschine hat zwei Hobelmesserschlitten, einen für gerade Zähne und einen weiteren für Pfeilzähne; sie werden ausgewechselt, je nachdem, welche Verzahnungsart gehobelt werden soll. Beim Hobeln von geraden Zähnen kann im Hin- und Rückgang des Stößels gehobelt werden, in der einen Richtung wird der Zahngrund gehobelt, in der anderen Richtung werden die Zahnflanken geschnitten (Abb. 75).

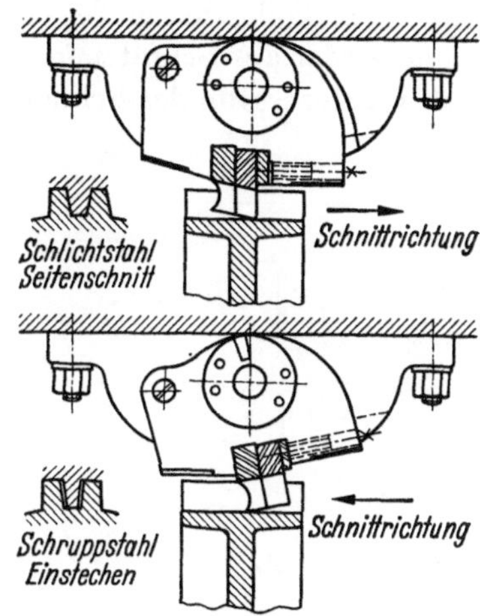

Abb. 75. Die schwenkbar angeordneten Stahlhalter mit dem Schrupp- und Schlichtstahl

Zum Hobeln von schrägen bzw. Pfeilzähnen findet der Hobelmesserschlitten (Abb. 76) Verwendung. Der Pfeilwinkel von 120° liegt fest und kann nicht verändert werden. Die Maschine ist in der Lage, Pfeilzähne im vollen Material ohne Zwischenraum in der Radmitte zu hobeln. Die Anordnung der Hobelstähle zeigt Abb. 76. (In der Abbildung sind beide Hobelmesserschlitten auf Mitte gestellt.)

Während des Hobelns läuft der eine Schlitten nach der Zahnmitte (Hobelvorgang) während der andere Schlitten zurückgeht. Es werden also in einem Arbeitsgang beide Radhälften gleichzeitig gehobelt.

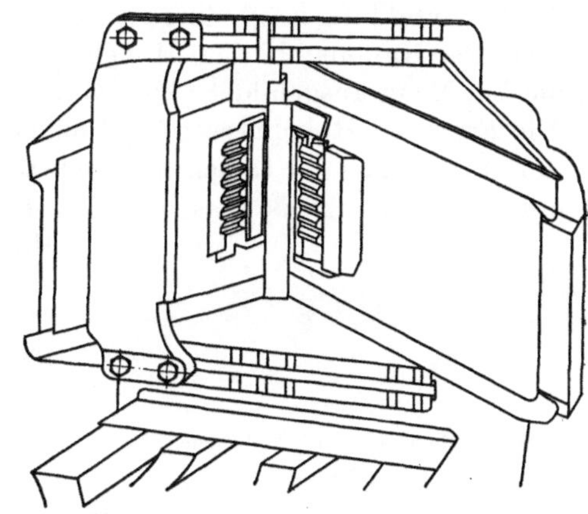
Abb. 76. Hobelmesserschlitten für Pfeilzähne

Die Arbeitsweise beim Hobeln eines Rades ist folgende (Abb. 77):

1. Der Hobelkamm schneidet den Außendurchmesser des Rades an.
2. Bei stillstehendem Rad geht der Support mit Hobelkamm auf Tiefe (Pfeilrichtung; je nach Größe der Teilung wird mit mehreren Schnitten bzw. Schnittiefen gehobelt, bis die endgültige Zahnhöhe erreicht ist).

3. Rad und Hobelkamm wälzen sich ineinander ab (Pfeilrichtung) bis sich beide um eine Teilung verschoben haben.

4. Bei stillstehendem Rad geht der Hobelkamm aus der Zahnlücke heraus (Pfeil) dann beginnt sich das Rad um eine Teilung zu drehen (Pfeilrichtung).

5. Nach vollendetem Teilvorgang geht der Support mit dem Hobelkamm wieder auf Schnittiefe.

6. Wiederbeginn des Schneidvorganges nach erreichter Schnittiefe.

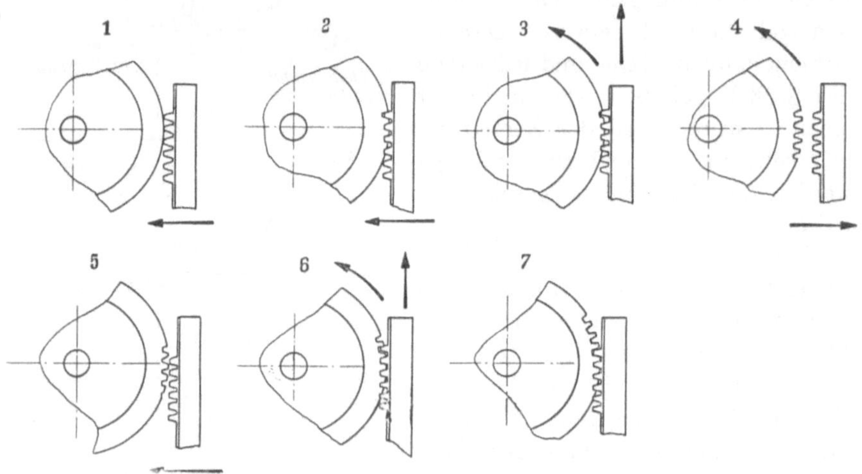

Abb. 77. Die Arbeitsweise der Sunderland-Zahnradhobelmaschine

7. Die Abbildung zeigt einige ausgebildete Zähne.

2.66 Der Kammstahl zum Hobeln gerader Zähne ist wie der Hobelkamm bei Maag ausgebildet (Abb. 59).

Die Form der Hobelmesser für Pfeilzähne ist in Abb. 78 ersichtlich.

2.67 Ermittlung der Hobelzeit. Nachstehend ist die Bestimmung der Hauptzeit für eine große Maschine zur Herstellung von Stirnrädern bis Modul 40 und Pfeilrädern bis Modul 25, größte Zahnbreite 610 mm und größter Teilkreis-∅ 4600 mm erläutert. Die erforderlichen Maschinenwerte sind in der Tabelle 4 auf S. 75 dargestellt.

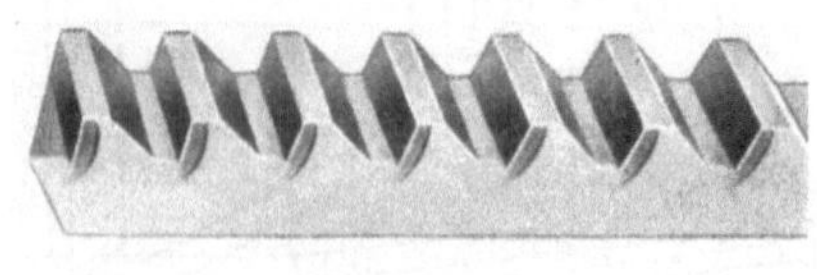

Abb. 78. Hobelmesser für Pfeilzähne

Dabei ist:

$$n = \frac{v \cdot 1000}{2 \cdot H}$$

H = Hublänge in mm,
v = ~9 m/min für St 50···60,
v = ~6 m/min für St 70···80.

Tabelle 4

	Zahnbreite b in mm	Doppelhübe je Minute	Doppelhübe je Zahn $= n_z$			
			30	36	42	50
			Zeit in Minuten je Zahn für einen Arbeitsgang			
		n	K	K	K	K
Stirnräder	610	6,75	5	5,9	6,8	8
	bis 380	8	4,3	5	5,8	6,8
	unter 380	10	3,4	4	4,6	5,4
	unter 380	12	2,8	3,3	3,8	4,5
Pfeilräder	Hublänge	14	2,4	2,9	3,3	3,9
	310	16	2,1	2,5	2,9	3,4
	(Konstant)	18	1,9	2,2	2,6	3

Die Hauptzeit ist

$$t_{h_{\min}} = i\,K\,(z + 3) \tag{43}$$

Hierbei ist:

i = Anzahl der Schnitte,

K = Zeit für einen Arbeitsgang je Zahn (Minuten) abhängig von den Doppelhüben n_z je Zahn (Tab. 4); n_z und n sind für Stirnräder und Pfeilräder den Tabellen 5 und 6 zu entnehmen.

Beispiel: Ein Stirnrad mit geraden Zähnen ist zu hobeln: $m = 25$ mm; $z = 120$; $b = 610$ mm; Stg 52.81.

Aus Tab. 4 ist $n = 6{,}75$ Doppelhübe/min,
Aus Tab. 5 ist $n_z = 30$; $i = 4$.

Bei $n = 6{,}75$ und $n_z = 30$ ist $t_{h_{1\,\mathrm{Zahn}}} = 5$ min je Schnitt (Tab. 4).

$$t_h = \frac{4 \cdot 5 \cdot 123}{60} = 41 \text{ Std.}$$

2.7 Das Zahnflankenschleifen

Die Zahnflanken von Rädern mit hoher Umfangsgeschwindigkeit im Teilkreis und großer Zahnbelastung, sowie von gehärteten Rädern werden geschliffen. Es bestehen zur Zeit bei der Herstellung von Radzähnen zwei Verfahren.

1. Das Formverfahren,
2. Das Wälzverfahren.

Die Verfahren sind für Stirnräder in Tabelle 7 schematisch dargestellt.

Die geschliffenen Zahnflanken haben eine große Genauigkeit. Sie entsprechen etwa den Qualitätsgraden 3···6 nach DIN 3963.

Die hohen Anforderungen an die Genauigkeit verlangen große Sorgfalt in der Vorbehandlung der Zahnräder beim Härten usw. und Flankenschleifen selbst. Daher sind derartige Räder teuer in der Herstellung.

Tabelle 5. *Sunderland-Stirnrad-Hobelmaschine*[1]

m	Stirnräder mit geraden Zähnen (St 50···60 kg)							
6	18 Zähne	19—30 Z.	31—50 Z.	51—80 Z.	81—120 Z.	121—150 Z.	151—220 Z.	221—350 Z.
	2 × 30	2 × 30	2 × 30	2 × 30	2 × 30	2 × 30	2 × 30	2 × 30
8	18 Zähne	19—30 Z.	31—50 Z.	51—80 Z.	81—120 Z.	121—150 Z.	151—220 Z.	221—350 Z.
	36 30	2 × 30	2 × 30	2 × 30	2 × 30	2 × 30	2 × 30	3 × 30
10	18 Zähne	19—30 Z.	31—50 Z.	51—80 Z.	81—120 Z.	121—150 Z.	151—220 Z.	221—350 Z.
	50 30	42 30	2 × 30	2 × 30	2 × 30	2 × 30	3 × 30	3 × 30
12	18 Zähne	19—30 Z.	31—50 Z.	51—80 Z.	81—120 Z.	121—150 Z.	151—220 Z.	221—350 Z.
	36 2 × 30	3 × 30	42 30	36 30	42 30	3 × 30	3 × 30	4 × 30
14	18 Zähne	19—30 Z.	31—50 Z.	51—80 Z.	81—120 Z.	121—150 Z.	151—190 Z.	191—326 Z.
	2 × 42 30	36 2 × 30	3 × 30	3 × 30	3 × 30	3 × 30	36 2 × 30	4 × 30
16	18 Zähne	19—30 Z.	31—50 Z.	51—80 Z.	81—120 Z.	121—150 Z.	151—190 Z.	191—284 Z.
	2 × 36 2 × 30	2 × 42 1 × 30	36 2 × 30	3 × 30	36 2 × 30	36 2 × 30	2 × 36 30	4 × 30
18	18 Zähne	19—30 Z.	31—50 Z.	51—80 Z.	81—120 Z.	121—150 Z.	151—190 Z.	191—254 Z.
	2 × 42 2 × 30	3 × 42	3 × 36	3 × 30	3 × 36	3 × 36	2 × 42 2 × 30	5 × 30

[1] Erläuterung der Tabelle: *Beispiel:* $m = 6$; 18 Zähne 2 × 30 bedeutet: $i = 2$ Schnitte bei $n_z = 30$ Doppelhübe je Zahn

Tabelle 5. (Fortsetzung)

m	Stirnräder mit geraden Zähnen (St 50…60 kg)							
20	18 Zähne	19—30 Z.	31—50 Z.	51—80 Z.	81—120 Z.	121—150 Z.	151—180 Z.	181—228 Z.
	3 × 42 30	2 × 42 2 × 30	4 × 30	36 2 × 30	4 × 30	4 × 30	3 × 36 30	5 × 30
22	18 Zähne	19—30 Z.	31—50 Z.	51—80 Z.	81—120 Z.	121—140 Z.	141—170 Z.	171—208 Z.
	4 × 36 30	3 × 42 30	2 × 36 2 × 30	2 × 42 30	2 × 36 2 × 30	2 × 36 2 × 30	3 × 36 30	5 × 30
24	18 Zähne	19—30 Z.	31—50 Z.	51—80 Z.	81—120 Z.	121—150 Z.	151—173 Z.	174—190 Z.
	3 × 42 30	3 × 36 30	4 × 30	4 × 30	4 × 30	4 × 30	3 × 36 30	3 × 36 30
25	18 Zähne	19—30 Z.	31—50 Z.	51—80 Z.	81—120 Z.	121—144 Z.	145—166 Z.	167—183 Z.
	3 × 42 30	3 × 36 30	4 × 30	4 × 30	4 × 30	4 × 30	3 × 36 30	5 × 30
26	18 Zähne	19—30 Z.	31—50 Z.	51—80 Z.	81—115 Z.	116—138 Z.	139—159 Z.	160—176 Z.
	3 × 42 30	3 × 36 30	4 × 30	4 × 30	4 × 30	4 × 30	3 × 36 30	5 × 30
27	18 Zähne	19—30 Z.	31—50 Z.	51—80 Z.	81—111 Z.	112—133 Z.	134—153 Z.	154—169 Z.
	3 × 42 30	3 × 36 30	4 × 30	4 × 30	4 × 30	4 × 30	5 × 30	6 × 30
28	18 Zähne	19—30 Z.	31—50 Z.	51—80 Z.	81—107	108—128 Z.	129—148 Z.	149—163 Z.
	3 × 50 30	3 × 42 35	3 × 36 30	4 × 30	3 × 36 30	3 × 36 30	5 × 30	6 × 30

Tabelle 5. (Fortsetzung)

m	Stirnräder mit geraden Zähnen (St 50···60 kg)							
30	18 Zähne	19—30 Z.	31—50 Z.	51—80 Z.	81—100 Z.	101—120 Z.	121—138 Z.	139—152 Z.
	3 × 50 36	3 × 42 30	3 × 36 30	4 × 30	3 × 36 30	3 × 36 30	5 × 30	6 × 30
32	18 Zähne	19—30 Z.	31—50 Z.	51—80 Z.	81—94 Z.	95—112 Z.	113—130 Z.	131—143 Z.
	3 × 50 36	3 × 50 36	3 × 42 30	3 × 36 30	3 × 42 30	4 × 36 30	6 × 30	6 × 30
34	18 Zähne	19—30 Z.	31—50 Z.	51—80 Z.	81—88 Z.	89—106 Z.	107—122 Z.	123—134 Z.
	4 × 50 36	3 × 50 36	3 × 42 30	3 × 36 30	3 × 42 30	6 × 30	6 × 30	7 × 30
35	18 Zähne	19—30 Z.	31—50 Z.	51—80 Z.	81—86 Z.	87—103 Z.	104—118 Z.	119—130 Z.
	4 × 50 36	3 × 50 36	3 × 50 36	3 × 42 30	3 × 50 36	6 × 30	6 × 30	7 × 30
36	18 Zähne	19—30 Z.	31—50 Z.	51—80 Z.	81—83 Z.	84—100 Z.	101—115 Z.	116—127 Z.
	4 × 50 36	3 × 50 36	3 × 50 36	3 × 42 30	3 × 50 30	6 × 30	7 × 30	8 × 30
38	18 Zähne	19—30 Z.	31—50 Z.	51—79 Z.		80—95 Z.	96—110 Z.	111—120 Z.
	5 × 50 36	4 × 50 36	4 × 50 36	4 × 42 30		5 × 36 30	3 × 36 4 × 30	3 × 36 5 × 30
40	18 Zähne	19—30 Z.	31—50 Z.	51—75 Z.		76—90 Z.	91—104 Z.	105—114 Z.
	5 × 50 36	4 × 50 36	4 × 50 36	4 × 42 30		5 × 36 30	3 × 36 4 × 30	3 × 36 5 × 30

Tabelle 6. *Sunderland-Zahnradhobelmaschine*[1]

Pfeilräder aus St 50…60 kg/cm²

m	bis 18 Z.	19–350 Z.
Z.Br.	196 mm	196 mm
6	2 × 36 30	3 × 30

m	bis 18 Z.	19–30 Z.	31–50 Z.	51–80 Z.	81–220 Z.	221–350 Z.	
Z.Br.	264 mm	264 mm	264 mm	264 mm	264 mm	110 mm	254 mm
8	2 × 36 2 × 30	4 × 30	2 × 36 30	3 × 30	2 × 36 30	2 × 36 30	4 × 30

m	bis 18 Z.	19–30 Z.	31–50 Z.	51–80 Z.	81–220 Z.	151–220 Z.		221–350 Z.	
Z.Br.	330 mm	330 mm	330 mm	330 mm	330 mm	220 mm	330 mm	220 mm	330 mm
10	4 × 36 30	5 × 30	2 × 36 2 × 30	2 × 36 30	2 × 36 2 × 30	2 × 36 2 × 30	2 × 36 2 × 30	2 × 36 2 × 30	5 × 30

m	bis 18 Z.	19–30 Z.	31–50 Z.	51–80 Z.	81–150 Z.	151–220 Z.		221–350 Z.		
Z.Br.	396 mm	396 mm	396 mm	396 mm	396 mm	264 mm	396 mm	165 mm	264 mm	396 mm
12	4 × 36 2 × 30	4 × 36 30	2 × 42 2 × 36	2 × 36 2 × 30	3 × 42 30	3 × 42 30	2 × 36 3 × 30	3 × 42 30	2 × 36 3 × 30	2 × 36 3 × 30

m	bis 18 Z.	19–30 Z.	31–50 Z.	51–80 Z.	81–120 Z.			120–150 Z.			151–190 Z.			191–326 Z.		
Z.Br.	462 mm	462 mm	462 mm	462 mm	192 mm	308 mm	462 mm	192 mm	308 mm	462 mm	192 mm	308 mm	462 mm	192 mm	308 mm	462 mm
14	4 × 36 2 × 30	4 × 36 2 × 30	4 × 36 30	2 × 42 2 × 36	4 × 36 30	4 × 36 30	4 × 36 30	4 × 36 30	4 × 36 30	4 × 36 30	4 × 36 30	4 × 36 30	4 × 36 30	6 × 30	6 × 30	6 × 30

m	bis 18 Z.	19–30 Z.	31–50 Z.	51–80 Z.		81–120 Z.			121–150 Z.			151–190 Z.			191–284 Z.		
Z.Br.	528 mm	528 mm	528 mm	352 mm	528 mm	220 mm	352 mm	528 mm	220 mm	352 mm	528 mm	220 mm	352 mm	528 mm	220 mm	352 mm	528 mm
16	4 × 42 3 × 36	4 × 42 2 × 36	4 × 42 36	4 × 36 30	4 × 36 30	4 × 42 30	4 × 42 30	4 × 36 2 × 30	4 × 42 30	4 × 42 30	4 × 36 2 × 30	4 × 42 30	4 × 42 30	7 × 30	7 × 30	7 × 30	7 × 30

m	bis 18 Z.	19–30 Z.	31–50 Z.	51–80 Z.		81–120 Z.			121–150 Z.			151–190 Z.			191–254 Z.		
Z.Br.	594 mm	594 mm	594 mm	396 mm	594 mm	250 mm	396 mm	594 mm	250 mm	396 mm	594 mm	250 mm	396 mm	594 mm	250 mm	396 mm	594 mm
18	2 × 42 6 × 36	2 × 42 5 × 36	2 × 42 4 × 36	2 × 42 3 × 36	2 × 42 3 × 36	4 × 42 2 × 30	4 × 42 2 × 30	2 × 36 5 × 30	4 × 42 2 × 30	4 × 42 2 × 30	2 × 36 5 × 30	4 × 42 2 × 30	4 × 42 2 × 30	8 × 30	4 × 36 3 × 30	4 × 36 3 × 30	36 7 × 30

[1] Erläuterung der Tabelle: *Beispiel:* $m = 12$; $z = 18$, Z.Br. = Zahnbreite = 396 mm 4 × 36: $i = 4$ Schnitte bei $n_{z_1} = 36$ Doppelhübe je Zahn (Schruppen)
2 × 30: $i = 2$ bei $n_{z_2} = 30$ Doppelhübe je Zahn (Schlichten)

Tabelle 6. (Fortsetzung)

Pfeilräder aus St 50···60 kg/cm²

m	bis 18 Z.	19–30 Z.	31–50 Z.		51–80 Z.			81–120 Z.			121–150 Z.			151–180 Z.			181–228 Z.		
Z.Br.	610 mm	610 mm		610 mm		440 mm	610 mm	275 mm	440 mm	610 mm	275 mm	440 mm	610 mm	275 mm	440 mm	610 mm	275 mm	440 mm	610 mm
20	6 × 42 2 × 36	6 × 42 36		4 × 42 2 × 36		4 × 36 2 × 30	4 × 36 2 × 30	4 × 42 2 × 30	4 × 42 2 × 30	4 × 42 2 × 30	4 × 42 2 × 30	4 × 42 2 × 30	4 × 42 2 × 30	4 × 42 2 × 30	4 × 42 2 × 30	6 × 36 30	6 × 36 30	6 × 36 30	8 × 30
m	bis 18 Z.	19–30 Z.	31–50 Z.		51–80 Z.			81–120 Z.			121–140 Z.			141–170 Z.			171–208 Z.		
Z.Br.	610 mm	610 mm	494 mm	610 mm	302 mm	484 mm	610 mm	302 mm	484 mm	610 mm	302 mm	484 mm	610 mm	302 mm	484 mm	610 mm	302 mm	484 mm	610 mm
22	4 × 42 5 × 36	4 × 42 4 × 36	2 × 42 5 × 36	2 × 42 5 × 36	4 × 42 2 × 35	4 × 42 2 × 36	4 × 42 2 × 36	4 × 42 3 × 30	4 × 42 3 × 30	4 × 36 4 × 30	4 × 42 3 × 30	4 × 36 4 × 30	4 × 36 4 × 30	4 × 42 3 × 30	4 × 36 4 × 30	36 8 × 30	4 × 42 3 × 30	42 3 × 36 4 × 30	10 × 30
m	bis 18 Z.	19–30 Z.	31–50 Z.		51–80 Z.			81–120 Z.			121–140 Z.			141–170 Z.			171–190 Z.		
Z.Br.	610 mm	610 mm		610 mm	330 mm	528 mm	610 mm	330 mm	528 mm	610 mm	330 mm	528 mm	610 mm	330 mm	528 mm	610 mm	330 mm	528 mm	610 mm
24	9 × 42	6 × 42 2 × 36		4 × 42 3 × 36	7 × 36	7 × 36	7 × 36	5 × 42 2 × 30	6 × 36 2 × 30	4 × 36 5 × 30	5 × 42 2 × 30	6 × 36 2 × 30	4 × 36 5 × 30	6 × 36 2 × 30	42 8 × 30	36 9 × 30	6 × 36 2 × 30	36 8 × 30	36 9 × 30
m	bis 18 Z.	19–30 Z.	31–50 Z.		51–80 Z.			81–120 Z.			121–140 Z.			141–160 Z.			161–177 Z.		
Z.Br.	610 mm	610 mm		610 mm	344 mm	550 mm	610 mm	344 mm	550 mm	610 mm	344 mm	550 mm	610 mm	344 mm	550 mm	610 mm	344 mm	550 mm	610 mm
26	2 × 50 7 × 42	8 × 62		7 × 42	2 × 42 5 × 36	2 × 42 5 × 36	2 × 42 5 × 36	3 × 50 2 × 42 2 × 30	3 × 50 2 × 42 2 × 30	4 × 36 5 × 30	3 × 50 2 × 42 2 × 30	4 × 36 5 × 30	36 9 × 30	3 × 50 2 × 42 2 × 30	4 × 36 5 × 30	36 9 × 30	4 × 36 5 × 30	36 9 × 30	36 10 × 30

Ausschlaggebend für die Schleifzeit ist außer der Genauigkeit die Schleifzugabe *a* auf den Zahnflanken. Sie ist in DIN 3972 festgelegt. Je geringer die Zugabe, desto kürzer ist die Schleifzeit.

Anschließend einige Erfahrungswerte:

Raddurchmesser (Teilkreis)

m	bis 100 mm ∅	200 ∅	300 ∅	500 ∅	1200 ∅
	a = Zugabe in mm je Zahnflanke				
bis 2	0,08···0,1	0,12	0,12	–	–
3··· 4	0,10···0,12	0,12	0,15	0,15	–
5··· 8	0,15	0,18	0,20	0,23	0,30
9···12	–	0,2	0,25	0,30	0,35
13···15	–	–	0,30	0,35	0,40

2.71 Zahnflankenschleifen nach dem Formverfahren.

2.711 Die älteste Bauart ist die Schleifmaschine System Orcutt, hergestellt von der Gear Grinding Co., Birmingham. Sie ist mit einer Schleifscheibe ausgerüstet und schleift beide Zahnflanken sowie den Zahngrund in einem Arbeitsgang (Abb. 80). Es können nur Räder mit geraden Zähnen geschliffen werden.

Bei einer Schleifzugabe von 0,13 je Flanke bei Modul 7 (91 mm Teilkreis-∅) wird eine Schleifzeit von 9 sek je 10 mm Zahnbreite, bei 0,4 mm Zugabe je Flanke, bei Modul 11 (187 mm Teilkreis-∅) eine Schleifzeit von 25 sek je 10 mm Zahnbreite und bei 0,25 mm Zugabe je Flanke bei Modul 12 (216 mm Teilkreis-∅) eine Schleifzeit von 28 sek je 10 mm Zahnbreite angegeben (Einsatzgehärtete Zahnflanken).

2.712 Die Zahnflankenschleifmaschine von Schaudt. Sie ähnelt in ihrem Aufbau der Orcutt-Maschine. Die Maschine hat zwei Schleifscheiben, die so angeordnet sind, daß nicht die Zahnflanken der gleichen Zahnlücke, sondern von zwei Zahnlücken geschliffen werden, die weit auseinanderliegen, so daß die zu schleifenden Flanken möglichst waagerecht liegen (Abb. 81). Auch auf dieser Maschine können nur Räder mit geraden Zahnflanken geschliffen werden. Sie ist für das Schleifen gleicher Räder mit größeren Stückzahlen geeignet.

Abb. 82 zeigt die Arbeitsweise der Maschine in einem Diagramm.

2.713 Ermittlung der Hauptzeit. Die Arbeitsweise der Flankenschleifmaschine ähnelt der einer Hobelmaschine. An Stelle des Hobelstahles tritt die Schleifscheibe. Die Schleifscheiben werden an der Zahnflanke entlang geführt. Nachdem sie aus der Zahnlücke herausgetreten sind, wird die Tischbewegung umgekehrt und sie laufen durch die gleichen Zahnlücken zurück. Dann erfolgt der Teilvorgang, bis sämtliche Radzähne geschliffen sind.

Der Schleifweg L ergibt sich zu $2A + b + 2 \cdot 20$ mm.

Tabelle 7. *Zahnflanken-*

Abb. 79		
Verfahren	Formverfahren	Wälzverfahren
Flankenlinie (Werkstück)	gerade	gerade; schräg
Zahnprofil	beliebig	Evolvente
Werkzeug und Arbeitsfläche	Schleifscheibe 250 mm ∅ Evolventenprofil	Tellerschleifscheibe 220 mm ∅ Tellerrand 2 mm
Bauart	{ Minerva; Schaudt Zahnradfabrik Friedrichshafen } Orcutt	Maag

h = Zahnhöhe des Zahnrades = 2,3 · Modul in mm,

b = Zahnbreite des Zahnrades in mm,

$A = \sqrt{D h - h^2}$ für einen Schleifscheibendurchmesser D von 250 mm.

Für Modul	2	4	6	8	10	12
ist $2A + 40$ =	107	135	155	170	185	200 mm

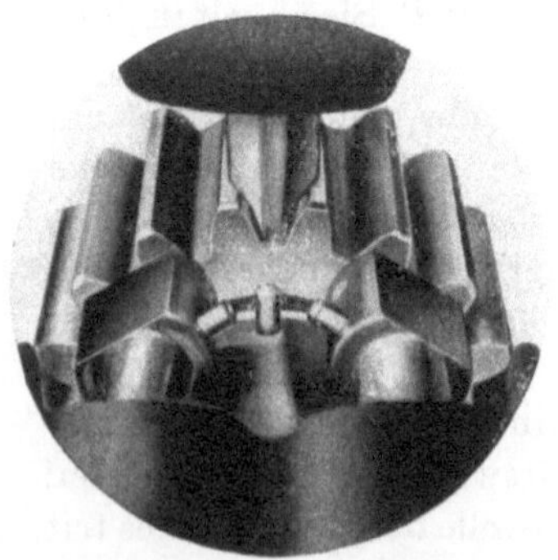

Abb. 80. Stirnradschleifmaschine, System Orcutt. Profilscheibe im Eingriff

Die Tischgeschwindigkeit ist stufenlos regelbar von 0,1···6 Meter in der Minute. Angenommen wird für die übliche Schleifarbeit:

$$v_{\text{Schruppen}} = 6\ m/\text{min},$$

$$v_{\text{Schlichten}} = 3\ m/\text{min},$$

daraus

$$n_{\text{Schr}} = \frac{6000}{2L} = \frac{3000}{L} \text{ Doppelhübe/min}$$

$$n_{\text{Schl}} = \frac{3000}{2L} = \frac{1500}{L} \text{ Doppelhübe/min}$$

Berechnung der für einen Schleifvorgang erforderlichen Doppelhübe. Beziehung zwischen Schleifzugabe a je Zahnflanke und Zustellung x (s. Abb. 81 und 83).

Schleifverfahren für Stirnräder

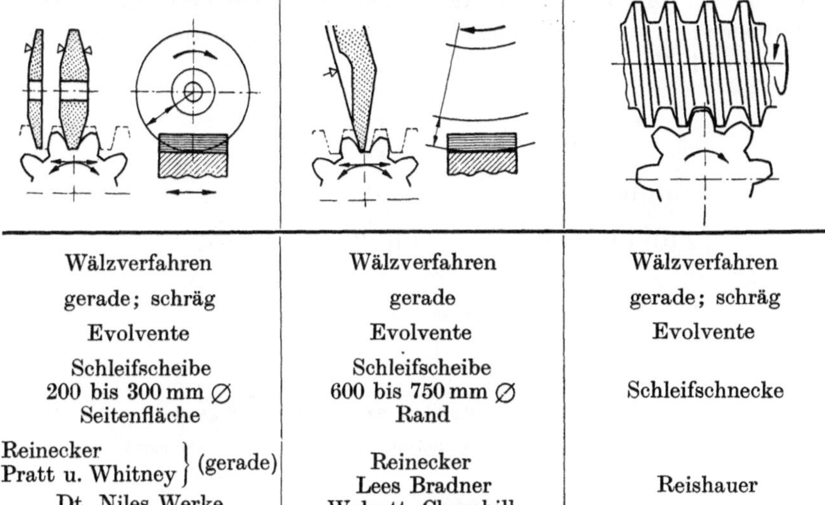

Wälzverfahren	Wälzverfahren	Wälzverfahren
gerade; schräg	gerade	gerade; schräg
Evolvente	Evolvente	Evolvente
Schleifscheibe 200 bis 300 mm ∅ Seitenfläche	Schleifscheibe 600 bis 750 mm ∅ Rand	Schleifschnecke
Reinecker Pratt u. Whitney } (gerade) Dt. Niles Werke (gerade und schräg)	Reinecker Lees Bradner Walcott, Churchill	Reishauer

a) *Orcutt-Maschine* (Abb. 83):

$$\sin\alpha = \frac{a}{x}$$

$$x_{15^\circ} = \frac{a}{0{,}26} = 3{,}85\,a \quad (15^\circ\, E\sphericalangle)$$

$$x_{20^\circ} = \frac{a}{0{,}34} = 2{,}94\,a \quad (20^\circ\, E\sphericalangle)$$

b) *Maschine von Schaudt* (Abb. 81): Der Zustellweg x liegt hier unter dem Wert x der Orcutt-Maschine und wird um so kleiner, je weiter die beiden Schleifscheiben voneinander entfernt sind. Der Grenzwert $x = a$ würde erreicht, wenn die Schleifscheiben so eingestellt wären, daß sie die in der Horizontalen liegenden Zahnflanken schleifen. Dieser Fall kann nicht eintreten, da in dieser Stellung die Schleifscheibe nicht in die Zahnlücke hineinpassen würde.

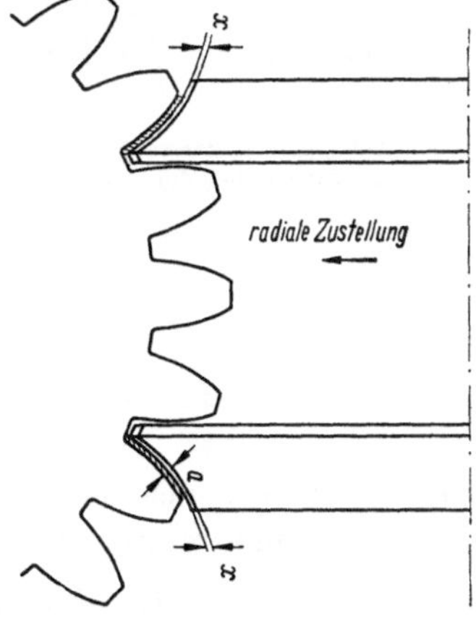

Abb. 81. Anordnung der Profilscheiben der Flankenschleifmaschine von Schaudt

Man rechnet zur Bestimmung des Zustellungswertes x für die Maschine von Schaudt mit etwas geringeren Werten:

$$x_{15^\circ} = 3{,}8\,a$$

$$x_{20^\circ} = 2{,}9\,a$$

Wie das Diagramm Abb. 82 zeigt, wird in drei Arbeitsgängen geschliffen: a) Vorschleifen, b) Nachschleifen, c) Fertigschleifen. Dementsprechend ist die Schleifzugabe aufzuteilen. Zur Vereinfachung wird das Nachschleifen und Fertigschleifen zusammengefaßt:

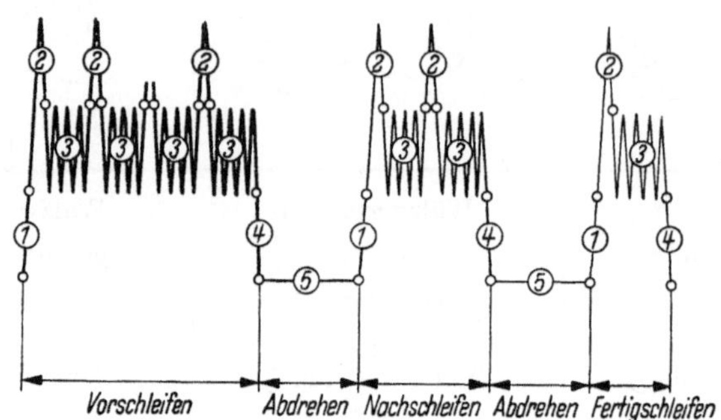

Abb. 82. Arbeitsdiagramm der Zahnflankenschleifmaschine von Schaudt

1 Einschalten
2 Zustellung nach jeder Umdrehung des Werkstücks
Die Anzahl dieser Umdrehungen richtet sich nach der Schleifzugabe und dem Zustellbetrag
Die Schleifzugabe beim Nachschleifen ist gleich der Scheibenabnützung beim Vorschleifen
Die Schleifzugabe beim Fertigschleifen ist gleich der Scheibenabnützung beim Nachschleifen
3 Anzahl der Arbeitsdoppelhübe (entspricht der Zähnezahl).
4 Automatisches Abschalten der Maschine.
} Automatischer Arbeitsvorgang
5 Abdrehen der Schleifscheibe. Handbetätigung

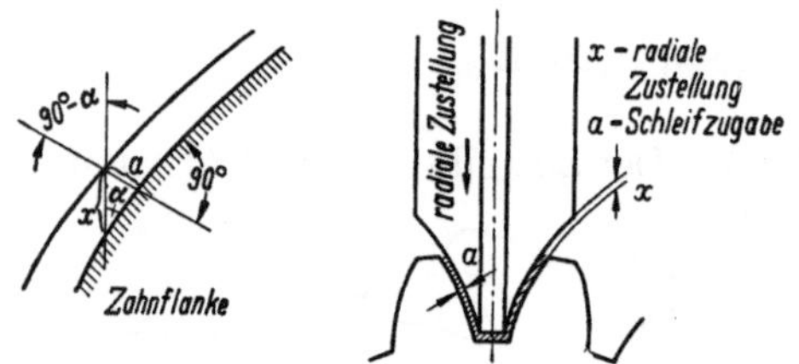

Abb. 83. Abhängigkeit der radialen Zustellung x von der Schleifzugabe a bei der Maschine von Orcutt

Es sei

a_1 = Zugabe beim Vorschleifen
a_2 = Zugabe beim Nach- und Fertigschleifen

Dann ist $a_1 + a_2 = a$.

Als Erfahrungswert wird eingesetzt:

$a_1 = 4\,a_2$ dann ist $a_1 = 0{,}8\,a$
$a_2 = 0{,}2\,a$

und

$$\underset{15^\circ}{x_1} = 0{,}8 \cdot 3{,}8\,a = 3{,}04\,a; \quad \underset{15^\circ}{x_2} = 0{,}76\,a$$

$$\underset{20^\circ}{x_1} = 0{,}8 \cdot 2{,}9\,a = 2{,}32\,a; \quad \underset{20^\circ}{x_2} \cong 0{,}58\,a$$

Der Zustellbereich der Maschine ist einstellbar von 0,01···0,05 mm je Werkstückumdrehung. Im Mittel wird angenommen:

für Vorschleifen 0,03 mm,
für Nach- und Fertigschleifen 0,01 mm.

Für besonders genaue Räder muß für das Vorschleifen mit geringeren Werten gerechnet werden.

Dann errechnen sich die Anzahl der Doppelhübe n_z je Zahn, die erforderlich sind, um einen Zahn zu schleifen, zu:

$$\underset{15^\circ}{n_{z_{\text{Schr}}}} = \frac{x_1}{0{,}03} = \frac{3{,}04\,a}{0{,}03} = 101\,a \qquad \underset{15^\circ}{n_{z_{\text{Schl}}}} = \frac{x_2}{0{,}01} = \frac{0{,}76\,a}{0{,}01} = 76\,a$$

$$\underset{20^\circ}{n_{z_{\text{Schr}}}} = \frac{x_1}{0{,}03} = \frac{2{,}32\,a}{0{,}03} = 78\,a \qquad \underset{20^\circ}{n_{z_{\text{Schl}}}} = \frac{x_2}{0{,}01} = 58\,a$$

Die Hauptzeit (eigentliche Schleifzeit, ohne Abdrehen der Schleifscheiben) wird errechnet (für 20° $E\sphericalangle$):

$$t_h = \frac{z\,n_z}{n} \quad \text{in min} \tag{44}$$

$$t_h = z\left(\frac{n_{z_{\text{Schr}}}}{n_{\text{Schr}}} + \frac{n_{z_{\text{Schl}}}}{n_{\text{Schl}}}\right) \tag{45}$$

$$\underset{20^\circ}{t_h} = z\left(\frac{78\,a\,L}{3000} + \frac{58\,a\,L}{1500}\right)$$

$$\underset{20^\circ}{t_h} = \frac{z\,L\,a}{3000}(78 + 2\cdot 58) = \frac{z\,L\,a}{15{,}4}\,\text{min} \tag{46}$$

$$\underset{15^\circ}{t_h} = \frac{z\,L\,a}{3000}(101 + 2\cdot 78) = \frac{z\,L\,a}{11{,}7}\,\text{min} \tag{47}$$

L = Schleifweg in mm,
a = Schleifzugabe je Zahnflanke in mm.

Die zur Berechnung der Gl. (46) und (47) zugrunde gelegten Tischgeschwindigkeiten $v = 6$ und 3 m/min stellen Höchstwerte dar. Für normale Verhältnisse werden die Werte auf 4 bzw. 2 m/min reduziert. Dann erhält man für t_h:

$$\underset{70^\circ}{t_h} = \frac{z\,L\,a}{10} \quad \text{und} \quad \underset{75^\circ}{t_h} = \frac{z\,L\,a}{7{,}8} \tag{48 u. 49}$$

Beispiel: $m = 5$ mm; $z = 13$; $b = 100$ mm; $a = 0{,}15$ mm; $E\sphericalangle = 70^\circ$; $2A + 40 = 145$ mm; $L = 145 + 100 = 245$ mm.

$v_{\text{Schr}} = 4\ m/\text{min}$; $v_{\text{Schl}} = 2\ m/\text{min}$,
$n_{\text{Schr}} = 8{,}2$ Doppelhübe/min; $n_{z_{\text{Schr}}} = 78\text{a} = 11{,}7$,
$n_{\text{Schl}} = 4{,}1$ Doppelhübe/min; $n_{z_{\text{Schl}}} = 58\text{a} = 8{,}7$.

$$t_h = 13\left(\frac{11{,}7}{8{,}2} + \frac{8{,}7}{4{,}1}\right) = 46\,\text{min}$$

Mit Gl. (48) erhält man:

$$t_h = \frac{13 \cdot 245 \cdot 0{,}15}{10} = 48 \text{ min}$$

In dieser Zeit kommt noch, wie im Diagramm Abb. 82 ersichtlich, die Zeit für das Abziehen der Schleifscheiben vor dem Nach- und Fertigschleifen.

Der Wert in sek je 10 mm Zahnbreite ergibt sich zu 21,2 sek.

Mit Gl. (46) erhält man:

$$t_h = \frac{13 \cdot 245 \cdot 0{,}15}{15{,}4} = 31 \text{ min}$$

und einem Wert von 14,3 sek je 10 mm Zahnbreite.

Überschläglich rechnet man

$$\underline{t_h = 8 \text{ sek je cm Schleiflänge;}} \qquad (49)$$

dann ergibt sich die Formel:

$$t_h = \frac{L \cdot 8\,z}{10 \cdot 60} = \frac{L\,z}{75} \text{ min} \qquad (49\text{a})$$

L = Schleiflänge in mm.

Für das Beispiel $m = 5$ mm; $b = 100$ mm; $z = 13$ ergibt sich dann:

$$t_h = \frac{245 \cdot 13}{75} = 43 \text{ min}$$

2.72 Schleifen von Zahnflanken nach dem Wälzverfahren. Während bei dem Formverfahren die Zahnflanken durch Formprofilscheiben geschliffen werden, entsteht bei dem Wälzverfahren die Evolventenform durch gemeinsame Wälzbewegung von Schleifscheibe und Zahnrad. Das Werkzeug ist eine Tellerscheibe oder eine Schleifschnecke (s. Tab. 7).

2.721 Die Zahnflankenschleifmaschine von Reishauer (Abb. 84).

Das Schleifverfahren ähnelt dem Wälzverfahren (s. S. 30). An Stelle des Wälzfräsers tritt hier die Schleifschnecke (eingängig). Sie hat im Verhältnis zu dem zu schleifenden Modul (0,5 bis 5) einen großen Durchmesser (350 mm) und unendlich viele *Schneidzähne*. Dadurch wird die Zahnflanke durch unendlich viele Hüllschnitte erzeugt. Die neueste Ausführung der Maschine arbeitet nach dem *Zweiwegschleifen*.

2.722 Die Berechnung der Hauptzeit ergibt sich nach Reishauer wie folgt:

Die Schleifzeit hängt ab von der Schleifzugabe auf den Zahnflanken. Diese ist bei gehärteten Rädern abhängig von der Form und der Größe des Werkstückes (Härteverzug).

Die Hauptzeit wird ermittelt nach der Gleichung:

$$t_h = \frac{z\,b\,t\,K}{60} \quad \text{(in min)} \qquad (50)$$

dabei bedeutet:

z = Zähnezahl des Werkstückes,
b = Zahnbreite (in cm!),
B = Schleiflänge (in cm!)
$B = b + m$. m = Modul: Überweg in cm,
m ist bei Geradverzahnung = 0,

$$B \text{ bei Schrägverzahnung} = \frac{b}{\cos\beta} + 2m,$$

wenn β der Schrägungswinkel der Zahnflanke gegen die Radachse bedeutet,
t = Schleifzeit je cm Schleiflänge B in sek,
K = Korrekturfaktor, wird angewendet bei Zahnrädern unter 32 Zähnen.

Abb. 84. Zahnflankenschleifmaschine von Reishauer, Zürich

Die nachfolgenden Tab. 8 bis 10 enthalten die Werte für Schleifzugaben bei gehärteten Zahnrädern, den Korrekturfaktor K und die Schleifzeit in Sekunden je cm Schleiflänge B.

Beispiel:

Scheibenförmiges Stirnrad, gehärtet:
$z = 46$; $m = 2{,}5$; gerade Zähne; $b = B = 20$; Schleifzugabe = 0,26 mm; $K = 1$; $t = 2{,}7$

$$\underset{\min}{t_h} = \frac{z\,b\,t\,K}{60} = \frac{46 \cdot 20 \cdot 2{,}7 \cdot 1}{60}$$

$$t_h = 4{,}15 \sim 4{,}2 \text{ min}$$

Tabelle 8. *Schleifzugabe in mm, bezogen auf das Zahnweitenmaß, gemessen mit der Zahnweiten-Schraublehre über mehrere Zähne*

	Rad-∅ in mm	20	40	60	100	150	210	270	300
Schleifzugabe in mm	Günstige Radkörper (wenig Härteverzug)	0,17	0,18	0,19	0,215	0,24	0,27	0,32	0,34
	Mittelwerte	0,185	0,195	0,21	0,24	0,28	0,33	0,38	0,42
	ungünstige Radkörper (großer Härteverzug)	0,2	0,21	0,23	0,27	0,33	0,39	0,47	0,5

Tabelle 9. *Korrekturfaktor K*

Zähnezahl z	12	16	20	24	28	32	36
K	1,5	1,4	1,3	1,2	1,1	1	1

Tabelle 10. *Schleifzeit in Sekunden je cm Schleiflänge B*

Schleifzugabe in mm, bezogen auf das Zahnweitenmaß	Modul				
	1	2	3	4	5
0,16	1,75	2,0	2,2	2,5	2,7
0,2	2,0	2,3	2,5	2,75	3,0
0,25	2,3	2,6	2,8	3,2	3,4
0,30	2,6	2,9	3,2	3,5	3,8
0,35	2,9	3,2	3,6	3,8	4,3
0,40	3,2	3,6	4,0	4,4	4,8
0,50	3,7	4,1	4,6	5,0	5,5
	Schleifzeit in Sekunden bezogen auf 1 cm Schleiflänge				

Kleine Zahnteilungen bis 0,8 Modul einschließlich werden aus dem Vollen geschliffen. Die Schleifzeit t in Sekunden je cm Schleiflänge ist etwa

$m =$	0,5	0,6	0,7	0,8	0,9	
$t =$	7	8	9	10,5	12	sek

Da, wie bereits erwähnt, die Maschine wie eine Wälzfräsmaschine arbeitet, könnte die Berechnung der Hauptzeit t_h nach der Formel für Wälzfräsen (s. S. 33) erfolgen.

Damit ist

$$t_h = \frac{(b + a)\, z\, i}{s_R\, n\, g} \quad \text{(für gerade Zähne)} \tag{51}$$

b = Zahnbreite in mm,
a = An- + Überlauf in mm,
z = Zähnezahl des Zahnrades,
i = Anzahl der Schnitte (Durchläufe der Schleifschnecke durch das Zahnrad)
S_R = Vorschub des Tischschlittens je Radumdrehung; von 0,4 bis 3,2 mm
n = Drehzahl der Schleifschnecke 1900 U/min,
g = Gangzahl der Schleifschnecke (meist 1).

Die Ermittlung der Anzahl der Schnitte i hätte jeweils auf Grund der Schleifzugabe je Zahnflanke und der selbsttätigen Zustellung je Werkstückschlittenhub (zwischen 0,01 und 0,08 mm) zu erfolgen.

Rüstzeit (nach Reishauer)	Rüstzeit in min Typ NZA	Typ OZA
1. Vollständiges Umrichten der Maschinen inkl. Profilieren der Schleifschnecke zum Schleifen von Rädern mit theoretischer Zahnform und Zahnrichtung		
a) bei gerade verzahnten Rädern	95	60
b) bei schräg verzahnten Rädern	100	75
2. Vollständiges Umrichten der Maschine inkl. Profilieren der Schleifschnecke für Werkstücke, die Modifikation am Zahnfuß und Zahnkopf aufweisen, sowie ballig geschliffen werden müssen		
a) bei gerade verzahnten Rädern	125	90
b) bei schräg verzahnten Rädern	135	100
3. Umrichten auf eine andere Werkstück-Zähnezahl		
a) bei gerade verzahnten Werkstücken	12	12
b) bei schräg verzahnten Werkstücken inkl. Umrichten von Rechts- auf Linkssteigung	22	22
4. Nachprofilieren der Schleifschnecke inkl. Einstechen des Profilgrundes und Überdrehen des Außendurchmessers	35	

2.723 Die Niles-Zahnflankenschleifmaschine (Abb. 85). Die Maschine schleift die Flanken von Stirnrädern mit geraden und Schrägzähnen bis

Abb. 85. Zahnflankenschleifmaschine von Niles, Berlin

zu einem Winkel von 45°. Die Evolventenverzahnung wird durch Abrollen des zu schleifenden Rades an einer als Zahnstangenzahn ausgebildeten Doppelkegelscheibe erzeugt. Der Wälzvorgang ist ähnlich wie bei der unter S. 55 beschriebenen Maag-Maschine. Der Schleifvorgang ist in Abb. 86 dargestellt. Die zur Zeit vorhandenen Schleifmaschinen haben einen Arbeitsbereich von Modul 1,5···15 und 30···1250 Rad-∅.

2.724 Die Berechnung der Hauptzeit. Arbeitsweise: Wie in Abb. 87 dargestellt, werden beide Zahnflanken in einem Abwälzgang geschliffen. Bei dem Vorwärtsgang wird die linke Flanke b, beim Rückwärtsgang die rechte a entsprechend dem Schleifweg w (Abb. 86), bearbeitet. Bevor der Teilvorgang einsetzt, verschiebt sich der Tisch um eine weitere Strecke u im Eilgang, so daß beim Teilen das Rad sich frei an der Schleifscheibe vorbeidrehen kann.

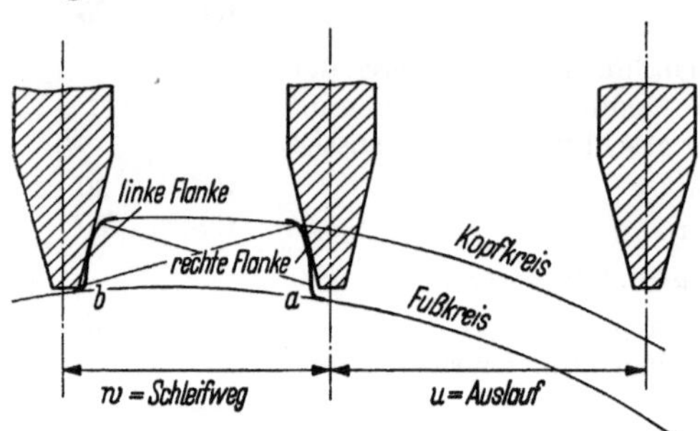

Abb. 86. Schleifweg w und Auslauf u bei der Niles-Zahnflankenschleifmaschine

Nach dem Teilvorgang wird der Tisch im Eilgang wieder in Schleifstellung gebracht.

Beim Schleifen der Flanke a wird w einmal durchlaufen, ebenso beim Schleifen der Flanke b. Also ist der Schleifweg für einen Zahn $= 2 \cdot w$. Ebenso wird der Auslauf u je Zahn zweimal durchlaufen. Der Schleifweg w und der Auslauf u sind in Abb. 88 abhängig vom Modul und dem Teilkreisdurchmesser des Zahnrades dargestellt.

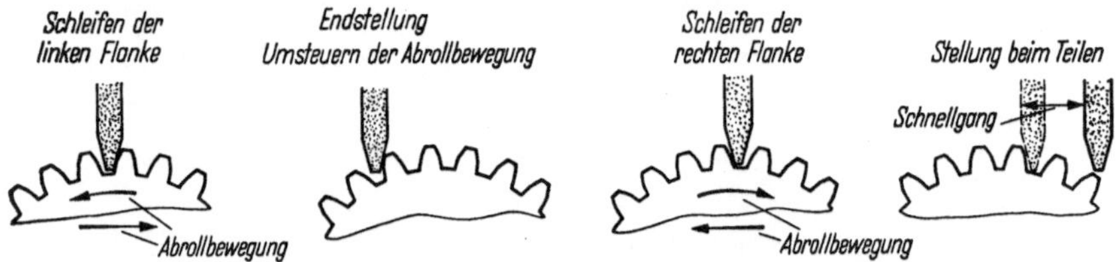

Abb. 87. Die Arbeitsweise der Niles-Zahnflankenschleifmaschine

Es bedeutet:

i_1 = Anzahl der Durchläufe für Schruppen,
i_2 = Anzahl der Durchläufe für Schlichten,
n_1 = Doppelhubzahl/min für Schruppen,
n_2 = Doppelhubzahl/min für Schlichten,
s_{n_1} = Vorschub in mm je Doppelhub für Schruppen,
s_{n_2} = Vorschub in mm je Doppelhub für Schlichten.

Dann ist

$$t_h = \frac{z \cdot 2 w i}{n s_n} + \frac{z \cdot 2 u i}{s'} \qquad (52)$$

s' ist konstant für eine vorliegende Maschine = 480 mm/min.

Dann lautet Gl. (52) aufgelöst für den Schrupp- und Schlichtvorgang:

$$t_h = z \cdot 2\,w \left(\frac{i_1}{n_1\,s_{n_1}} + \frac{i_2}{n_2\,s_{n_2}}\right) + z \cdot 2\,u\,\frac{(i_1 + i_2)}{s'} \tag{53}$$

$$t_h = 2\,z \left[w \left(\frac{i_1}{n_1\,s_{n_1}} + \frac{i_2}{n_2\,s_{n_2}}\right) + u\,\frac{(i_1 + i_2)}{s'}\right] \tag{54}$$

Für die Bestimmung der Stößelhubzahl wird zugrunde gelegt:

$$v_{\text{Schr}} = 13 \cdots 18\ m/\text{min} \qquad v_{\text{Schl}} = 7 \cdots 9\ m/\text{min}$$

s. Abb. 89.

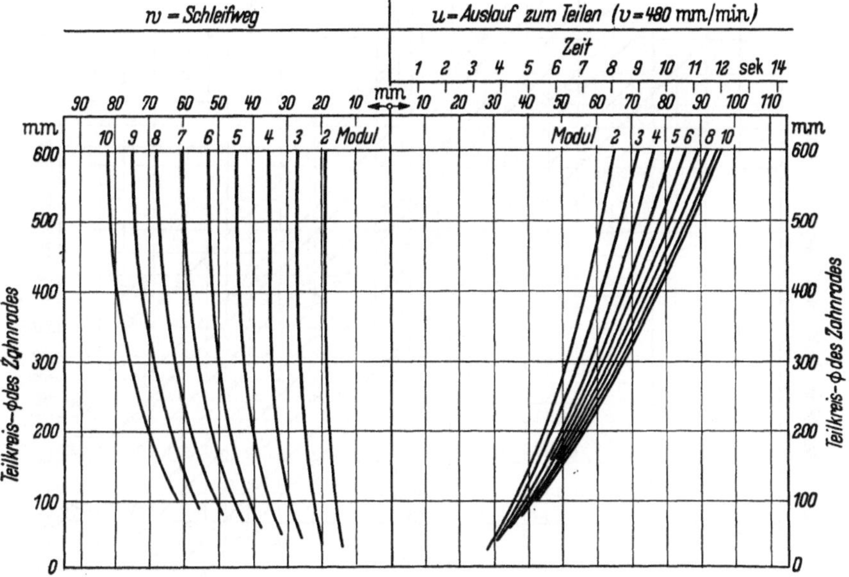

Abb. 88. Niles-Zahnflankenschleifmaschine: Schleifweg w und Auslauf u, abhängig von dem Teilkreisdurchmesser und der Zähnezahl des Zahnrades

Der Stößelhubweg H ist = Zahnbreite + 20 mm. $H = b + 20$ mm.

Vorschub in mm je Doppelhub s_n:

$m =$	4	6	8	10
$s_{n_1} =$	2,5···2,8	2,8	3,7	3,8···3,9
$\varepsilon_{n_2} =$	1,2···1,4	1,4	1,8	1,9···2

Anzahl der Durchläufe (Schnittzahl):

$m =$ 2	4	6	8	10
$i_1 =$ 2	3	4	5	6
$i_2 =$ 1	1	2	2	2

Beispiel: $m = 8$; $z = 13$; $b = 65$; $H = 85$ mm.

Abb. 88: $w = 50$ mm; $u = 43$ mm; $i_1 = 5$; $i_2 = 2$.

Abb. 89:

$v_1 = 15$ m/min,
$v_2 = 8$ m/min.
$s' = 480$ mm/min,
$s_{n_1} = 3{,}7$ mm je Doppelhub,
$s_{n_2} = 1{,}8$ mm je Doppelhub,
$n_1 = 89$ Doppelhub/min,
$n_2 = 50$ Doppelhub/min.

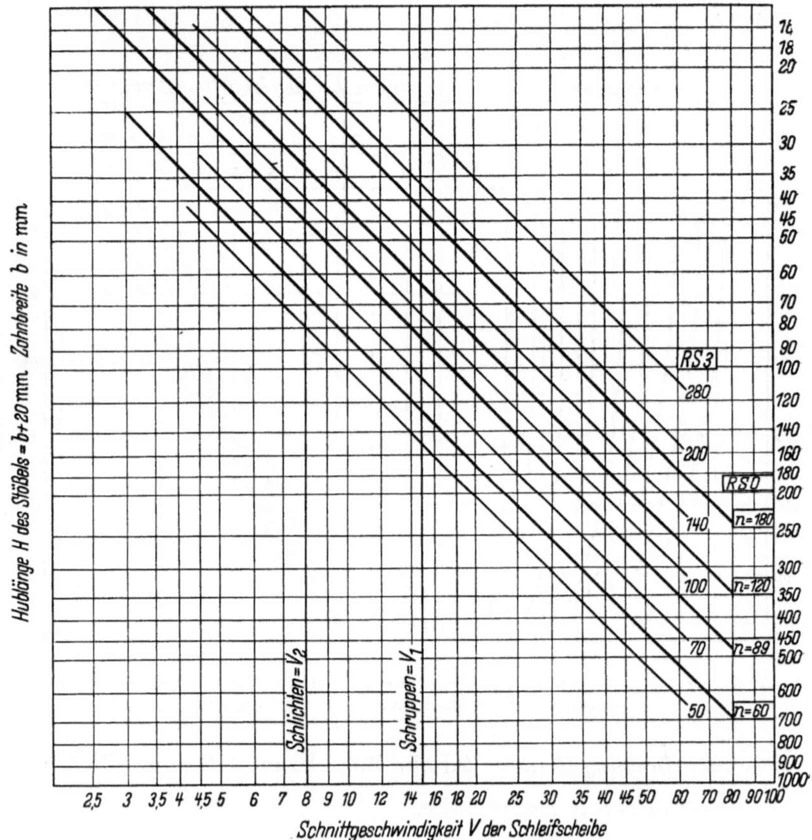

Abb. 89. Diagramm zur Ermittlung der Hubzahlen der Niles-Maschine

$$t_h = 2 \cdot 13 \left[50\left(\frac{5}{89 \cdot 3{,}7} + \frac{2}{50 \cdot 1{,}8}\right) + 43\,\frac{(5+2)}{480}\right]$$

$$t_h = 26\,[50\,(0{,}0152 + 0{,}0222) + 0{,}63] = \sim 65 \text{ min}$$

Vereinfachung der Berechnung der Hauptzeit: Bei Annahme von:

$$n_1 = 2\,n_2\,, \qquad i_1 = 2{,}5\,i_2\,, \qquad s_{n_1} = 2\,s_{n_2}\,,$$

wird

$$t_h = 2\,z\left[w\left(\frac{2{,}5\,i_2}{2\,n_2 \cdot 2\,s_{n_2}} + \frac{i_2}{n_2\,s_{n_2}}\right) + u\,\frac{(i_1 + i_2)}{s'}\right]$$

$$t_h = 2\,z\left[\frac{w\,i_2}{n_2\,s_{n_2}}\left(\frac{2{,}5}{4} + 1\right) + u\,\frac{(i_1 + i_2)}{s'}\right]$$

$$t_h = 2\,z\left[\frac{w\,i_2}{n_2\,s_{n_2}} \cdot 1{,}63 + u\,\frac{(i_1 + i_2)}{s'}\right]$$

mit $n_2 = \frac{v_2}{2\,H} = \frac{8000}{2\,H} = \frac{4000}{H}$ (Mittelwert) und $i_2 = 2$ (Durchschnitt) wird

$$t_h = \frac{2\,z\,w \cdot 2 \cdot 1{,}63\,H}{4000\,s_{n_2}} + 2\,z\,u\,\frac{(i_1 + i_2)}{s'}$$

$$t_h = \frac{z\,w\,H}{620\,s_{n_2}} + z\,u\,\frac{(i_1 + i_2)}{240}$$

$$t_h = \frac{z\,w\,H}{K_1} + \frac{z\,u}{K_2}\ \text{min} \tag{55}$$

Für	$m =$ 2	4	6	8	10
ist	$K_1 =$ 755	820	880	1135	1200
	$K_2 =$ 80	60	40	34	30

Beispiel: $m = 8$; $z = 13$; $H = 85$ mm; $w = 50$ mm; $u = 43$ mm.

$$t_h = \frac{13 \cdot 50 \cdot 85}{1135} + \frac{13 \cdot 43}{34} = 49 + 16{,}4 = 65{,}4\ \text{min}$$

Nebenzeiten: Schleifscheibe abziehen: je Schnitt = 2,5 min
Schnitt anstellen: je Schnitt = 1,5 min

Die Gl. (54) und (55) sind gültig für normale Schleifzugaben s. S. 81. Sie haben den Nachteil, daß der Wert a = Schleifzugabe darin nicht enthalten ist, sodaß sich die Hauptzeit bei hiervon abweichenden Zugaben nicht berechnen läßt.

2.725 Die Zahnflankenschleifmaschine von Maag (Abb. 90). Die Schleifwerkzeuge sind zwei Tellerscheiben, deren Schleifebenen unter dem halben Flankenwinkel so geneigt sind, so daß diese beiden Ebenen als Flankenwinkel wirken. Das zu schleifende Zahnrad ist auf einem Dorn zwischen Spitzen gelagert. Die Lagerung befindet sich auf dem Wälzschlitten, der eine hin- und hergehende Bewegung y ausführt (Abb. 91).

Der Wälzschlitten sitzt auf dem Vorschubschlitten, der den Vorschub in Zahnrichtung (Axialvorschub) bewirkt. Durch gleichzeitige Bewegung der beiden Schlitten macht das Zahnrad außer der axialen eine hin- und herpendelnde Drehbewegung (x). Damit wälzt es sich an den beiden feststehenden Tellerscheiben ab, wodurch die Evolentenverzahnung erzeugt wird. Wälzbewegung und axialer Vorschub erzeugen den Kreuzschliff. Nach einem oder mehreren Durchgängen der Schleifscheiben wird der Axialvorschub abgestellt und die Teilbewegung eingeschaltet.

Auf den Maag-Schleifmaschinen können Gerad- und Schrägverzahnungen geschliffen werden.

2.726 Die Bestimmung der Hauptzeit. Es bedeutet:

n = einfache Wälzung in der Minute = Bewegung y des Wälzschlittens in einer Richtung (Abb. 91),

$l = K \times$ Modul in mm = Länge der Zahnflanke:

bei z =	15	30	80	135	∞
ist K_{20° =	2,56	2,53	2,42	2,4	2,34

L = Schleifweg in mm in Zahnrichtung (axsiale Richtung),

b = Zahnbreite in mm.

$$\underline{L = b + 2\,A + 20\,\text{mm}}$$

A = Anschnitt der Schleifscheibe in mm. (Schleifscheiben-$\varnothing$ = 220 mm)

Abb. 90. Die Maag-Stirnradschleifmaschine

Bei Modul:	2	3	4	6	8	10	12
ist $2\,A + 20$ mm:	83	95	110	125	140	155	170 mm

s_n = axialer Vorschub in mm je einfache Wälzung:

s_{n_1} = Für Schruppen; s_{n_2} für Schlichten,

i_1 = Anzahl der Schruppschnitte,

i_2 = Anzahl der Schlichtschnitte,

z = Zähnezahl des Zahnrades.

$$t_h = \frac{L\,z\,(i_1 + i_2)}{n\,s_n} \quad \text{in min} \qquad (56)$$

Bestimmung von n: Bei einer Wälzung = zurückgelegter Weg w (Abb. 91) werden beide Zahnflanken eines Zahnes überschliffen. Ist die Länge einer Zahnflanke = l mm, *dann ist* $n\,l = s_l'$ = *Vorschub längs der Zahnflanken in der Minute.* Ist s_l' bekannt, kann n bestimmt werden.

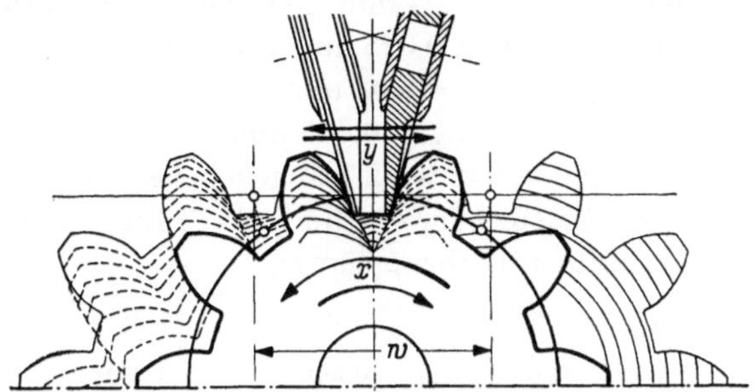

Abb. 91. Der Wälzvorgang an der Maag-Stirnradschleifmaschine

Aus Leistungsbeispielen von Maag wurde entnommen:

Für $m = 3{,}2$ und				
$z =$	15	21	33	
$n =$	140	180	220	
$l =$	8,2	8,15	8,0	mm
$s_l' =$	1150	1460	1760	mm/min

Diese Werte wurden für einige Module umgerechnet und in Abb. 92 grafisch dargestellt.

Der axiale Vorschub für eine einfache Wälzung (entsprechend dem Weg w in Abb. 91) ist s_n,

$s_{n_1} = 2{,}3 \cdots 3$ mm je Wälzung; bis Modul 3,

$s_{n_2} = 1{,}08$ mm je Wälzung; bis Modul 3,

$s_{n_1} = 3{,}7 \cdots 4{,}7$ mm je Wälzung; über Modul 3,

$s_{n_2} = 1{,}4$ mm je Wälzung; über Modul 3.

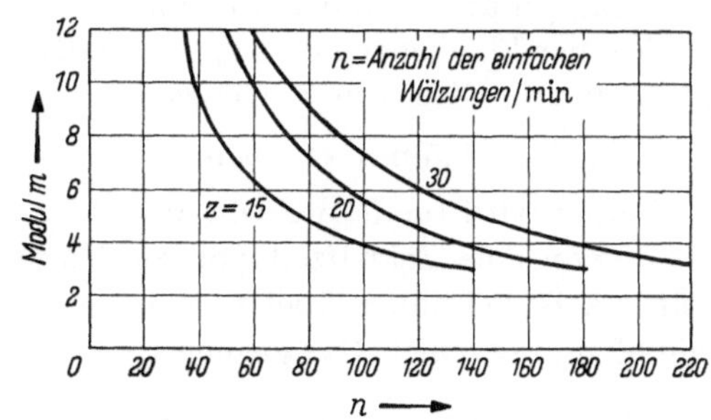

Abb. 92. Anzahl der Wälzungen, abhängig vom Modul

Die Anzahl der Schruppschnitte i_1 und Schlichtschnitte i_2 beträgt etwa:

$i_1 = 4$ bis Modul 3; $i_1 = 6$ über Modul 3,
$i_2 = 2$ bis Modul 3; $i_2 = 2$ über Modul 3.
i ist stark abhängig von der Schleifzugabe je Flanke und dem Härteverzug, s_n hängt von der verlangten Zahnflankengenauigkeit- und Güte ab.

Die genaue Schnittzahl i kann auch aus der Schleifzugabe je Zahnflanke errechnet werden, wenn die Zustellung der Schleifscheibe bekannt ist.

Legt man die in dem Buch *Zahnflankenschleifen* von GROSSMANN angegebenen Werte zugrunde, so ergibt sich folgende Rechnung:

GROSSMANN gibt an:

1. Schruppzustellung 0,03···0,04 mm senkrecht zur Zahnflanke, bis auf dieser noch eine Zugabe von 0,025 mm vorhanden ist,
2. Vorschlichten: Zustellung = 0,02 mm,
3. Fertigschlichten: Zustellung = 0,005 mm.

Unter Zugrundelegung der unter 2.7 angegebenen Zugaben je Zahnflanke erhält man zum Beispiel für ein Rad 300 ∅ für verschiedene Teilungen folgende Werte für i_1 (Schruppgang).

$m =$	3	6	9	12
$a =$	0,150	0,200	0,220	0,250
Abzug für Schlichten =	0,025	0,025	0,025	0,025
Zugabe für Schruppen =	0,125	0,175	0,195	0,225
i_1 (aufgerundet) =	$\frac{0{,}125}{0{,}03} \cong 4$	$\frac{0{,}175}{0{,}03} \cong 6$	$\frac{0{,}195}{0{,}04} \cong 6$	$\frac{0{,}225}{0{,}04} \cong 6$

Beispiel für die Bestimmung der Hauptzeit:

$m = 8$; $b = 100$; $z = 14$; $L = b + 2A + 20 = 100 + 140 = 240$ mm.
$n = 90$ Wälzungen in der Minute,
$i_1 = 6$; $i_2 = 2$; $s_{n_1} = 3{,}7$ mm je Wälzung, $s_{n_2} = 1{,}4$ mm je Wälzung.

$$t_h = \frac{L\,z}{n}\left(\frac{i_1}{s_{n_1}} + \frac{i_2}{s_{n_2}}\right) \text{ in min} \tag{56}$$

$$t_h = \frac{240 \cdot 14}{90}\left(\frac{6}{3{,}7} + \frac{2}{1{,}4}\right) = \frac{240 \cdot 14 \cdot 3{,}05}{90} = 117 \text{ min}$$

Maag gibt für Teilungen von $m = 3$ und einer Zahnbreite von 20 mm sowie einer Flankenzugabe von $a = 0{,}075$ mm eine Schleifzeit von 30 sek je Zahn an. Dies würde für $m = 3$; $b = 20$; $z = 33$ eine Hauptzeit von $\frac{30 \cdot 33}{60} = 16{,}5$ min ergeben.

Ferner wird für Räder von Modul 3···4 und einer Zahnbreite von 20 bis 30 mm eine Schleifzeit von zwei Minuten je Zahn angegeben. Das würde z.B. bei einem Rad von $m = 4$; $b = 30$; $z = 30$ eine Schleifzeit von 60 min ergeben. Das gleiche Rad wird berechnet:

$m = 4$; $b = 30$; $L = 140$; $i_1 = 4$; $i_2 = 2$

$$t_h = \frac{140 \cdot 30}{180}\left(\frac{4}{3} + \frac{2}{1}\right) = \frac{140 \cdot 30}{180} \cdot 3{,}34 = 80 \text{ min}$$

Rüst- und Nebenzeiten:

Rüsten = etwa 85 min,
Nebenzeiten = etwa 18 min.

2.727 Allgemeine Leistungsangaben für verschiedene Schleifmaschinen (Prospekten entnommen).

m	z	b	Zeit in Minuten je Zahn	Zugabe in mm je Flanke	Fabrikat
2	22	15	0,16	0,08	Reishauer
3	36	32	0,33	0,1	Reishauer
3···4	–	20···30	0,5···0,2	0,08	Maag
3,5···5	–	–	0,5	–	Lees-Bradner
4···5	–	32···38	0,2···0,3	0,12	Churchill
7	13	100	1,54	0,12	Orcutt
11	17	130	5,3	0,25···0,40	Orcutt
12	18	138	6,7	0,17···0,25	Orcutt

2.8 Entgraten und Abrunden der Zähne

2.81 Entgraten der Zähne von Hand. Nach Abb. 2 (s. S. 6) ist bei einem Stirnrad die zu entgratende Kantenlänge je Zahn $L = 2\,l + x + y$ für eine Radseite. Für beide Stirnseiten ist

$$2L = 2\,(2l + x + y) \tag{57}$$

Aus S. 6 ergeben sich die Werte für l, x und y. Zur Vereinfachung der Rechnung wird mit einem Durchschnittswert von $2L = 13$ m gerechnet. Aus Versuchen wurde beim Entgraten eine Zeit von 0,5 min je 100 mm Kantenlänge ermittelt. Dann ergibt sich die Entgratungszeit für ein Zahnrad von z Zähnen:

$$t_h = \frac{z \cdot 13\,m \cdot 0{,}5}{100} = \frac{6{,}5\,z\,m}{100}\ \text{min} \tag{58}$$

Beispiel: $z = 50;\quad m = 10$

$$t_h = \frac{6{,}5 \cdot 50 \cdot 10}{100} = 32{,}5\,\text{min}$$

Die Zeiten gelten für St und Stg 50···60 kg Festigkeit.

2.82 Abrunden und Entgraten der Zahnkanten mit Maschine. Es besteht eine Anzahl Sondermaschinen zum Abrunden und Entgraten von Stirn- und Kegelradzähnen.

Unter den älteren Fabrikaten seien erwähnt:

Die Ingle Abrundmaschine. Leistungsangaben:

a) Abrunden. Erforderlich: 3 Schnitte je Zahn. Je Schnitt 17···67 Zähne in der Minute.

b) Entgraten: 67 Zähne in der Minute.

Die Cross Abrundmaschine. Leistung: 10···40 Zähne in der Minute für Abrunden.

Die Maschine von Reinecker (Abb. 93). Sie arbeitet mit dem Fingerfräser und ist nur für Stirnräder eingerichtet.
Größter zu fräsender Raddurchmesser = 380 mm,
kleinste und größte zu fräsende Zähnezahl = 8···120,
größte abzurundende Teilung = Modul 7.

Leistung: (Abrunden)

m =	3	4	5	6	7
Zähne in der min =	32	29	25	22	18

Abb. 93. Die Zahnkantenfräsmaschine von Reinecker

Neue Maschinen: *Maschine von Hurth:*

Der Anwendungsbereich erstreckt sich auf:

1. Fräsen der Abrundung an der Stirnseite von Stirnrädern mit geraden und schrägen Zähnen, von Kupplungsverzahnungen innen und außen.

2. Entgraten von Stirnrädern mit geraden und schrägen Zähnen, Kegelrädern mit geraden und Bogenzähnen, Kupplungs- und Innenverzahnung.

Das Werkzeug ist ein Glockenfräser.

Leistung: (überschläglich)

Zahnabrundungen:	bis Modul 4:	50··· 60 Zähne je Minute.
Entgratungen:	unter Modul 4:	90···125 Zähne je Minute.
	über Modul 4:	60··· 90 Zähne je Minute.

Zahnkantenabrundmaschine von Rentsch (Abb. 94).

Kleinster/größter Raddurchmesser 60/600 mm.
Modul 2···8.

Als Werkzeug dient ein Fingerfräser.

Leistungsangabe:

Zahnrad $m = 3$;
$z = 33$ abrunden in 2,3 min.
Zahnrad $m = 5$;
$z = 24$ abrunden in 2,8 min.

Zahnkantenfräsautomat von Uhlich. Typ ATM 35.
Werkzeug: Fingerfräser.

Die Maschine ist eingerichtet zum Abrunden und Abgraten der Zähne von Stirnrädern mit geraden und schrägen Zähnen (Außen- und Innenverzahnung) und Kegelritzeln.

Einige Leistungsbeispiele.
Material St 70···80 kg.

Abb. 94. Abrunden von Stirnradzähnen auf der Maschine von Rentsch

Abrunden:

42 Zähne;	$m = 2{,}25$	$t_h = 35$ sek	1 Schnitt	Außen-
34 Zähne;	$m = 3$	$t_h = 39$ sek	1 Schnitt	verzahnung
36 Zähne;	$m = 3$	$t_h = 48$ sek	1 Schnitt	Innen-
40 Zähne;	$m = 5$	$t_h = 82$ sek	2 Schnitte	verzahnung

Zahnabkanten: 100 Zähne je Minute.

Zahnrad-Abgratmaschine von Schmaltz. Zum Entgraten von Stirn- und Kegelrädern.

Kleinster/größter Raddurchmesser 50···500 mm,
bis Modul 5···6.

Als Werkzeuge dienen 2 Formstähle, die auf je einem Werkzeugkopf angebracht sind. Dadurch werden beide Zahnflanken und der Zahngrund gleichzeitig entgratet.

Leistung: 50···125 Zähne in der Minute.

3. Verzahnen von Kegelrädern mit geraden, schrägen und Spiralzähnen

3.1 Allgemeines über das Verzahnen von Kegelrädern

Wie beim Verzahnen von Stirnrädern werden Kegelradzähne nach 2 verschiedenen Verfahren hergestellt:

1. nach dem Formverfahren,
2. nach dem Wälzverfahren.

Das ältere von beiden ist das Formverfahren, das heute noch für langsamlaufende Kegelräder mit großen Teilungen angewandt wird. Die Güte der Verzahnung läßt nur geringe Umlaufgeschwindigkeiten zu.

Das heute meist verbreitete Verfahren ist das Wälzverfahren. Die Erzeugung von Kegelrädern nach diesem Verfahren geht so vor sich, daß das zu verzahnende Rad in der Maschine auf einem gedachten Planrad abrollt, dessen Zahnlücke durch das Schneidwerkzeug dargestellt ist.

3.2 Das Formverfahren nach der Schablone mit dem Hobelstahl

(gerade Zähne)

Die Zahnflanke des Kegelrades wird erzeugt, indem ein Hobelstahl in Richtung der Zahnbreite des Kegelrades nach der Kegelspitze zu gleitet, wobei das Ende seines Führungsschlittens längs einer Schablone bewegt wird, die dem in einem bestimmten Verhältnis vergrößerten Zahnprofil gleicht.

Die Hauptbewegung (eigentliche Schnittbewegung) erfolgt also längs der Zahnbreite, die Nebenbewegung (Vorschub) längs der Zahnflanke vom Zahnkopf bis zum Zahngrund. Da der Hobelstahl mit der Spitze schneidet, setzt sich die Oberfläche der Zahnflanke aus lauter feinen Riefen zusammen.

Die nach dem obigen Verfahren hergestellten Räder sind nur für geringere Umfangsgeschwindigkeiten verwendbar. Aus diesem Grund wird heute das Verfahren nur für langsamlaufende Räder von großen Durchmessern und Teilungen über Modul 5 angewandt.

3.21 Die Kegelradhobelmaschine von Zimmermann (Abb. 95).

Arbeitsweise: Das Herausarbeiten der Zahnlücke aus dem vollen Körper geschieht in mehreren Arbeitsgängen (Abb. 96)

1. Einstechen (Feld 1), ohne Verwendung der Kopierschablone, Hobeltiefe $l_1 \sim 2{,}2\, m$.

2. Flanken hobeln nach Kopierschablone:

Feld 2: $l_1 = 0{,}9\, m$	1. Keilschnitt
Feld 3: $l_2 = 2{,}0\, m$	2. Keilschnitt
Feld 4: $l_3 = 2{,}3\, m$	3. Keilschnitt
Feld 5: $l_4 = 2{,}4\, m$ ($E \sphericalangle = 20°$)	Schlichten

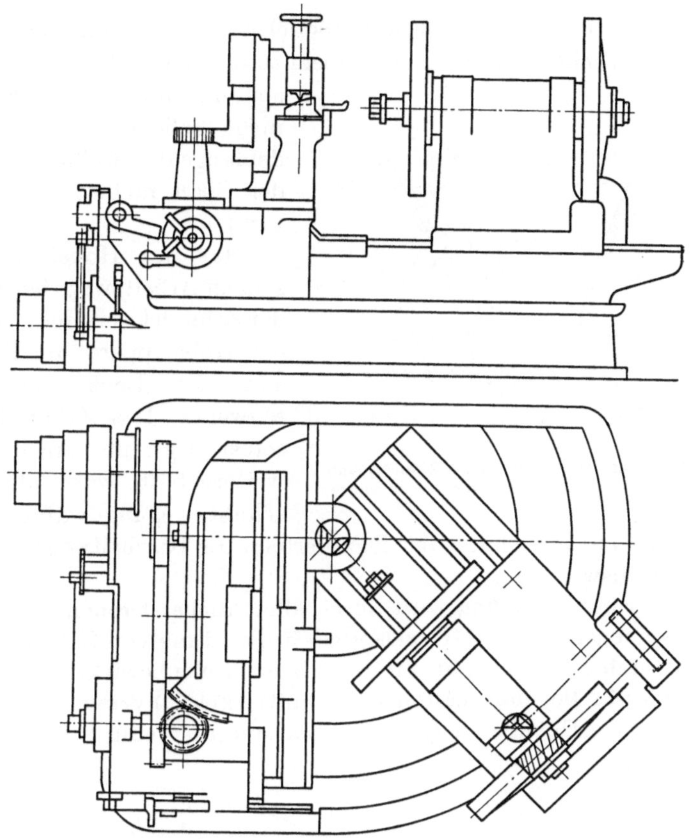

Abb. 95. Die Kegelradhobelmaschine mit Kopierschablone von Zimmermann

$h_1 = \sim 0{,}4 \cdot m$; h_2 bis h_4 ändert sich mit den Abmessungen des Werkzeugs und der Größe der Maschinen. h_1 richtet sich nach der inneren Lücke des Kegelrades. Der Stechstahl muß soviel bei seinem Durchgang durch die Lücke stehen lassen, daß noch genügend Werkstoff zum Fertighobeln vorhanden ist. Bei einer Zahnbreite $b = 10$. Modul ist $h_1 \sim 0{,}4$. Modul; $h_5 = 0{,}4 \cdots 0{,}6$ mm.

Die Flankenlänge l_5 ändert sich mit dem Übersetzungsverhältnis des Räderpaares und ist abhängig von der Zähnezahl des zu hobelnden Kegelrades und vom Eingriffswinkel. Eine genaue Bestimmung ist umständlich man rechnet im Durchschnitt bei 20° Eingriffswinkel mit $l_5 = 2{,}4\,m$, bei 15° mit $l_5 = 2{,}3\,m$. Bei Ritzeln mit Zähnezahlen unter 20 ist $l_5 \sim 2{,}5\,m$.

A = Anschnittweg in mm: $A = 3$ mm bis $m = 6$
$A = 4$ mm von $m = 7$ bis $m = 16$,
$A = 5$ mm von $m = 17$ bis $m = 20$,
$A = 6$ mm über $m = 20$.

Die Breite der Hobelstähle soll möglichst groß gewählt werden, um mit wenig Keilschnitten die Lücke hobeln zu können. Dabei ist darauf zu achten, daß die Spanbreite h nicht größer ist, als die Schneidenlänge des Stahles, da sonst der Span nicht frei abrollen kann.

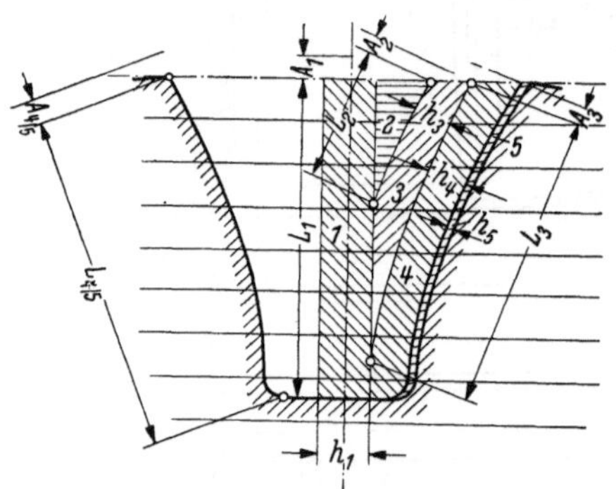

Abb. 96. Hobeln der Zahnlücke auf der Zimmermann-Kegelradhobelmaschine in mehreren Arbeitsgängen

Hat der Hobelstahl auf seinem Arbeitsweg den Grund der Zahnlücke erreicht, so wird der Hobelapparat im Eilgang aus der Lücke herausgeschwenkt. Das Zahnrad wird selbsttätig um einen Zahn weitergeteilt, wobei die Vorschubbewegung während des Teilvorganges ausgeschaltet ist. Dann erfolgt die Bearbeitung des nächsten Zahnes usw.

Die Vorschubbewegung wird durch allmähliches Drehen des Hobelapparates um seine Achse (Kegelspitze) in Richtung von Zahnkopf zum Zahnfuß durch ein Schaltrad mit einer Sperrklinke bewirkt.

Zu Abb. 97: Bei dem ersten Keilschnitt (Feld 2) versucht man eine möglichst große Hobellänge l_2 zu erhalten, um mit wenig Schnitten aus-

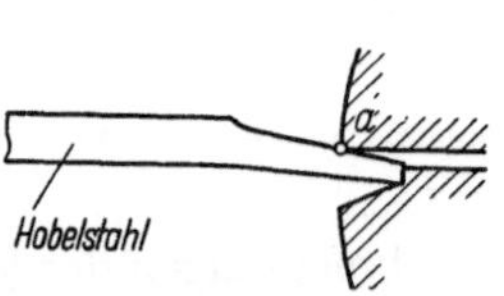

Abb. 97. Flankenhobelstahl beim ersten Flankenschnitt

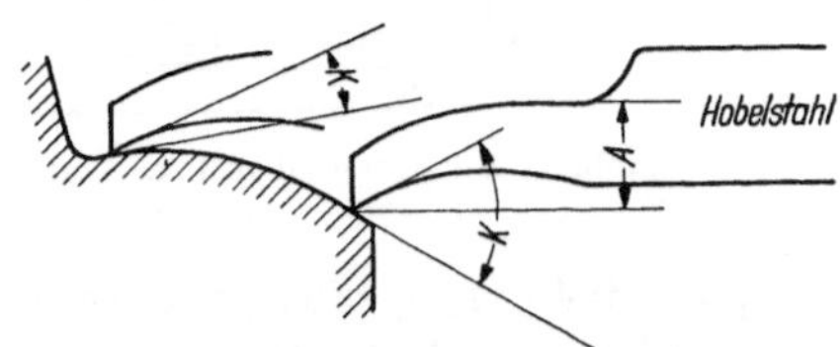

Abb. 98. Flankenhobelstahl beim Hobeln eines Ritzels mit geringer Zähnezahl

zukommen. Eine Grenze ist dadurch gegeben, daß der Rücken des Hobelstahles bei a streift.

Zu Abb. 98: Bei Ritzeln mit Zähnezahlen < 20 müssen stark gekrümmte Hobelstähle verwandt werden (Erhaltung des Freiwinkels $\varkappa$). l_1 wird sehr klein, so daß hier ein weiterer Keilschnitt erforderlich wird.

3.22 Die Werkzeuge. Zur Verwendung kommen 2 Arten:

a) Vorstechstahl (Abb. 99). Zur Verwendung kommt auch der Stufenstahl, der aber nur bei kleinen Teilungen angewandt wird (geringer Vorschub).

b) Flankenstahl (Abb. 100). Sonderform für Räder mit kleinen Zähnezahlen (Abb. 98).

Das Werkzeug ist außerordentlich einfach. Ausgangsmaterial ein geschmiedeter Schnellstahlkörper 50×25, der an der Einspannseite sauber gehobelt wird. Irgendwelche Genauigkeitsansprüche sind nicht erforderlich. Daher ist das Werkzeug im Gegensatz zu anderen Verzahnungswerkzeugen sehr billig.

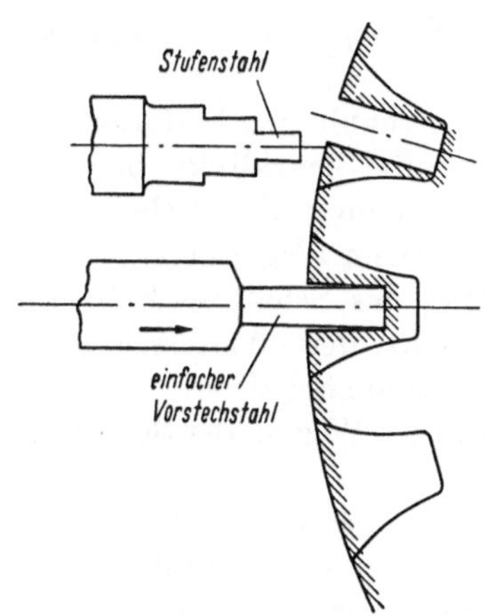

Abb. 99. Vorstechen der Zahnlücke

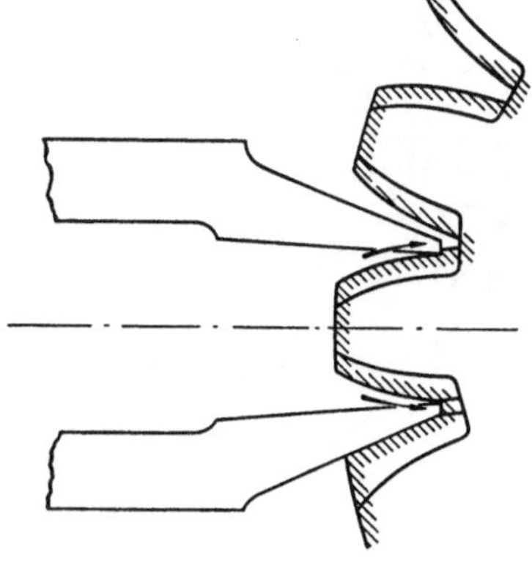

Abb. 100. Flankenhobeln

3.23 Ermittelung der Hauptzeit. Folgende Werte werden der Berechnung zugrunde gelegt:

n = Doppelhübe des Hobelstahles in der Minute, n_1 für Schruppen, n_2 für Schlichten,
v = Mittlere Schnittgeschwindigkeit in m/min = $\frac{2Hn}{1000}$,
s_n = Vorschub in mm je Doppelhub, gemessen an der äußeren Zahnlücke,
m = Außenmodul des Kegelrades,
z = Zähnezahl des Kegelrades,
b = Zahnbreite des Kegelrades in mm,
H = Stößelhublänge in mm = $b + 20$ mm,
l = Hobeltiefe in mm,
A = Anschnittweg in mm.

Schnittgeschwindigkeit $v = \frac{2Hn}{1000}$:

Für Stahl von 50⋯60 kg Festigkeit ist v:

Teilkreis-∅ des Kegelrades:	200	400	600	1000	1500	2000 mm
v Schruppen m/min:	13	12	12	11	11	11
v Schlichten m/min:	15	14	14	13	13	13

Vorschub je Doppelhub $= s_n$:

Modul:		10	14	18	20	24	30
Einstechen: s_{n_1}	=	0,30	0,30	0,30	0,29	0,25	0,25
1. Keilschnitt: s_{n_2}	=	0,35	0,30	0,28	0,26	0,25	0,25
2. Keilschnitt und folgende s_{n_3}, s_{n_4}	=	0,38	0,36	0,35	0,35	0,33	0,33
5. Keilschnitt s_{n_5}	=	–	–	0,30	0,35	0,40	0,50
Schlichten $s_{n_5/6}$	=	0,25	0,26	0,27	0,27	0,27	0,27

s_n ist der Vorschub je Doppelhub, gemessen an der äußeren Zahnlücke (Kegelradius $= r$) (Abb. 101). Ist der Vorschub s_R an der Schablone (Kegelradius R) bekannt, so ergibt sich $s_n = s_R\,(r/R)$. s_R wird festgelegt, wie folgt:

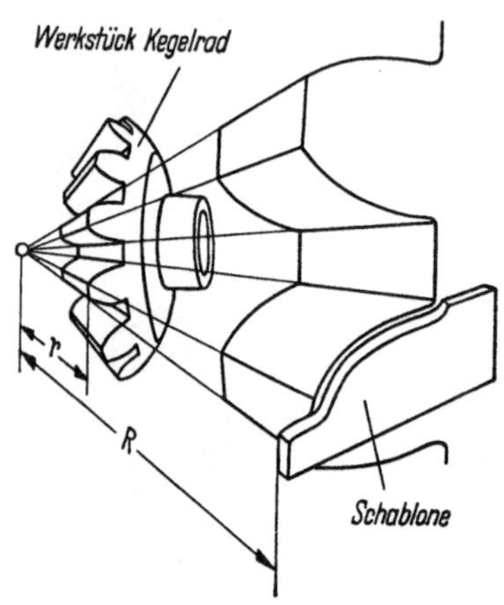

Abb. 101. Bestimmung des Vorschubes s_n an der Zahnflanke

Der Vorschub wird durch ein Schaltrad mit Sperrklinke bewirkt. Einer Umdrehung des Schaltrades entspricht einem Weg x an der Schablone. Hat das Schaltrad Z Zähne, so entspricht der Weiterschaltung eines Zahnes am Schaltrad bei einem Doppelhub ein Weg an der Schablone $x/Z = s_R$.

s_n ist dann der Vorschub in mm je Doppelhub für einen Zahn weiterschalten am Sperrad, gemessen an der äußeren Zahnlücke des Kegelrades.

Die Hauptzeit wird bestimmt, wie folgt:

1. Einstechen: $l_1 = 2{,}2\,m$; $t_{h_1} = \dfrac{2{,}2\,m + A}{n_1 s_{n_1}}$

2. 1. Keilschnitt: (Ecke aushobeln) $l_2 = 0{,}9\,m$; $t_{h_2} = \dfrac{0{,}9\,m + A}{n_1 s_{n_2}}$

3. 2. Keilschnitt: $l_3 = 2{,}0\,m$; $t_{h_3} = \dfrac{2\,m + A}{n_1 s_{n_3}}$

4. 3. Keilschnitt: (Bis Modul 8: 2 Keilschnitte, bis Modul 17: 3 Keilschnitte, von Modul 18 bis 30: 4 Keilschnitte.) $l_4 = 2{,}3\,m$; $t_{h_4} = \dfrac{2{,}3\,m + A}{n_1 s_{n_4}}$

5. Schlichten: $l_5 = 2{,}4\,m$; $t_{h_5} = \dfrac{2{,}4\,m + A}{n_2 s_{n_5}}$

$$\underset{\text{min}}{t_h} = z\left(\frac{2{,}2\,m + A}{n_1 s_{n_1}} + \frac{0{,}9\,m + A}{n_1 s_{n_2}} + \frac{2\,m + A}{n_1 s_{n_3}} + \frac{2{,}3\,m + A}{n_1 s_{n_4}} + \frac{2{,}4\,m + A}{n_2 s_{n_5}}\right) \quad (59)$$

Zu dieser Zeit kommt noch der Betrag für Rücklauf des Hobelschlittens und Teilen je Zahn hinzu. Diese Zeit ist konstant und für die einzelnen Maschinengrößen etwa:

Maschine bis 800 größter Teilkreis-∅ (automatische Teilung) = 0,3 min je Zahn

Maschine bis 2000 größter Teilkreis-∅ (automatische Teilung) = 1,0 min je Zahn

Maschine bis 2500 größter Teilkreis-∅ (Teilung von Hand) = 1,5 min je Zahn

Beispiel: $m = 15$; $z = 28$; $b = 80$ mm; Stg 52.81; $H = 80 + 20 = 100$ mm.
v Schruppen $= 12$ m/min (Einstechen + Keilschnitte),
v Schlichten $= 14$ m/min (Schlichten)- $A = 4$ mm.

$$n_1 = \frac{1000\,v}{2H} = \frac{1000 \cdot 12}{200} = 60 \text{ Doppelhübe/min}$$

$$n_2 = \frac{1000 \cdot 14}{200} = 70 \text{ Doppelhübe/min}$$

$$t_h = \frac{28}{60}\left(\frac{2{,}2 \cdot 15 + 4}{60 \cdot 0{,}31} + \frac{0{,}9 \cdot 15 + 4}{60 \cdot 0{,}3} + \frac{2 \cdot 15 + 4}{60 \cdot 0{,}36} + \frac{2{,}3 \cdot 15 + 4}{60 \cdot 0{,}36} + \frac{2{,}4 \cdot 15 + 4}{70 \cdot 0{,}26}\right) + \\ + \frac{28 \cdot 0{,}3 \cdot 5}{60} \text{ (Teilen)}$$

$t_h = 4{,}26$ Std $+ 0{,}7 = 4{,}96$ Std.

Vereinfachung der Berechnung der Hauptzeit: In Gl. (59) wird an Stelle von n die Schnittgeschwindigkeit v eingeführt:

$n = \frac{v}{2H}$; H in m eingesetzt!

$$t_h \text{ in min} = z\left(\frac{(l_1 + A)}{s_{n_1} v_1} 2H + \frac{(l_2 + A)}{s_{n_2} v_1} 2H + \cdots\right) \text{min}$$

$$t_h \text{ in Std.} = z \frac{2H}{60}\left(\frac{l_1 + A}{s_{n_1} v_1} + \cdots\right) \tag{60}$$

An Stelle von v_1 und v_2 wird mit $v_\varnothing$ gerechnet. Unter Berücksichtigung des Verhältnisses der Hobelwege l_1, l_2 usw. für Schruppen und des Weges l_5 für Schlichten ergibt sich bei einer mittleren Schnittgeschwindigkeit $v_{1\varnothing}$ von $\sim 12\,m$ und $v_{2\varnothing}$ von $\sim 13\,m$ eine Durchschnittsgeschwindigkeit $v_\varnothing$ von 12,5 m. Dann lautet Gl. (60) umgeformt:

$$t_h = \frac{z \cdot 2H}{60}\left(\frac{l_1 + A}{s_{n_1} v_\varnothing} + \frac{l_2 + A}{s_{n_2} v_\varnothing} + \cdots \frac{l_5 + A}{s_{n_5} v_\varnothing}\right) \text{Std.}$$

$$t_h = \frac{zH}{30 \cdot 12{,}5}\underbrace{\left(\frac{l_1 + A}{s_{n_1}} + \frac{l_2 + A}{s_{n_2}} + \cdots \frac{l_5 + A}{s_{n_5}}\right)}_{\sum\left(\frac{l + A}{s_n}\right) = K} \text{Std.}$$

$$t_h \text{ Std.} = \frac{zH}{375} K \text{ Std.} \tag{61}$$

Die Werte K sind für die verschiedenen Module für St 50···60 ausgerechnet und aus nachstehender Tabelle zu entnehmen:

Modul:	6	8	10	12	14	16	18	20	22	24	26	28	30
K	230	290	360	460	530	620	750	900	1000	1080	1150	1230	1310

Die Bestimmung von K sei an einem Beispiel für $m = 12$ gezeigt:

für l_1 (Einstechen): $\frac{2{,}2\,m + 4}{0{,}3} = \frac{2{,}2\,m}{0{,}3} + \frac{4}{0{,}3} = 7{,}4\,m + 13{,}3$

für l_2 (1. Keilschnitt): $\frac{0{,}9\,m + 4}{0{,}31} = \frac{0{,}9\,m}{0{,}31} + \frac{4}{0{,}31} = 2{,}9\,m + 13{,}0$

für l_3 (2. Keilschnitt): $\frac{2{,}3\,m + 4}{0{,}34} = \frac{2{,}3\,m}{0{,}34} + \frac{4}{0{,}34} = 6{,}8\,m + 11{,}8$

für l_4 (3. Keilschnitt): $\frac{2{,}2\,m + 4}{0{,}36} = \frac{2{,}2\,m}{0{,}36} + \frac{4}{0{,}36} = 6{,}1\,m + 11{,}0$

für l_5 (Schlichten): $\frac{2{,}4\,m + 4}{0{,}25} = \frac{2{,}4\,m}{0{,}25} + \frac{4}{0{,}25} = 9{,}6\,m + 16{,}0$

$$32{,}8\,m + 65{,}4 = \sum \frac{l}{s} + \sum \frac{A}{s}$$

$$32{,}8 \cdot 12 + 65{,}1 = 395 + 65{,}1 = 460{,}1$$

$$\sum \left(\frac{l + A}{s}\right) \quad \text{für} \quad m = 12 = \sim 460$$

Beispiel: $m = 15$; $z = 28$; $b = 80$; Stg 52.81; $H = 0{,}1$ m;

Zeit für Teilen und Rücklauf: $\frac{28 \cdot 0\,3 \cdot 5}{60} = 0{,}7$ Std.

$$t_h = \frac{28 \cdot 0{,}1 \cdot 575}{375} = 4{,}3 \text{ Std.} + 0{,}7 = 5 \text{ Std.}$$

Bei Ritzeln unter 15 Zähnen ist der Wert K um 10% zu erhöhen (weiterer Keilschnitt!).

3.24 Rüst- und Nebenzeiten.

	Raddurchmesser in mm					
	bis 300	bis 600	bis 1000	bis 1500	bis 2000	bis 2600
t_r	20	30	36	45	55	60
t_n für Räder mit Nabe	55	75	100	140	200	270
t_n für Kegelradkränze	–	–	125	175	240	320

3.25 Berechnung der Hauptzeit nach Zimmermann (für Gußeisen).

Ist:

n_z = Anzahl der Doppelhübe je Zahn,

i = Anzahl der Arbeitsgänge (Vorstechen, Keilschnitt, Schlichten),

n = Doppelhubzahl in der Minute,

dann ist

$$t_h = \frac{11}{10} \frac{\text{Zähnezahl} \times \text{Doppelhübe je Zahn} \times \text{Arbeitsgänge}}{\text{Doppelhübe in der min}}$$

$$t_h = \frac{11\, z\, n_z\, i}{10\, n} \text{ min} \qquad (62)$$

Hierbei gibt Zimmermann an:

$m =$	5···8	9···18	19···25	über 25
$n_z =$	100	150	200	200
$i =$	2	3	4	4

Als mittlere Schnittgeschwindigkeit wird für Gußeisen 12 m/min angegeben.

Für die Zeit für den Rücklauf der Hobelstähle, automatisches Weiterteilen des Werkstückes und Vorschubbewegung der Stähle wieder bis zum Schnittbeginn werden 10% auf die Zeit für die Spanabnahme hinzugerechnet. Daher kommt der Faktor 11/10 in Gl. (62).

Da $n = \frac{v \cdot 1000}{2H}$ ist, wird bei $v = 12\, m/\text{min}$ und $H = 1{,}2\, b$ (b in mm!)

$$n = \frac{12000}{2 \cdot 1{,}2\, b} = \frac{5000}{b}$$

$$t_h = \frac{1{,}1\, z\, n_z\, i\, b}{5000} \text{ min} \qquad (63)$$

Beispiel: $m = 15$; $z = 28$; $b = 80$; Gußeisen.

$$t_h = \frac{1{,}1 \cdot 28 \cdot 150 \cdot 3 \cdot 80}{5000} = 223 \text{ min}$$

Da die Staffelung von n_z sehr grob ist, ist die Rechnung ungenau, sie ist nur als Überschlagsrechnung zu verwenden.

3.26 Kegelradhobelmaschine von Oerlikon (Abb. 102). Der Aufbau der Maschine ist im Prinzip der gleiche, wie bei der Zimmermann-Kegelradhobelmaschine. Die Maschine ist, den heutigen Verhältnissen angepaßt, wesentlich kräftiger. Mechanische Verschiebung des Spindelstocks, 16 Doppelhubzahlen, durch ein Schaltgetriebe einstellbar, stufenlos verstellbarer Vorschubantrieb usw. vermindern die Nebenzeiten.

Abb. 103 zeigt eine Tabelle der Hauptzeit in Minuten je 1 Zahn, abhängig von Modul und der Zahnbreite, für St von 50···60 kg Fertigkeit.

Oerlikon gibt folgende Schnittgeschwindigkeiten an (v_m):

	Schruppen m/min	Schlichten m/min
Gußeisen: 165···200 Brinell	11···15	14···19
St 37···50 kg, 160···190 Brinell	14···16	16···24
St 50···60 kg, 190···235 Brinell	11···15	15···21
St über 60 kg, 235···330 Brinell	8···12	12···17

Abb. 102. Die Kegelradhobelmaschine mit Kopierschablone von Oerlikon

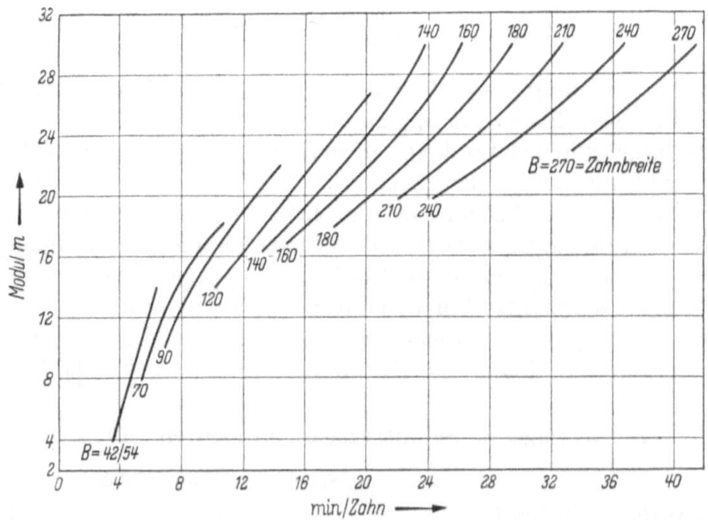

Abb. 103. Die Hauptzeit in Minuten je Zahn für Stahl von 50 ÷ 60 kg Festigkeit (Oerlikon)

3.27 Kegelradhobelmaschine von Heidenreich & Harbeck.

Die Arbeitsweise der Maschine ist die gleiche, wie die der Zimmermann- und Oerlikon-Hobelmaschine. Sie hat 12 Doppelhubzahlen, Vorschubgrößen im Verhältnis 1···32 usw.

3.28 Die Kegelradhobelmaschine mit Schablone von Gleason.

1. Maschine Nr. 154 für gerade Kegelradzähne, ballig tragend, für Teilkreisdurchmesser bis 1524 und Modul 27 (Abb. 104).

2. Maschine 77: Einstahl-Schablonenhobler für Kegel- und Stirnräder für Teilkreisdurchmesser bis 2000 mm und unbegrenztem Modul (älteres Modell, Abb. s. S. 28).

Bei größeren Teilungen werden bei gegossenen Radkörpern die Zahnlücken zweckmäßig vorgegossen. Dabei ist es notwendig, daß die Zähne einwandfrei geformt werden, da sonst bei Teilungsdifferenzen die Stähle ungleichmäßig belastet werden (Hobeln auf der Gußkruste!).

Für eine Maschine (Baujahr etwa 1938) folgt die Tabelle 11 der Hobelzeiten t_h in Minuten für einen Zahn. Werkstoff des Zahnrades: St 50···60 kg Festigkeit

Tabelle 11

m	Zahnbreite in mm								
	50	70	90	120	140	160	180	210	240
6	7	8	9						
8	9	11	12	13					
10	11,7	13	14,6	15,7	18,3				
12	–	14,8	16,7	18	22,2				
14	–	17,2	19,4	21,1	24,7	28,6			
16	–	20	22,0	23,8	28	32,3	36		
18	–	–	25,5	27,8	32,5	37,7	42,2	47	
20	–	–	27,6	30	35,5	41,5	46,3	52	56,5
22	–	–	29,8	32,3	38,3	45	50	56,3	61,3
24	–	–	33	36	43	50	56	63	68
26	–	–	34	37	44	52	58	66	72
28	–	–	37	39	47	55	62	70	77
30	–	–	40	44	53	62	70	79	86

Die Werte gelten für 15° Eingriffswinkel, bei 20° Eingriffswinkel sind sie um 10% zu erhöhen. Bei Ritzeln unter 15 Zähnen tritt eine weitere Erhöhung von 10% ein.

Werden die Zahnlücken vorgegossen, so sind etwa 65% der obigen Tabellenwerte einzuzusetzen. Unter 18 π Teilung lohnt sich das Vorgießen der Zahnlücken nicht.

3.29 Kegelradhobelmaschine von Renk, Augsburg. Sie ist für große Durchmesser und Teilungen von Kegel- und Stirnrädern gebaut. Der Teilvorgang sowie das Ansetzen der Stähle erfolgen von Hand. Anschließend eine Tabelle der Hobelzeiten in Minuten je Zahn einschließlich Stähle schleifen, Teilen und Schnitt anstellen.

Abb. 104. Einstahl-Schablonenhobler von Gleason (balligtragende Zähne)

Tabelle 12. *Werkstoff: St 50···60 kg. Zähne aus dem Vollen gehobelt*

m	Zahnbreite in mm					
	171 220	221 270	271 325	326 380	381 430	431 500
20	56	65	72	79	86	92
22	62	71	77	87	93	99
24	69	79	87	97	103	110
26	75	86	94	104	112	119
28	80	92	101	113	121	128
30	85	97	107	119	127	136
32	93	106	117	130	139	148
34	101	115	127	142	151	161
36	109	124	137	153	163	173
38	119	136	150	168	179	190
40	131	149	165	185	196	209

Die Werte gelten für 15° Eingriffswinkel, bei 20° Eingriffswinkel sind sie um 10% zu erhöhen. Bei Ritzeln unter 15 Zähnen tritt eine weitere Erhöhung von 10% ein.

Ab Modul 18 werden die Zähne bei Rädern aus Guß vorgegossen. Dann sind 65% der Tabellenwerte einzusetzen.

3.3 Das Wälzverfahren mit dem Einzahnstahl
(gerade und schräge Zähne)

Während auf den in 3.2 beschriebenen Kegelradhobelmaschinen Kegelräder mit großen Teilungen und geringer Umfangsgeschwindigkeit verzahnt werden, genügt dieses Verfahren für Kegelräder von hoher Genauigkeit nicht. Hier werden Kegelradhobelmaschinen, die nach dem Wälzverfahren arbeiten, eingesetzt. Die Arbeitsweise ist die, daß das zu verzahnende Kegelrad mit einem gedachten Kegelrad mit 180° Kegelwinkel (Planrad) in Eingriff gebracht wird. Das Planrad hat Zähne mit geraden Flanken. Der Hobelstahl entspricht in seinem Flankenverlauf einem Zahn des Planrades. Die verzahnungstheoretischen Verhältnisse sind die gleichen, wie beim Verzahnen eines Stirnrades mit dem Kammstahl – einer Zahnstange mit geraden Zahnflanken.

Zum Verzahnen von Kegelrädern nach dem Wälzverfahren bestehen verschiedene Maschinenarten, die nachstehend zusammengestellt sind.

Fabrikat	Größte Teilung π	Größter Raddurchmesser	Anzahl der Hobelsupporte
	gerade und schräge Zähne		
Reinecker (Bilgram)	20	1100	1
Gleason (ältere Maschine)	9	530	2
Gleason (neue Maschine)	34	1830	1
Heidenreich & Harbeck	20	750	2

3.31 Die Kegelradhobelmaschine von Reinecker (System Bilgram, Abb. 105). Sie erzeugt Evolventenverzahnungen nach dem Wälzverfahren. Nach der Zähnezahl, Teilung und der Verjüngung nach der Kegelspitze zu wird die Zahnform entwickelt. Die Werkzeugschneide bildet eine Zahnflanke des Plankegelrades, das beim Hobeln mit dem zu erzeugenden Kegelrad in Eingriff ist. Das Kegelrad ist auf einem Dorn aufgespannt. Dieser bildet die Achse eines Kegels, der sich – festgehalten durch ein Stahlband – mit einem Rollbogen auf den gedachten Plankegel abrollt. Sämtliche Zähne des Kegelrades werden bei einem Arbeitsgang gleichzeitig begonnen und beendet.

3.32 Das Werkzeug. Zur Anwendung kommen 3 Formen (Abb. 106):

1. Schruppstahl (zum Ausschruppen der Zahnlücke),
2. Rechter Flankenstahl (Fertighobeln der rechten Zahnflanke),
3. Linker Flankenstahl (Fertighobeln der linken Zahnflanke).

Die Werkzeuge sind sehr einfach, daher auch geringe Werkzeugkosten.

Der Hobelstahl hat einen trapezförmigen Querschnitt und führt eine hin- und hergehende Bewegung aus. In die Schnittbahn dieses Hobelstahls wälzt sich das zu hobelnde Kegelrad ein.

Die Arbeitsweise der Bilgram-Kegelradhobelmaschine. Abb. 107 zeigt das Kegelrad in 3 Ansichten. In der senkrecht zur Zeichenebene liegenden Ebene $b \cdots b$ mit der Achse $0 \cdots 0$ liegt der Teilkreis des Plankegelrades mit dem Halbmesser r. An diesem rollt der Teilkreis des zu hobelnden Kegelrades mit der Kegelspitze S; Achse $1 \cdots 1$ unter dem Winkel φ ab. Der

Kegelradius ist gleichzeitig Teilkreishalbmesser des Plankegelrades. Der Hobelstahl W arbeitet längs der Fußkreismantellinien nach der

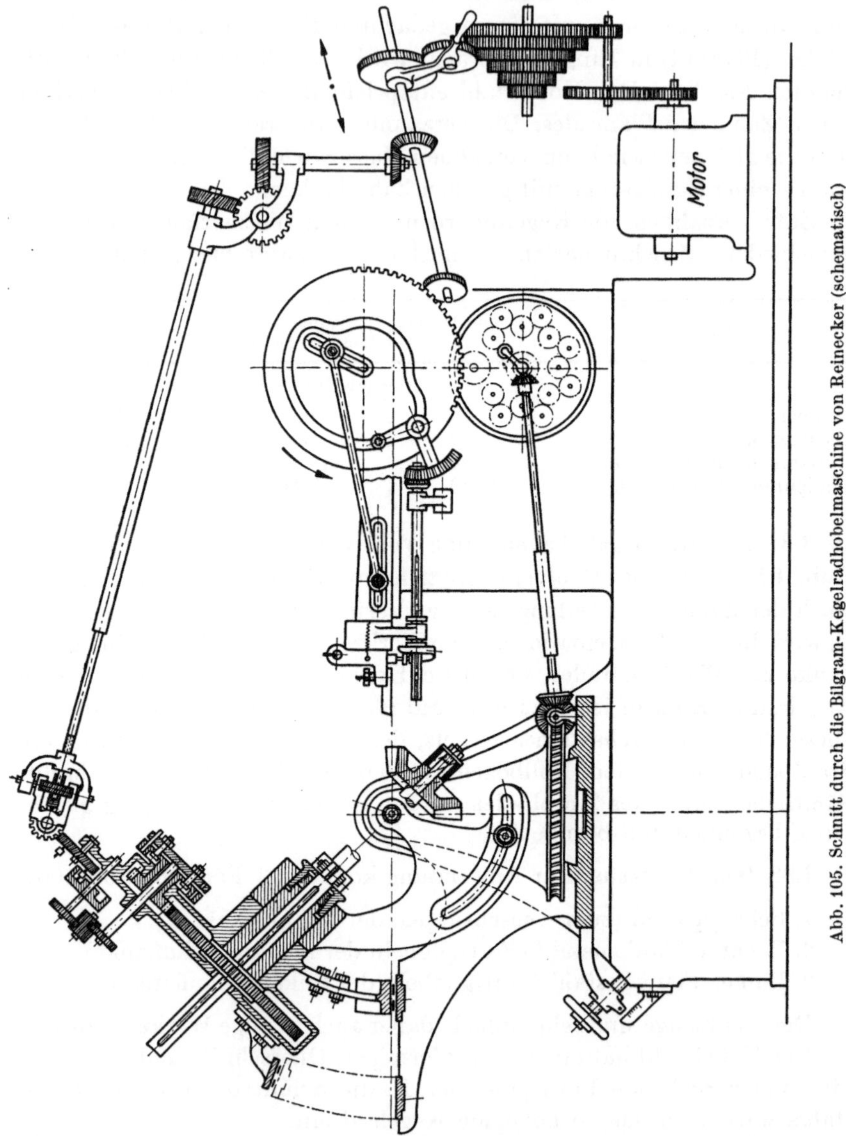

Abb. 105. Schnitt durch die Bilgram-Kegelradhobelmaschine von Reinecker (schematisch)

Spitze S zu (längs der Linie $C\,S$). Dies geschieht durch Kippen des Rades um den Punkt S, bis C auf die Linie $b \cdots b$ kommt.

In Stellung I schneidet W den Kopfkreisdurchmesser des Kegelrades an. Die Spitze von W ist um K von der Strecke $5 \cdots S$ (Draufsicht) entfernt. Das Rad wälzt sich während des Hobelns am Teilkreis des Planrades entlang immer tiefer in das Werkzeug hinein, bis Mittelstellung II, wobei nacheinander die Punkte 1···5 mit den Punkten 1'···5' zusammenfallen. In Stellung II ist der größte Teil der Zahnlücke gestoßen.

Abb. 106. Einstechstahl (Schruppstahl) und rechter und linker Flankenstahl in den Schleifvorrichtungen eingespannt

Von II rollt das Rad weiter bis III, entsprechend der Punkte 5···6, 5'···6'. Die Endstellung III ist um K_1 von S···5 (Draufsicht) entfernt. K_1 wird ermittelt als Schnittpunkt T der Eingriffslinie mit dem Kopfkreis des Kegelrades (Seitenansicht).

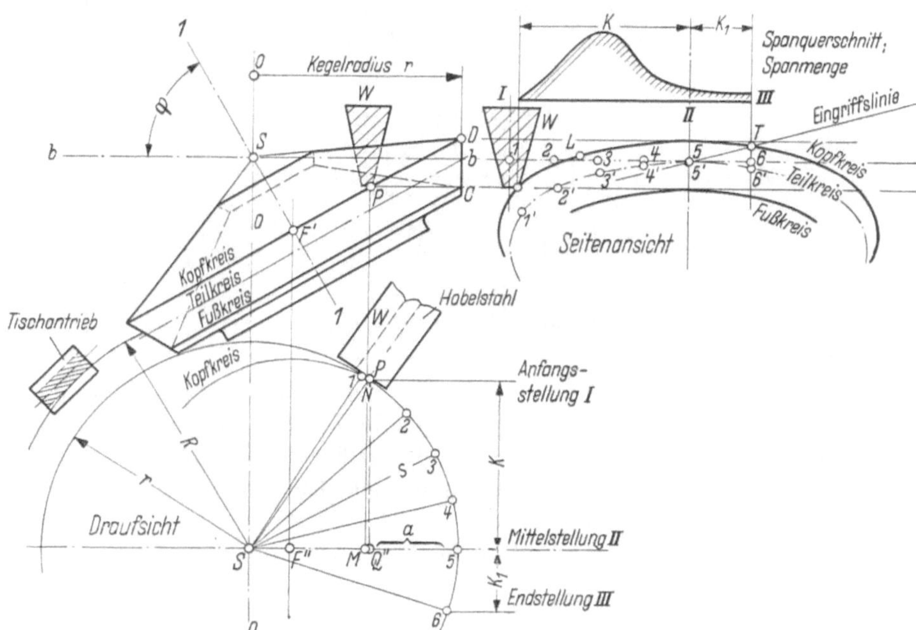

Abb. 107. Schema der Arbeitsweise der Bilgram-Kegelradhobelmaschine

Um ein Bild von der Belastung des Hobelstahles längs der Wege $K + K_1$ zu erhalten, werden die Spanmengen beim Durchlaufen von $K + K_1$ bei konstant gehaltenem Vorschub und gleicher Doppelhubzahl in bestimmten Zeitabständen aufgefangen und gewogen. Die Spangewichte sind in der Seitenansicht über $K + K_1$ aufgetragen. Man sieht, daß die Belastung nicht konstant ist, sondern auf einer Länge von $\approx 1/3\ (K + K_1)$ ihren höchsten Wert erreicht und erst von Stellung II bis III annähernd gleichmäßig wird. Sie sind bei II nicht auf 0, wie erwartet werden muß; dies liegt an der Durchfederung der Maschine. K_1 ist deshalb möglichst etwas größer zu wählen, wie der rechnungsmäßig ermittelte Wert ergibt (Abb. 108).

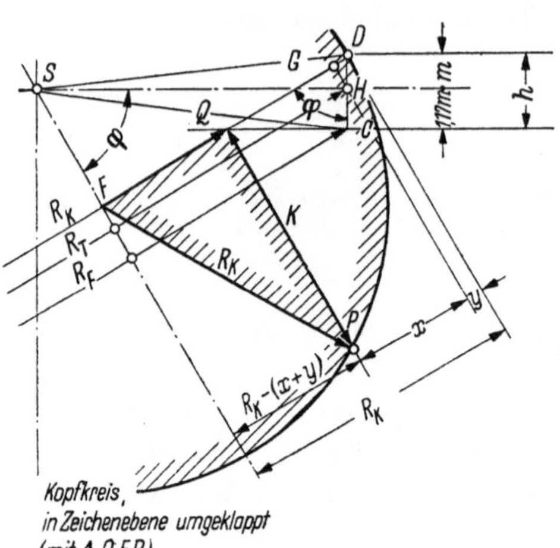

Abb. 108. Ermittlung der Strecke „K“
Es ist: R_K = Kopfkreishalbmesser. R_T = Teilkreishalbmesser. R_F = Fußkreishalbmesser

Der Kopfkreis wird in die Zeichenebene umgeklappt

$$\Delta FQP:\ K^2 = R_K^2 - [R_K - (x + y)]^2$$

$$QCD:\quad x + y = \frac{h}{\cos\varphi} = \frac{2{,}17\, m}{\cos\varphi}$$

$$\Delta DGH:\ y = m \cos\varphi$$

$$R_K = R_T + y = m\left(\frac{z}{2} + \cos\varphi\right)$$

$$R_K - (x + y) = m\left(\frac{z}{2} + \cos\varphi + \frac{2{,}17}{\cos\varphi}\right)$$

$$K = m\sqrt{\left(\frac{z}{2} + \cos\varphi\right)^2 - \left(\frac{z}{2}\cdot\cos\varphi - \frac{2{,}17}{\cos\varphi}\right)^2}$$

$$K = \approx 1{,}5\, m\sqrt{\frac{z}{\cos\varphi} - 2\,\mathrm{tg}^2\,\varphi} \qquad (64)$$

Zur Berechnung der Hauptzeit benötigt man die Strecken k und k_1 bzw. die zu diesen Sehnen gehörigen Bogen im Kopfkreis des Kegelrades. In Abb. 109 ist k_1 für 15°, 20° und 30° Eingriffswinkel graphisch dargestellt. Die Strecke k_1 hängt vom Modul, dem Eingriffswinkel und der Radzähnezahl ab.

Die Ermittlung von k erfolgt angenähert nach Abb. 108.

Die Sehne k ist abhängig

1. vom halben Teilkreiswinkel φ,
2. von der Radzähnezahl,
3. vom Modul.

Abb. 110 zeigt den Wert k graphisch abhängig von der Zähnezahl, dem Winkel φ und dem Modul.

Um nun die Sehne k zur Berechnung der Hauptzeit verwenden zu können, wird die Annahme gemacht, daß die Sehne $2k$ im Kopfkreis des Kegelrades gleich der Sehne im Teilkreisdurchmesser des Planrades ist, die erhalten wird, wenn man die Sehne $2k$ in den Teilkreisdurchmesser projiziert. Dies würde der Fall sein, wenn der Punkt N auf einer Mantellinie des Teilkreiszylinders mit dem Halbmesser r läge, oder wenn P und N zusammenfallen würden. Abb. 107 unten zeigt in dem Dreieck $SQ''P$ die halbe Sehne s im Kreis mit dem Kegelradius r um S.

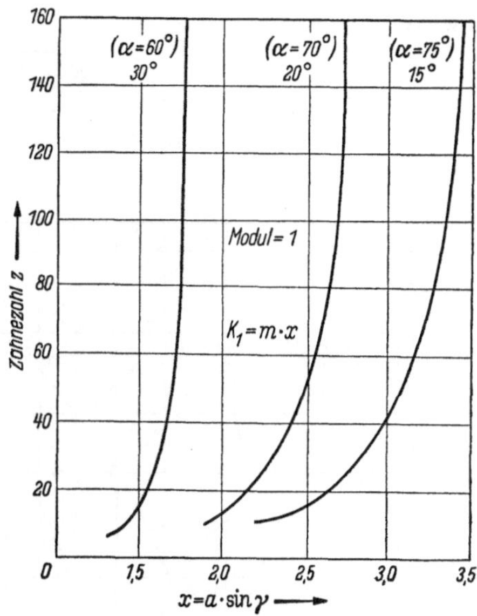

Abb. 109. Festlegung von K_1 (Punkt 5...6; Abb. 107, Seitenansicht)

Es ist

$$s = \sqrt{r^2 - (r - a)^2}; \quad a = h\,\mathrm{tg}\,\varphi;$$

$$r = \frac{z\,m}{2\sin\varphi}$$

Es ergibt sich z.B. für $z = 20$ und $m = 2$, $\varphi = 60°$, s; k nach Abb. 110 zu 18 mm.

Die vorangegangenen Betrachtungen gingen davon aus, daß mit Hilfe eines Hobelstahles mit einer Zahnstärke in der Teillinie gleich der halben Teilung die Zahnlücke hergestellt wird. In Wirklichkeit wird mit einem schwächeren Hobelstahl die Zahnlücke vorgearbeitet und dann jede Zahnflanke mit einem besonderen Werkzeug (rechter und linker Seitenstahl) geschlichtet. Außerdem wird nicht eine Zahnlücke nach der anderen gestoßen, sondern die Herstellung sämtlicher Zähne wird gleichzeitig begonnen und beendet, ähnlich dem Abwälzverfahren mit dem Schneckenfräser bei Stirnrädern. Dies ist aber für die oben angestellten Betrachtungen ohne Belang.

3.33 Die Ermittlung der Hobelzeit. Die Hauptzeit wird berechnet nach der Gleichung:

$$t_h \text{ in min} = \frac{\text{zurückgelegter Weg des Hobelstahles}}{\text{Vorschubgeschwindigkeit in der min}}$$

Abb. 107:

Der Weg des Hobelstahles vom Anschnittspunkt P (Anfangsstellung I) bis Mittelstellung III entspricht dem Bogenstück auf dem Kegelradius r über die Sehne K. Zu diesem kommt das Bogenstück 5···6 auf dem Kegelradius r (Mittelstellung II bis Endstellung III) entsprechend der Sehne K_1.

Ist:

n = Doppelhübe in der Minute,

s_r = Wälzvorschub je Doppelhub am Kegelradius r,

so wird

$$t_{h_1} = \frac{\widehat{K + K_1}}{n\, s_r} \tag{65}$$

= Hauptzeit in min (Zahnlücke ausstechen, Schruppvorgang).

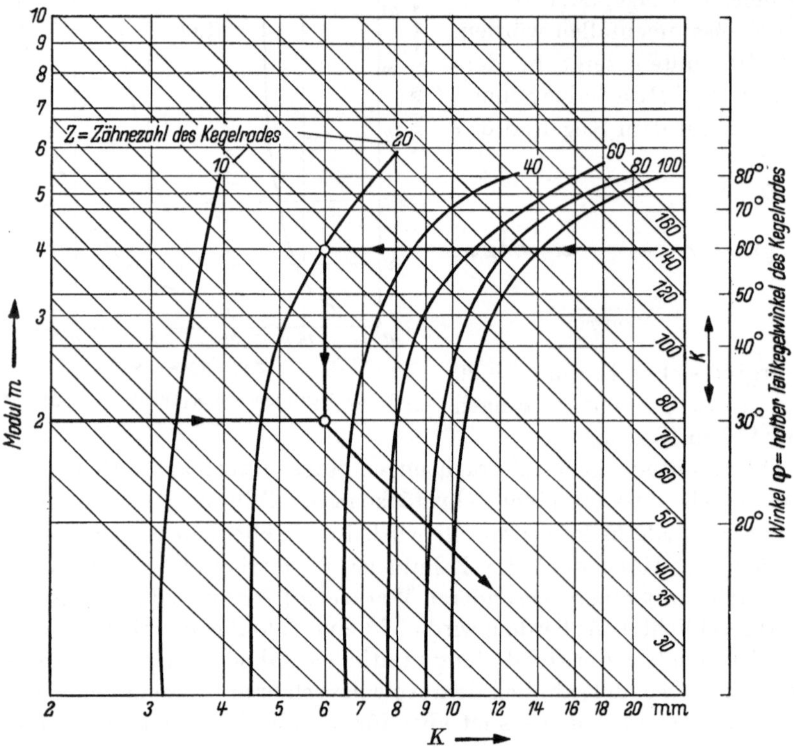

Abb. 110. Tafel zur Festlegung von K

Nachdem die Lücke mit dem Schruppstahl gehobelt ist, wird mit dem rechten bzw. linken Flankenstahl die entsprechende Flanke gehobelt. Abb. 111 zeigt die Wegverhältnisse beim Fertighobeln der rechten Zahnflanke.

Der Flankenhobelstahl beginnt in E_1 zu schneiden, der Eingriff endet im Punkt E_2. Zurückgelegt wird hierbei die Strecke K_2, die für 20° Eingriffswinkel ungefähr

$$K_2 \sim m \sqrt{0{,}03\,z^2 + z + 1} - 0{,}17\,z + 3{,}8\,\mathrm{mm}$$

ist.

m = Modul, z = Zähnezahl des Kegelrades.

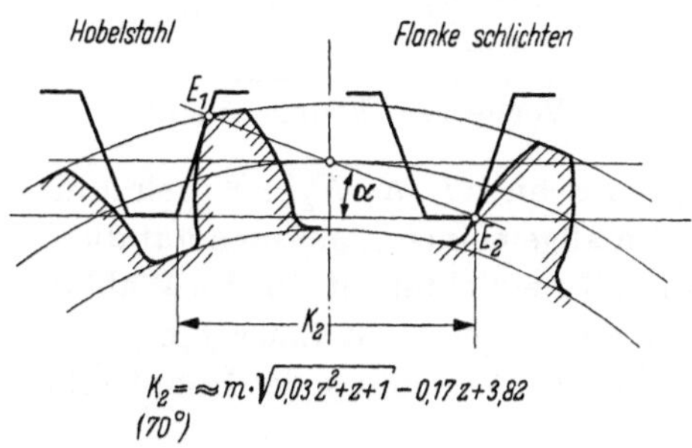

Abb. 111. Hobelweg K_2 beim Schlichten einer Zahnflanke

In Abb. 112 ist K_2 graphisch in Abhängigkeit von z dargestellt.

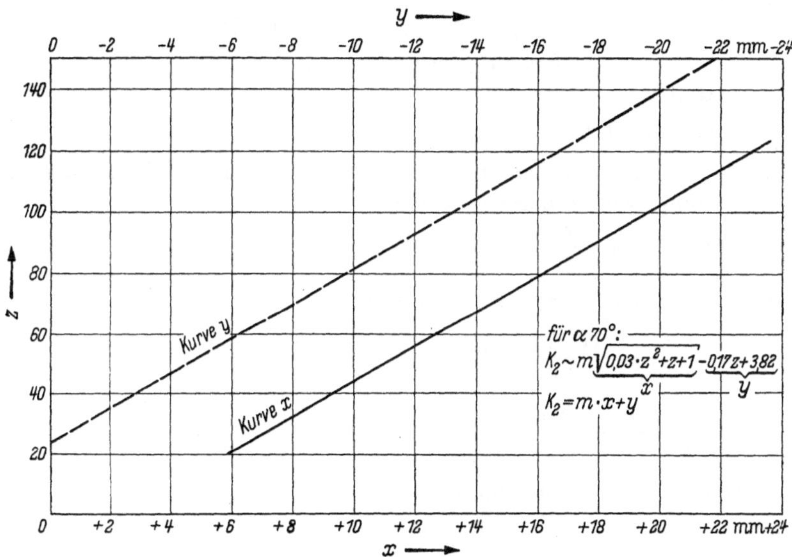

Abb. 112. Tafel zum Aufsuchen von K_2

Damit wird die Zeit für das Hobeln einer Zahnflanke festgelegt:

$$t_{h_2} = \frac{\widehat{K_2}}{n\, s_r} \text{ in min für einen Schnitt}, \tag{66}$$

$$t_{h_2} = \frac{\widehat{K_2\, i}}{n\, s_r} \text{ in min für } i \text{ Flankenschnitte}. \tag{67}$$

Man rechnet: bis $m = 5$, $i = 3$ Flankenschnitte,
über $m = 5$, $i = 4$ Flankenschnitte.

Damit wird die Hauptzeit:

$$t_h = \underbrace{\frac{\widehat{K + K_1}}{n_1 s_{r\varnothing}}}_{\text{Vorstechen}} + \underbrace{\frac{\widehat{K_2} i}{n_2 s_{r2}}}_{\text{Flankenschnitt}} \text{ in min} \tag{68}$$

Die Ermittlung der Sehnen K, K_1, K_2 im Kegelradius r (Abb. 107) wurde oben beschrieben. Im allgemeinen kann man auf die Umrechnung dieser Strecken in Bogenmaß verzichten, denn die Wahl des Vorschubes und der Schnittgeschwindigkeit geschieht innerhalb gewisser Grenzwerte, so daß Schwankungen bei der Berechnung der Hauptzeit nicht zu vermeiden sind.

Der Vollständigkeit halber soll die Umrechnung in Bogenmaß vorgenommen werden. Dabei wird der am häufigsten vorkommende Fall $\varphi = \varphi_1 + \varphi_2 = 90°$ berücksichtigt.

Es ist

$$r = \frac{z_1 m}{2 \sin \varphi_1} = \frac{z_2 m}{2 \sin \varphi_2} = m \sqrt{\frac{z_1^2 + z_2^2}{4}}$$

φ_1; z_1 = Rad 1,

φ_2; z_2 = Gegenrad 2.

φ_1 oder φ_2 wird der Zeichnung entnommen, anderenfalls muß es aus den Zeichnungswerten berechnet werden, z. B.:

bei $\varphi = 90°$: $\operatorname{tg} \varphi_2 = \frac{z_2}{z_1} = i$; daraus φ.

Beispiel: $z = 50$; $\varphi = 45°$; $m = 6$.

1. $r = \frac{z m}{2 \sin \varphi} = \frac{50 \cdot 6}{2 \cdot 0{,}71} = 212$ mm

$$r = 6 \sqrt{\frac{2500 + 2500}{4}} = 6 \cdot 35{,}8 = 212 \text{ mm}.$$

2. Ermittlung von K (aus Abb. 110) = 75 mm.

3. Ermittlung von K_1 (aus Abb. 109) für $\alpha = 75°$.

$K_1 = m \cdot 3{,}08 = 6 \cdot 3{,}08 = 18{,}48$ mm.
$K + K_1 = \sim 94$ mm als Sehne s in dem Kreis mit dem Kegelradius $r = 212$ mm.
$D = 2r = 424$ mm.

Um nun die Bogenlänge über der Sehne $K + K_1$ zu ermitteln, bildet man $\frac{s}{D} = \frac{94}{424} = 0{,}222$.

Im Einheitskreis mit dem Halbmesser $r = 1$ ist (Abb. 113)
s = Sehnenlänge, b = Bogenlänge.

Zentriwinkel α	s	b	$\frac{b}{s}$	$\frac{s}{2r}$
1. ... 180°	2,0	3,14	1,5	1,0
135°	1,85	2,36	1,27	0,93
2. ... 90°	1,4	1,57	1,12	0,7
60°	1,0	1,04	1,04	0,5
3. ... 45°	0,765	0,785	1,03	0,38

Aus der obigen Zusammenstellung ergibt sich, daß bei einem Zentriwinkel von 1°...60° der über der Sehne $K + K_1$ liegende Kreisbogen $b \sim s$ ist. Mit ziemlicher Annäherung kann man sogar bis zu einen Zentriwinkel $\alpha = 90°$, $b \sim s$ setzen. Damit wäre die Grenze für $b = s$, wenn $s/2r$ im Höchstfalle 0,7 ist.

Im obigen Fall war $\frac{s}{D} = 0{,}222$, damit ist $b \cong s$.

Wie auf S. 103 festgelegt, seien die übrigen für die Bestimmung der Hauptzeit erforderlichen Werte angeführt.

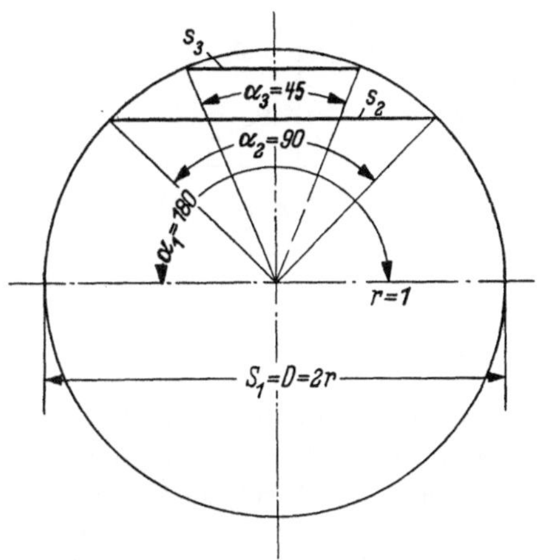

Abb. 113. Verschiedene Sehnen im Einheitskreis

n = Doppelhübe des Hobelstahles in der Minute,
n_1 = für Schruppen, n_2 für Schlichten,
v = mittlere Geschwindigkeit in $m/\text{min} = \frac{2Hn}{1000}$,
H = Länge des Stößelhubes in mm = Zahnbreite + 20 mm,
s_r = Wälzvorschub in mm je Doppelhub, am Kegelradius gemessen,
m = Außenmodul des Kegelradius in mm,
l = Länge der Zahnflanke am Außenmodul in mm.

Für St 50···60 kg/mm² ist die *Schnittgeschwindigkeit* $v = \frac{2Hn}{1000}$.

Tabelle 13

Kegelradius in mm	60	100	140	180	über 200
v Schruppen	8,5	7,5	7	6,5	6
v Schlichten	9	8	7,5	7	7

s_r = Vorschub je Doppelhub, gemessen am Kegelradius (St 50···60 kg).

Tabelle 14

m	4	6	8	10	12
s_{r_1} Lücke schruppen, Anfang	0,02	0,02	0,015	0,013	0,01
s_{r_1} Lücke schruppen, Ende	0,034	0,035	0,038	0,039	0,04

Flanken schlichten, 1 Schnitt:

Tabelle 15

m	4	6	8	10	12
s_{r_2} Flanken schlichten 1. Schnitt	0,03	0,04	0,05	0,07	0,08
s_{r_2} Flanken schlichten 2. Schnitt	0,06	0,065	0,07	0,075	0,08

Wie bereits in Abb. 107 aufgeführt, wechselt bei Vorhobeln der Zahnlücken (Schruppen) der Spanquerschnitt stark, so daß man, um die Maschine auszunutzen, verschiedene Vorschübe einstellt, die einen möglichst gleichmäßigen Spanquerschnitt bei verschiedenen Stellungen des Hobelstahles zur Lücke bewirken. Die Verteilung der Spanmengen längs des Hobelweges zeigt Abb. 107, Seitenansicht. In Abb. 114 ist noch einmal die Kurve der Spanquerschnitte beim Durchgang des Hobelstahls durch die Zahnlücke auf dem Weg $K + K_1$ aufgezeigt. Es liegt nahe, entsprechend den stark wechselnden Spanquerschnitten den Vorschub je Doppelhub s_r zu verändern. Ein kontinuierlicher Wechsel ist nicht wirtschaftlich, da der Arbeiter sich dauernd um die Maschine kümmern müßte. Deshalb teilt man den gesamten Hobelweg etwa in 4 Felder, wie in Abb. 114 angedeutet. Für jedes Feld wird ein bestimmter Vorschub eingeschaltet, um einen annähernd gleichmäßigen Spanquerschnitt zu bekommen. Die größten Spanquerschnitte liegen im Bereich II (2⋯3). Der hierbei verwandte Vorschub sei x (entsprechend der Vorschubtabelle 2). Für die Felder I und III wurde der doppelte Vorschub: $2x$, im Feld IV, $3x$ vorgesehen. Dann ergibt sich folgende Vorschubeinteilung:

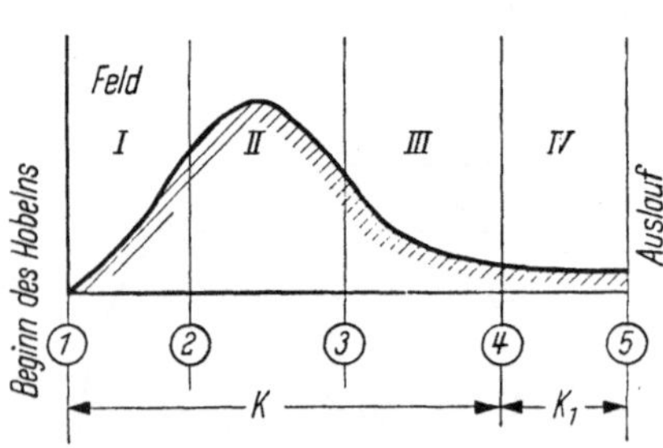

Abb. 114. Verlauf der Spanquerschnitte längs des Weges $K + K_1$ (Lücke vorstechen)

Feld I	$s_{r_1} = 2x$
Feld II	$s_{r_2} = x$
Feld III	$s_{r_3} = 2x$
Feld IV	$s_{r_4} = 3x$
4 Abschnitte	$= 8x$

Dann erhält man den durchschnittlichen Vorschub

$$s_{r\varnothing} = \frac{8x}{4}; \qquad x = \frac{s_{r\varnothing}}{2} = s_{r_2}$$

Beispiel: $s_{r\varnothing} = 0{,}025$; $x = \frac{s_{r\varnothing}}{2}$; $s_{r_2} = 0{,}013$.

Feld I $s_{r_1} = 0{,}025$
Feld II $s_{r_2} = 0{,}013$
Feld III $s_{r_3} = 0{,}025$
Feld IV $s_{r_4} = \underline{0{,}040}$

$0{,}103 : 4 = 0{,}025$

Die Kennzeichnung der Punkte 1 bis 4, an denen ein Vorschubwechsel stattfinden soll, geschieht an dem Drehtisch der Maschine (Abb. 115). Man läßt den Hobelstahl in Punkt P (Abb. 107) anschneiden und markiert am

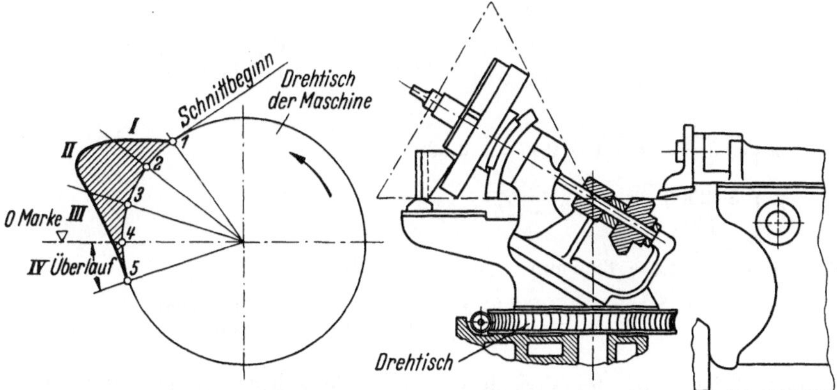

Abb. 115. Festlegung der Punkte, an denen der Vorschub verändert wird, am Drehtisch der Maschine

Drehtisch diesen Punkt 1. Auf dem Maschinenbett ist die Zahl 0 (senkrechte Mittelstellung des zu hobelnden Rades) angeschlagen (Punkt II auf Abb. 107), Punkt 4 auf Abb. 114.

Man teilt am Drehtisch die Strecke 1···4 in 3 gleiche Teile, gemäß den Feldern I···III. Punkt 5 (Ende des Auslaufs) braucht nicht festgelegt zu werden, da man das Ende der Zerspanung am Hobelstahl beobachten kann.

Beispiel für die Berechnung der Hauptzeit t_h.

Kegelrad, St 50···60 kg/mm²; $m = 6$; $z = 50$; Zahnbreite $b = 60$ mm; $\varphi = 45°$; Eingriffswinkel $\alpha = 70°$.

Kegelradius

$$r = \frac{z\,m}{2\sin\varphi} = \frac{50 \cdot 6}{2 \cdot 0{,}71} = 212\,\text{mm}$$

$$t_h = \frac{\widehat{K + K_1}}{n_1\, s_{r\varnothing}} + \frac{\widehat{K_9}\, i}{n_2\, s_{r_2}} \text{ in min (Gl. 68)}$$

$\underline{K + K_1} = \widehat{K + K_1} = \underline{118\,\text{mm}}$ (s. S. 94)

Schnittgeschwindigkeit v_1 bei $r = 212 = 6$ m/min
(Lücke ausstechen)
v_2 (für Flanke schlichten) $= 7$ m/min
$H = 60 + 20 = 80$ mm,
$n_1 = \frac{6 \cdot 1000}{2 \cdot 80} \cong 38$ Doppelhübe/min,
$n_2 = \frac{7 \cdot 1000}{0{,}16} \cong 44$ Doppelhübe/min,
$s_{r_1} = 0{,}02$ mm je Doppelhub (Lücke vorstechen),
$s_{r_2} = 0{,}04$ mm je Doppelhub (Flanke schlichten, 2 Schnitte),
$s_{r_3} = 0{,}065$ mm je Doppelhub (Flanke schlichten, 2 Schnitte),
$s_{r_1} = x\, s_{r\varnothing} = 2\,x = 0{,}04$ (s. S. 120),

$$t_{h_1} = \frac{K + K_1}{n\, s_{r_1\varnothing}} = \frac{94}{38 \cdot 0{,}04} = \sim 61 \text{ min} \qquad \text{Lücke vorstechen}$$

$$t_{h_2} = \frac{K_2\, i}{n_2\, s_{r_2}} = \frac{62{,}5 \cdot 2}{44 \cdot 0{,}04} = 71 \text{ min} \qquad \text{Flanken schlichten 1. Schnitt}$$

$i = 2$

$$K_2 \cong m \sqrt{0{,}03\, z^2 + z + 1} - 0{,}17\, z + 3{,}82$$

$$K_2 = 6 \sqrt{\frac{3 \cdot 2500}{100} + 50 + 1} - 8{,}5 + 3{,}82$$

$$K_2 = 6 \cdot 11{,}2 - 4{,}7 = 62{,}5 \text{ mm} \qquad \text{(s. a. Abb. 112)}$$

$$t_{h_3} = \frac{62{,}5 \cdot 2}{44 \cdot 0{,}065} = 43{,}6 \text{ min} \qquad \text{Flanken schlichten 2. Schnitt}$$

Zur Einstellung der Vorschübe an der Maschine (Wälzvorschübe je Doppelhub) wird folgende Gleichung benutzt:
s_r = Wälzvorschub je Doppelhub am Kegelradius r des Zahnrades.
s_R = Wälzvorschub je Doppelhub, gemessen am Teilkreishalbmesser R des Schneckenradkranzes am Drehtisch (Abb. 115).

Es verhält sich $\frac{s_r}{s_R} = \frac{r}{R}$. Wird also ein bestimmter Vorschub s_r am Kegelradius gewünscht, so ermittelt man den dazugehörigen Wälzvorschub $s_R = \frac{r}{R}\, s_r$ in mm je Doppelhub. Die Werte s_R sind in einer Tabelle an der Maschine enthalten.

In Abb. 116 ist die Hauptzeit in Minuten zusammengestellt.

3.34 Rüst- und Nebenzeiten.

Rad ⌀	60 ⌀ bis $m = 3$	100 ⌀ bis $m = 5$	150 ⌀ bis $m = 7$	250 ⌀ bis $m = 5$	400 ⌀ bis $m = 12$
Rüstzeit t_r	51	51	51	51	51
Nebenzeit t_n	32	39	46	56	63

3.35 Das Zweistahlhobelverfahren (Maschine von Heidenreich und Harbeck), gerade und schräge Zähne, Abb. 117

Die Arbeitsweise der Maschine. Während bei der Bilgram-Maschine sämtliche Zähne im kontinuierlichen Arbeitsgang begonnen und beendet werden, wobei die Zerspanungsarbeit von einem Hobelstahl verrichtet

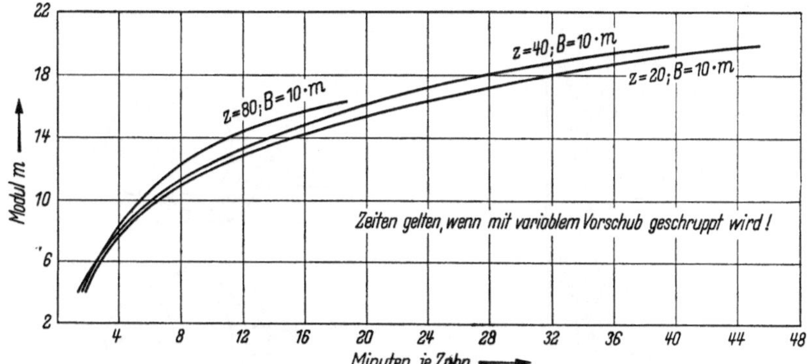

Abb. 116. Hauptzeiten in Minuten je Zahn an der Bilgram-Kegelradhobelmaschine für Stahl 50 ÷ 60 kg Festigkeit

wurde, arbeitet die H. & H. Kegelradhobelmaschine mit 2 Hobelstählen, die sich so gegenüber stehen, daß sie mit ihren Flankenschneidkanten eine Zahnlücke des gedachten Planrades bilden. Beide Stähle arbeiten

Abb. 117. Die Kegelradhobelmaschine von Heidenreich & Harbeck (Wälzverfahren)

wechselweise, d. h. während der eine Stahl schneidet, läuft der andere im abgehobenen Zustand zurück. Die Wälzbewegung geht so vor sich, daß der Werkzeugkopf, der die beiden Hobelstößel trägt, eine Schwenkung von A bis B um einen Winkel γ (Abb. 118) ausführt. Die gleiche Schwenkung führt das zu hobelnde Kegelrad durch. Sind die Hobelstähle außer Eingriff gekommen (Ende der Wälzbewegung Punkt B), schaltet die Maschine um und bringt im Schnellgang Kegelrad und den Werkzeug-

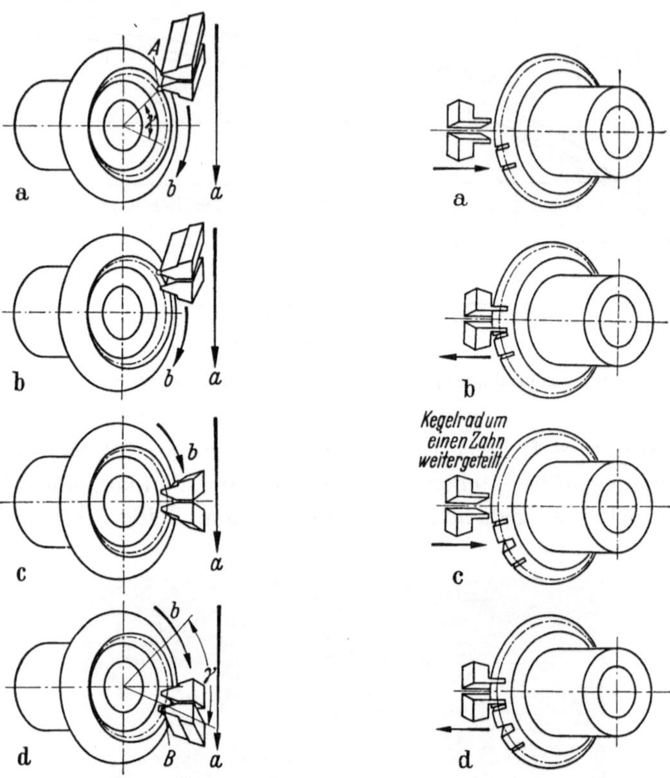

Abb. 118a–d. Arbeitsweise der Maschine beim Flankenhobeln

Abb. 119a–d. Zahnlücken einstechen

kopf in die Ursprungstellung zurück. Während der Rücklaufbewegung wird das Kegelrad um eine Teilung weitergedreht. Dann beginnt die Wälzbewegung von neuem usw.

(Schwenkbewegung des Werkzeugkopfes = a, Drehbewegung des Kegelrades = b.)

Bei Teilungen etwa bis Modul 6 werden die Zahnlücken mit Einstechstählen (Abb. 119) oder Trapezstählen (Abb. 122) vorgestoßen. Etwa ab Modul 7 werden Stufenstähle (Abb. 120) verwandt. Verhältnis der Schneidkanten des Trapezstahles zum Stufenstahl: $2F + a : a + 4f$. (Die verschiedenen Vorstechmöglichkeiten zeigen Abb. 119 bis 121). Bei dem Vorstechvorgang nach Abb. 119 und 121 ist die Wälzbewegung ausgeschaltet. Es empfiehlt sich, bei Serienfertigung, die Kegelräder vorzufräsen und auf der Hobelmaschine nur zu schlichten, damit wird die Maschine geschont und ihre Genauigkeit bleibt erhalten.

3.36 Die Werkzeuge. Die Werkzeuge zum Lückenvorstechen sind in Abb. 119, 120 und 122 angedeutet. Zum Flankenschlichten werden trapezförmige Schlichtstähle verwandt. Die Schneidkanten, die die Kegelradzahnflanke erzeugen, sind geradflankig. In den 2 gegenüberliegenden Stößelhaltern ist je ein Hobelstahl angebracht. Auf diese Weise arbeiten beide Stähle, wechselweise schneidend bzw. zurückgehend. Die Flankenschneidkanten stellen die Flanken eines Plankegelrades dar, mit dem das zu verzahnende Kegelrad in Eingriff gebracht wird. In Abb. 124 ist die Stellung der beiden Hobelstähle beim Flankenhobeln dargestellt. Die einfache trapezförmige Profilform des Schlichtstahles gestattet eine sehr genaue Herstellung bei einfachem Nachschleifen an der Schneidbrust (Planschliff oder Hohlschliff oder Seitenschliff).

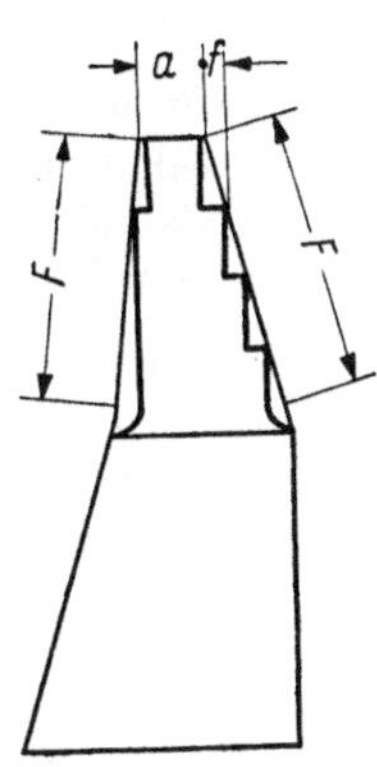

Abb. 120. Einstechstahl (Stufenform)

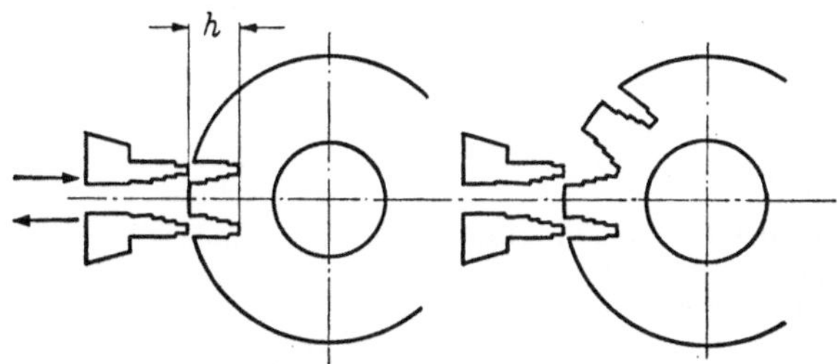

Abb. 121. Zahnlücke vorstechen mit 2 Stählen nach Abb. 120

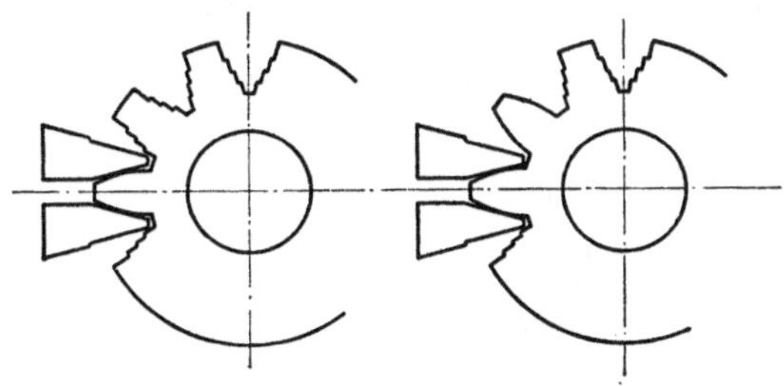
Abb. 122. Vorgestochene Zähne fertig hobeln

3.37 Ermittlung der Hauptzeit. Wenn die Zahnlücken nicht vorgefräst werden, was sich bei Serienarbeit empfiehlt, wird ein Kegelrad in folgenden Arbeitsgängen verzahnt:
(Werkstoff bis St 50···60 kg/mm²).

1. *Teilung bis Modul 4*
   a) aus dem Vollen mit Abwälzgang herausschruppen (Zweizahnschruppen) s. Abb. 124,
   b) Flanken schlichten im Wälzgang.
2. *Teilung über Modul 4*
   a) Zahnlücke vorstechen mit Stufenstahl (Abb. 121),
   b) Zahnflanken schruppen (Abb. 122) (1 Schnitt),
   c) Zahnflanken schlichten.
3. *Teilung über Modul 12*
   a) Vorstechen,
   b) Schruppen (2 Schnitte),
   c) Schlichten.

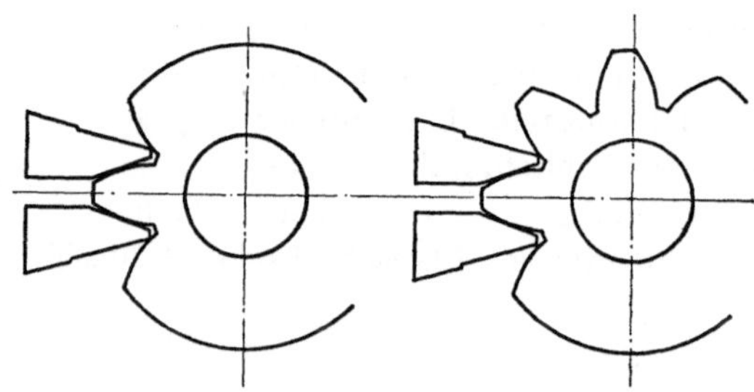

Abb. 123. Zweizahnschruppen

Berechnungswerte:

n = Doppelhübe des Hobelstahles in der Minute,
n_1 = Doppelhübe für Schruppen,
n_2 = Doppelhübe für Schlichten,
v = mittlere Schnittgeschwindigkeit in m = $\frac{2Hn}{1000}$,
H = Hublänge des Stößelweges = $b + 20$ mm,
b = Zahnbreite in mm; z = Zähnezahl des Kegelrades,
m = Außenmodul des Kegelrades,
s_r = Vorschub in mm je Doppelhub, gemessen an der äußeren Zahnlücke des Kegelrades, bei einem Kegelradius r.

Beispiel für Maschine KH 75:

Modul (Geradzahn) von 3···20, Modul (Schrägzahn) von 3···12, Kleinster/Größter Rad-∅ 30···750 mm, bei Übersetzung 1 : 7,5 bzw. 1 : 1, Größte Teilung: Modul 20.	Maschinenwerte

Die Arbeitsweise und die Anzahl der Schnitte ändert sich mit dem zu hobelnden Werkstoff. Eine genaue Aufstellung darüber siehe nachfolgende Tabelle 17. Für besonders genaue Zahnräder ist unter Umständen ein weiterer Schlichtschnitt erforderlich.

Tab. 16 enthält die Doppelhübe in der Minute für verschiedene Werkstoffe.

Tab. 17 erfaßt eine Zusammenstellung der Schnittzahlen i für die einzelnen Arbeitsgänge für Maschine 75 K. H.

1. Berechnung des Arbeitsganges Einstechen: Abb. 119 zeigt den Einstechvorgang, ebenso Abb. 121.

$$\underset{\text{Min.}}{t_{h_1}} = \frac{2{,}2\,m + 3}{n\,s_r} \qquad (69)$$

h = Einstechtiefe = Zahnhöhe $= \sim 2{,}2 \cdot m + 3\,\text{mm}$

s_r bis St 50⋯60 kg Festigkeit:

$m =$	4⋯6	8	10⋯16	18⋯20
$s_r =$	0,10	0,12	0,13	0,145

Beispiel: $m = 12$; n aus Tab. 16 $= 68$; $(H = 8\,m + 20 = 96 + 20 \sim 120\,\text{mm})$; $h = 2{,}2\,\text{m} + 3 \sim 30\,\text{mm}$.

$$t_{h_1} = \frac{30}{68 \cdot 0{,}13} = 3{,}4\,\text{min}$$

2. Berechnung des Arbeitsganges Schruppen aus dem Vollen (Zweizahnschruppen). In Abb. 123 und 124 ist die Erzeugung einer Zahnlücke aus dem vollen Radkörper dargestellt. Das Kegelrad macht einen Drehweg um seine Achse in Richtung b, der Werkzeugkopf mit den beiden Hobelstählen die gleiche Schwenkung in Richtung a. Ist eine Zahnlücke geschnitten, so ist der Schwenkwinkel γ zurückgelegt worden. Die Schneidkanten der beiden Hobelstähle entsprechen einer Zahnlücke des Planrades,

Abb. 124. 4 Arbeitsstellungen des Hobelvorganges, wie in Abb. 118 gezeigt (Heidenreich & Harbeck)

Tabelle 16. *Schnittgeschwindigkeit für verschiedene Werkstoffe und Modul für eine Zahnbreite $b = 8\,m$*

Doppelhub je Minute $= n$	H = Hublänge in mm für $b = 8\,m$; $H = 8\,m + 20$ mm					
	60	90	120	150	180	
entspricht bei $b = 8\,m$	Modul					Werkstoff
	5	9	12,5	16	20	
19	–	–	–	5,8	7	St über 70 kg/mm²
27	–	–	6,4	8	9,6	St über 60 kg/mm² Stg 52
37	–	6,7	8,9	11,1	13,3	St 50···60 kg/mm²
n 51	6,2	9,2	12,3	15,4	18,5	Rotguß
68	8,2	12,3	16,4	20,5	–	
95	11,4	17,1	22,8	–	–	
130	15,6	23,4	–	–	–	
180	21,6	–	–	–	–	

Tabelle 17

Werkstoff	Arbeitsgang	Schnittzahl i bei Modul								
		4	6	8	10	12	14	16	18	20
	Fertig aus den Vollen	1	1	1	1	1	1			
Ge 20.81	Einstechen				1	1	1	1	1	1
Ge 26.81	Schruppen				1	1	2	2	2	2
	Schlichten	1	1	1	1	1	1	1	1	1
St 50···60	Fertig aus den Vollen	1	1	1						
Stg 38.81	Einstechen		1	1	1	1	1	1	1	1
	Schruppen		1	1	1	1	2	2	2	2
	Schlichten	1	1	1	1	1	1	1	1	1
St 70···80	Fertig aus den Vollen									
	Einstechen	1	1	1	1	1	1	1	1	1
	Schruppen	1	1	1	1	1	2	2	2	2
	Schlichten	1	1	1	1	1	1	1	1	1

der Werkzeugkopf dreht sich um den Mittelpunkt dieses gedachten Planrades.

In Abb. 125 sind die Wegverhältnisse der Hobelstähle durch das Kegelrad dargestellt. Die Achse des Planrades ist gleich der Achse des Werkzeugkopfes. Die Bahn a müßte auf einem Kreisbogen verlaufen, sie ist der Einfachheit halber als Gerade dargestellt. Das zu verzahnende Kegelrad dreht sich während der Verzahnungsarbeit in Richtung *b*. Bewegung *a* ist gleich Bewegung *b*.

Der Hobelstahl 1 beginnt mit seiner Rückenschneide in *A* zu schneiden. In *E* kommt die eigentliche Schneidkante mit dem zu erzeugenden Kegelradzahn in Eingriff. *B* ist der letzte Eingriffspunkt der Schneidkante des Stahles 1 mit der erzeugten Kegelradflanke.

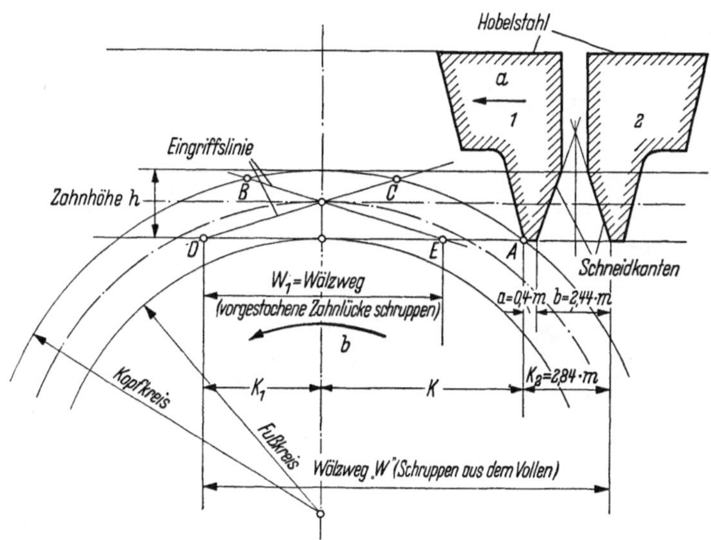

Abb. 125. Bestimmung der Wälzstrecke „*w*" beim Schruppen aus dem Vollen

Stahl 2 beginnt in *C* mit Erzeugung der zweiten Zahnradflanke, der Eingriff endet in *D*. Der zurückzulegende „Eingriffsweg" beginnt also in *A* und endet in *D*. Er entspricht dem Weg $K + K_1$ auf S. 113, Abb. 107, 109, 114.

$$K \cong 1{,}5\, m \sqrt{\frac{z}{\cos\varphi} - 2\,\mathrm{tg}^2\varphi} \quad \text{in mm (64)}$$

$K_1 = m\,x$ (Abb. 109; s. S. 115. Zu diesen Werten kommt noch $K_2 = 2{,}84\, m$.

Ist die Wälzbewegung beendet, laufen Kegelrad und Werkzeugkopf im Eilgang in die Ausgangsstellung zurück. Während des Rücklaufes erfolgt die Teilung, und zwar wird im Falle des Zwei-Zahn-Schruppens um 2 Zähne weitergeschaltet. Das Teilen geschieht so, daß kurz vor Beendigung der Rücklaufbewegung die Wälzbewegung des Werkzeugkopfes unterbrochen wird, während die Wälzung des Kegelrades weiter läuft und zwar um 2 Teilungen (Abb. 123). Dann beginnt die neue Wälzung und damit die Erzeugung von einem weiteren Zahnpaar.

Der Wälzweg nach Abb. 125 wird dann

$$K + K_1 + K_2 = m\left(1{,}5\sqrt{\frac{z}{\cos\varphi} - 2\,\mathrm{tg}^2\varphi + x + 2{,}84}\right) \qquad (70)$$

Aus dem Wälzweg bestimmt man die Teilungen T je Wälzung:

$$T = m\,\frac{(K + K_1 + K_2)}{m\,\pi}$$

und daraus

$$T = 1{,}5\,\frac{\sqrt{\dfrac{z}{\cos\varphi} - 2\,\mathrm{tg}^2\varphi + x + 2{,}84}}{\pi} \qquad (71)$$

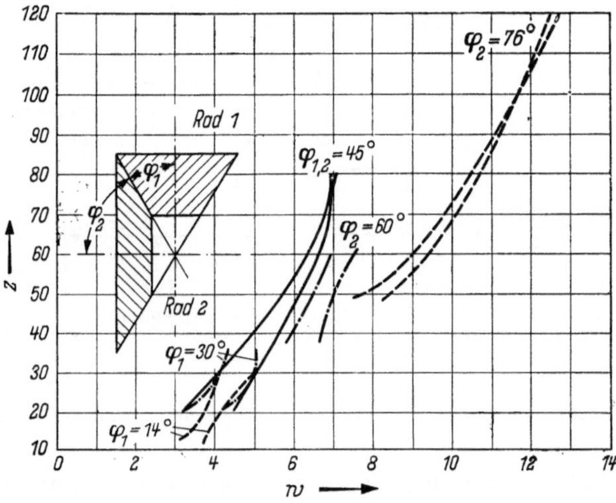

Abb. 126. Wälzstrecken „w" für verschiedene Übersetzungsverhältnisse und Zähnezahlen. w in Teilungen; also mit $m \cdot \pi$ multiplizieren!

Für $\varphi = 30°$, $45°$ und $60°$ wurden für folgende Übersetzungsverhältnisse die Wälzstrecken ausgerechnet:

$\frac{\varphi_1}{\varphi_2} = \frac{30°}{60°}$ $\qquad \frac{z_1}{z_2} = \frac{22}{38}; \ \frac{30}{52}; \ \frac{35}{60}$

$\varphi_{1,2} = 45°$ $\qquad \frac{z_1}{z_2} = \frac{20}{20}; \ \frac{30}{30}; \ \frac{40}{40}; \ \frac{50}{50}; \ \frac{80}{80}$

$\frac{\varphi_1}{\varphi_2} = \frac{14°}{70°}$ $\qquad \frac{z_1}{z_2} = \frac{10}{40}; \ \frac{15}{60}; \ \frac{20}{80}; \ \frac{30}{120}$

In Abb. 126 sind die Werte graphisch zusammengestellt.

Zur Festlegung der Wälzstrecke wurde von Heidenreich & Harbeck beifolgende Tabelle, Abb. 127, aufgestellt. Die Gegenüberstellung der Berechnung nach Gl. (71) und der Tabelle Abb. 127 ergibt Unterschiede bei Zähnezahlen bis 40 und $\varphi = 30^\circ \cdots 45^\circ$ von $\sim 15\%$, bei $\varphi = 60^\circ$ bis $z = 60$ $\sim 12\%$, d.h.: bei den kleinen Wälzstrecken ist auf die nach Gl. (71) ermittelte Wälzung nur etwa 0,5···1 Teilung zu erhöhen. Dies ist notwendig, da die Hobelstähle in Abb. 125 vor dem Eindringen in

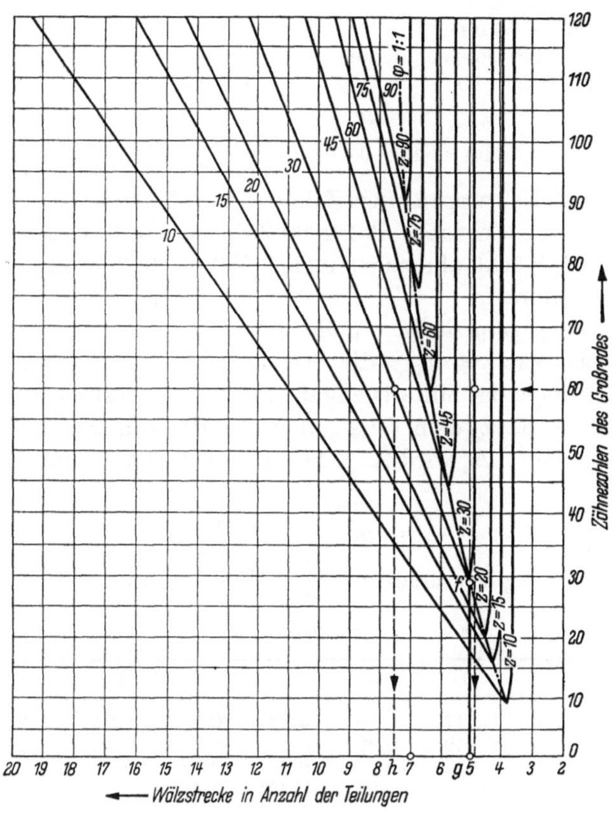

Abb. 127. Tabelle der Wälzstrecke w in Teilungen nach Heidenreich und Harbeck

das Kegelrad, Punkt A, einen Anschnittweg haben müssen. Man rechnet hierfür 1···2 Teilungen.

Für das Schruppen aus dem Vollen (Anwendung für die einzelnen Teilungen und Werkstoffe (s. Tab. 17) ergeben sich etwa folgende Vorschübe für St 50···60 kg Festigkeit:

$m =$	2	4	6	
$s_{r_1} =$	0,3	0,3	0,4	für $\varphi = 45^\circ$; $z = 30$
$s_{r_1} =$	0,4	0,4	0,6	für $\varphi = 45^\circ$; $z = 60$
$s_{r_1} =$	0,6	0,6	0,85	für $\varphi = 76^\circ$; $z = 60$

Die Hauptzeit ist (Schruppen aus dem Vollen):

$$\underset{\text{min}}{t_{h_1}} = \frac{z\,w}{n\,s_{r_1}} \tag{72}$$

Beispiel: $m = 4$; $z = 60$; $\varphi = 45^\circ$; St 50···60 kg; Zahnbreite $b = 32$ mm.
$s_r = 0{,}4$ mm je Doppelhub,
$H = 32 + 20$ mm ~ 55 mm,
n (aus Tab. 16) $= 130$ Doppelhübe/min,
w (aus Abb. 126 für $z = 60$ und $\varphi = 45^\circ$), $= 6{,}3$ Teilungen $= 6{,}3 \cdot 4 \cdot \pi = 79$ mm.

$$t_{h_{1\,\text{Zahn}}} = \frac{79}{130 \cdot 0{,}4} = 1{,}52 \text{ min je Zahn}$$

Da nach dem Schruppen eines Zahnes um 2 Zähne weiter geteilt wird (Abb. 123), ist die Schruppzeit für 60 Zähne $t_h = 30 \cdot 1{,}52 = \sim 46$ min. Für Teilen und Rücklauf rechnet man je Zahn $\sim 0{,}20$ min, so daß noch 12 min hinzukommen.

3. Arbeitsgang: vorgestochene Räder schruppen (Abb. 122). In Abb. 125 ergibt sich als Wälzweg $w_1 >$ die Strecke $DE = 2\,K_1$; dabei ist zu beachten, daß infolge der Materialzugabe auf den vorgestochenen Zahn w_1 etwas größer ist, da w_1 dem Weg entspricht, der zum Erzeugen des fertigen Zahnes gehört. K_1 wird Abb. 110, S. 116 entnommen.

$$t_{h_2} = \frac{z\,w_1}{n\,s_{r_2}} \quad \text{in min} \tag{73}$$

Für St 50···60 kg Festigkeit ist s_{r_2} = Vorschub in mm je Doppelhub:

Tabelle 18

m	6	8	10	12	14	16	18	20
für $z = 20$	0,13	0,17	0,18	0,22	0,2	0,24	0,24	0,29
$z = 40$	0,15	0,19	0,20	0,24	0,22	0,27	0,27	0,32
$z = 70$	0,16	0,20	0,22	0,26	0,24	0,30	0,29	0,35
$z = 100$	0,17	0,22	0,23	0,27	0,25	0,31	0,29	0,36
	1 Schruppschnitt				2 Schruppschnitte			

Beispiel: $m = 10$; $z = 40$; St 50···60 kg; $b = 8\,m = 80$ mm.
$H = 100$ mm; n (aus Tab. 16) $= 95$ Doppelhübe/min,
$w_1 = 2\,K_1 = 4{,}8\,m = 48$ mm (Abb. 110; s. S. 116),
$s_{r_2} = 0{,}2$ mm je Doppelhub.

$$t_{h_2} = \frac{z\,w_1}{n\,s_{r_2}} \text{ (Gl. 73)} \qquad t_{h_2} = \frac{48 \cdot 40}{95 \cdot 0{,}2} = 101 \text{ min}$$

$+\,0{,}2 \cdot 40 = 8$ min: für Teilen + Rücklauf

109 min

4. Arbeitsgang: Flanken schlichten.

$$t_{h_3} = \frac{z\,w_1}{n\,s_{r_3}} \quad \text{in min} \tag{74}$$

Tabelle 19

s_{r_3} = Schlichtvorhub in mm je Doppelhub für St 50···60 kg/mm²					
m	2	6	10	14	18
$z =$ 20	0,21	0,21	0,23	0,27	0,32
$z =$ 40	0,23	0,23	0,25	0,30	0,34
$z =$ 70	0,24	0,24	0,28	0,32	0,37
$z =$ 100	0,25	0,25	0,29	0,34	0,38

Obiges Beispiel:

$$t_{h_3} = \frac{40 \cdot 48}{95 \cdot 0{,}25} = 81 \text{ min}$$

Hierzu kommen $0{,}2 \cdot 40 = 8$ min für Teilen und Rücklauf.

Heidenreich & Harbeck gibt für das Hobeln von Kegelrädern auf der Maschine 75 KH Durchschnittszeiten für das Hobeln eines Zahnes an (Tab. 20):

Tabelle 20

Hauptzeit in Minuten je Zahn für $b = 8\,m$ (75 KH)											
Werkstoff	m	2	4	6	8	10	12	14	16	18	20
St 50···60 kg/mm²	Fertig aus dem Vollen	0,5	1,5	–	–	–	–	–	–	–	–
	Einstechen	–	–	1,5	2	2,5	3,5	4,5	5,5	6,5	8
	Schruppen	–	–	1,5	2	2,5	3,5	9	11	13	16
	Schlichten	0,2	0,5	1	1,5	2	2,5	3,3	4	5	6
	Summe	0,7	2	4	5,5	7	9,5	16,8	20,5	24,5	30
St 70···90 kg/mm²	Fertig aus dem Vollen	1	–	–	–	–	–	–	–	–	–
	Einstechen	–	1,2	2	3	4	5,5	7	8,5	10,5	13
	Schruppen	–	1,2	2	3	4	5,5	14	17	21	26
	Schlichten	0,5	1	1,5	2	2,5	3,5	4,5	5,5	7	9
	Summe	1,5	3,4	5,5	8	10,5	14,5	25,5	31,0	38,5	48
Ge 20.91 Ge 26.61	Fertig aus dem Vollen	0,5	1	1,5	2,5	–	–	–	–	–	–
	Einstechen	–	–	–	–	1,5	2	2,5	3,5	4	4,5
	Schruppen	–	–	–	–	1,5	2	5	7	8	9
	Schlichten	0,2	0,5	0,5	0,8	1	1,5	1,8	2,4	2,8	3,5
	Summe	0,7	1,5	2	3,3	4	5,5	9,3	12,9	14,8	17

Hierbei ist mit einer Zahnbreite b von $8 \cdot$ Modul gerechnet. Ändert sich die Zahnbreite, so muß eine Umrechnung erfolgen.

Beispiel: $m = 10$; $b = 100$.

Aus Tab. 20 ist $t_h = 7$ min für einen Zahn für $b = 8 \cdot m = 80$ mm; $H = 80 + 20 = 100$ mm. Bei $b = 100$ mm wird $H = 120$ mm. Damit ergibt sich die neue Hobelzeit zu $t_h = \frac{7 \cdot 120}{100} = 8{,}4$ min. Bei größerer Abweichung der Zahnbreite von dem Wert 8 · Modul ist eine Neuberechnung der Hauptzeit unter Berücksichtigung der Veränderung der Schnittgeschwindigkeit nach Tab. 16 vorzunehmen.

Ungefähre Werte für 10 mm Zahnbreite und Werkstoff C 45 zeigt Tab. 21 auf.

Tabelle 21

m	4	6	8	10	12	14	16	18
t_h für 10 mm Zahnbreite (min)	0,7	0,75	0,83	1,1	1,3	1,5	1,55	1,7

Beispiel: $m = 14$; $z = 30$: $b = 70$ mm $= 7$ cm.
$t_h = 1{,}5 \cdot 7 \cdot 30 = 315$ min.

3.38 Rüst- und Nebenzeiten (Serienfertigung).

$t_r = 50$ min; $t_n =$ Schnitt anstellen je Schnitt 1,8 min. Auf- und Abspannen (Serienfertigung) bei Radgewicht von:

5 kg	10 kg	15 kg	darüber:
5 min	7 min	9 min	15 min

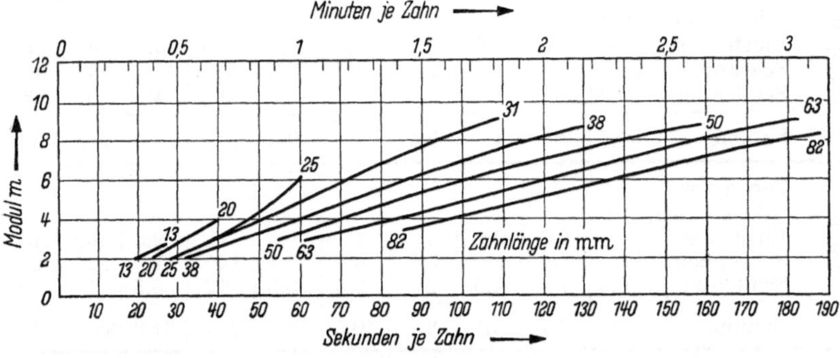

Abb. 128. Hauptzeiten in Sekunden je Zahn einer älteren Gleason-Kegelradhobelmaschine (Abwälzautomat 12″)

3.39 Die Kegelradabwälzautomaten von Gleason.

1. *Der Gleason-Abwälz-Automat 12″*

Außer radial-geradzahnigen Kegelrädern können geradflankige Tangential-Kegelräder verzahnt werden. Dies geschieht, indem die Hobelstahl-Schlitten außerhalb der Maschinen-Mitte versetzt eingestellt werden. Das Verhältnis der Abrollung zwischen Radkörper und Werkzeugkopf wird durch Wechselräder hervorgerufen. Das Vorschruppen der Lücke wird nach dem Einstechverfahren bei ausgeschalteter Wälzbewegung vorgenommen. Abb. 128 zeigt die Hauptzeiten in Sekunden je Zahn.

2. *Der Gleason-Coniflex-Wälzhobelautomat* (Abb. 129) Nr. 14 und 24A ist eine Zweistahl-Kegelradhobelmaschine, wie die Maschine von Heidenreich & Harbeck, Abschn. 3.34.

Größter Modul	8,5 bzw. 20,4
Größter Teilkreis-∅ bis 10 : 1 Übersetzung	610 bzw. 900 mm
Zeit je Zahn	10···131 sek, 23···645 sek.

Abb. 129. Der Gleason-Coniflex-Wälzhobelautomat

Die Maschine hat eine Einrichtung zum Hobeln von Rädern mit balligen Zähnen.

3. *Der Gleason-Spiral-Kegelrad-Abwälzautomat* (Abb. 130). Die Maschine hat nur einen Hobelstahl.

Arbeitsweise: Der Hobelstahlschlitten wird durch einen Kurbeltrieb hin- und herbewegt, während der Radkörper kontinuierlich und mit gleichbleibender Geschwindigkeit rotiert. Der Hobelstahl macht während einer Umdrehung des Radkörpers die gleiche Anzahl Hübe, wie die Zähnezahl im Radkörper beträgt. Die Wiege, die den Hobelschlitten trägt, erhält eine geringe Schaukelbewegung, um dem Zahn die richtige Längsform zu geben. Für das Schruppen wird ein Einstechstahl verwandt, für das Fertighobeln ein geradflankiger Schlichtstahl, welcher erst die eine und dann die andere Zahnflanke fertig hobelt. Die Maschine ist ausgerüstet zur Erzeugung von:

a) *Kegelrädern mit radial verlaufenden Zähnen* (normale, geradzahnige Kegelräder).

Abb. 130. Der Gleason-Spiral-Kegelrad-Abwälzautomat Nr. 91

b) *Spiralkegelrädern auf sich schneidenden Achsen* bei jedem beliebigen Achswinkel und Spiralwinkel bis 30°

c) *Hypoid-Kegelrädern* (desaxial) mit beliebigem Spiralwinkel bis 30°

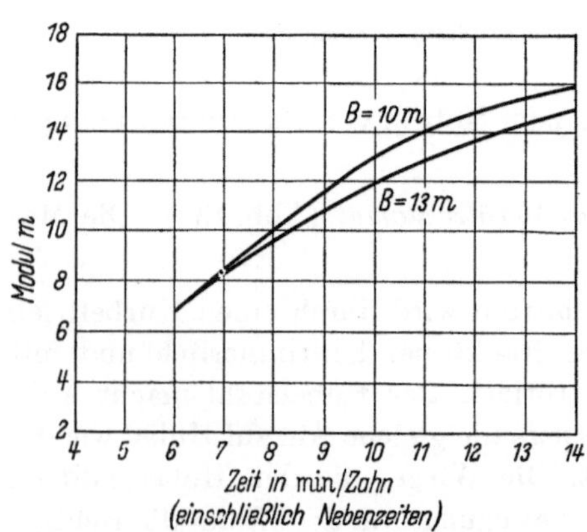

Abb. 131. t_h in Minuten je Zahn des Gleason-Hypoid-Generators 40″ (älteres Modell)

In Abb. 131 sind die Hobelzeiten in Minuten je Zahn für die Maschine 40″ nach Gleason zusammengestellt (älteres Modell).

4. *Der Gleason Hypoid-Generator Nr. 91*

Größter Modul = 34 mm,

größter Teilkreis-∅ = 2310 mm,

größte Zahnbreite = 310 mm.

3.4 Das Vorfräsen der Kegelradzähne (Gerade Zähne)

Die Herstellung von Kegelrädern, wie unter 3.2 und 3.3 beschrieben nimmt im Vergleich zur Verzahnung von Stirnrädern teils infolge der Bauart der Verzahnungsmaschine, teils durch den Einsatz von weniger leistungsfähigen Werkzeugen (ungünstige Schneidenanordnung, Schnittwinkel) eine längere Verzahnungszeit in Anspruch. Bei der Serienherstellung von Kegelrädern lohnt es sich daher, die Kegelradzähne vorzufräsen und fertigzuhobeln. Damit entlastet man die komplizierte und teure Hobelmaschine vom Schruppen und schont sie, so daß ihre Genauigkeit länger erhalten bleibt. Es bestehen mehrere Typen zum Vorfräsen.

Abb. 132. Die Kegelradvorfräsmaschine von Reinecker. Drei Kegelräder werden gleichzeitig vorgefräst

3.41 Maschine von Gould u. Eberhardt und Reinecker. Die Maschinen arbeiten nach dem Formverfahren mit Scheibenfräsern. Es können vollautomatisch gleichzeitig die Lücken von 3 Rädern auf volle Tiefe gefräst werden. Abb. 132 zeigt die Aufspannung von gleichen Kegelrädern (Reinecker).

Leistungszahlen der Maschine von Gould u. E., Werkstoff NC 4.

Zahnbreite 20 mm, $m = 3{,}5$, Zeit für 1 Zahn = 0,5 min,
Zahnbreite 25 mm, $m = 4{,}5$, Zeit für 1 Zahn = 0,85 min,
Zahnbreite 35 mm, $m = 5$ Zeit für 1 Zahn = 1 min.

3.42 Die Kegelradvorfräsmaschine der DEMAG. Die Maschine ist zum Vorfräsen von Kegelrädern von Modul 10 bis 20 mm und einem Teilkreisdurchmesser von 200 bis 500 mm entwickelt worden. Sie arbeitet nach dem Aufspannen vollautomatisch. Die Anordnung ist in Abb. 133 ersichtlich. Der Fräser ist ein mit Hartmetall bestückter Messerkopf mit 6 Schneidmessern. Die Abmessungen sind folgende:

I. 2 Zähne sind eingestellt auf 350 mm Außendurchmesser,
II. 2 Zähne sind eingestellt auf 338 mm Außendurchmesser,
III. 2 Zähne sind eingestellt auf 312 mm Außendurchmesser.

Spanwinkel 0°, Freiwinkel 5°.

Bei einer Drehzahl von 430 U/min ergeben sich folgende Schnittgeschwindigkeiten:

Zähne I = 472 m/min,
Zähne II = 456 m/min,
Zähne III = 421 m/min.

Die Maschine arbeitet nach dem Schlagfräsverfahren, d.h. hohe Schnittgeschwindigkeit bei kleinem Vorschub je Fräserzahn. Dieser ist

Abb. 133. Die Kegelradvorfräsmaschine der DEMAG

stufenlos veränderlich von 0,1 bis 0,4 mm je Fräserumlauf. Die Schneiden sind so ausgebildet, daß die 2 Zähne I am Außendurchmesser schneiden (Fräsen des Zahngrundes, Einstechen); die Zähne II schneiden die rechte, die Zähne III die linke Lückenflanke. Die Maschine ist sehr leistungsfähig, sie schruppt eine Zahnlücke Modul 16 in C 45 auf volle Tiefe mit einem minutlichen Vorschub von 80···110 mm in einem Schnitt heraus.

3.43 Die Fräswerkzeuge der oben beschriebenen Kegelradvorfräsmaschinen 3.41 und 3.42 sind Scheibenfräser. Das Profil des Fräsers richtet sich nach dem Lückenquerschnitt der inneren Seite des Kegelrades (kleiner Modul genannt). Bei der Bestimmung ist folgendes zu beachten (Abb. 134).

Es ist:

$$d_1/d_2 = \text{Teilkreisdurchmesser von Rad } 1/2,$$
$$\varphi_1/\varphi_2 = \text{halber Teilkegelwinkel von Rad } 1/2,$$

für:

$$\varphi_1 + \varphi_2 = 90°.$$

$$r = \text{Kegelradius} = d_1 \sqrt{\frac{1+i^2}{4}}\,; \qquad i = \frac{z_2}{z_1}$$

r_{e_1}/r_{e_2} = Ergänzungshalbmesser von Rad 1/2.

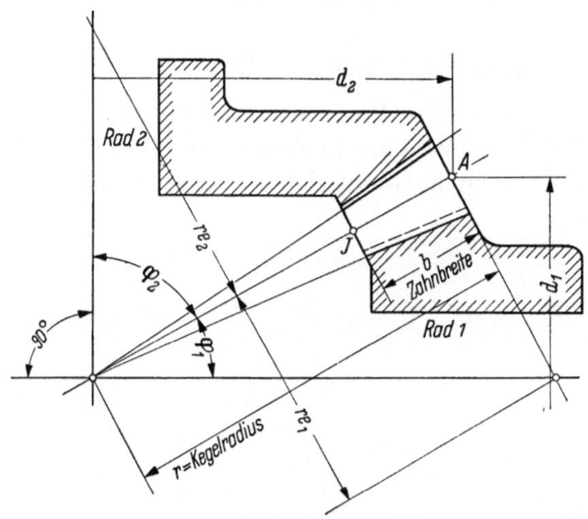

Abb. 134. Bestimmung des Lückenquerschnittes von Kegelrädern

$$r_{e_1} = \frac{d_1}{2\cos\varphi_1}\,; \qquad \frac{z_{e_1}}{z_{e_2}} = \text{Ergänzungszähnezahl Rad } 1/2$$

$$z_{e_1} = \frac{z_1}{\cos\varphi_1}\,; \qquad z_{e_2} = \frac{z_2}{\cos\varphi_2}$$

Ist m = Modul (Außenmodul bei Punkt A),
m_i = Modul (Innenmodul bei Punkt J),
dann verhält sich $\frac{m}{m_i} = \frac{r}{r-b}$;

$$m_i = \frac{r-b}{r}\,m$$

Beispiel: $m = 10$; $z_1 = 12$; $z_2 = 22$. $\varphi_1 + \varphi_2 = 90°$; $b = 35$ mm.

$$\operatorname{tg}\varphi_2 = \frac{z_2}{z_1} = 1{,}83\,; \qquad \varphi_2 = 61°\,20'$$

$$\varphi_1 = 89°\,60' \qquad d_1 = z_1\,m = 120\text{ mm}$$

$$\underline{-\,61°\,20'} \qquad i = \frac{z_2}{z_1} = 1{,}83$$

$$\varphi_1 = 28°\,40'$$

$$\text{Kegelradius } r = d_1 \sqrt{\frac{1 + i^2}{4}} = 120 \sqrt{\frac{1 + 3{,}36}{4}} = 125 \text{ mm}$$

$$m_i = \frac{125 - 35}{125} \cdot 10 = 7{,}2 \text{ mm}$$

Das Profil der inneren Zahnlücke ist festgelegt durch den inneren Modul $m_i = 7{,}2$ mm. Um den Profilquerschnitt nach Abschn. 1.1 bestimmen zu können, muß noch die Ergänzungszähnezahl z_e ermittelt werden.

$$z_{e_1} = \frac{z_1}{\cos \varphi_1} = \frac{12}{\cos 28°\, 40'} = \frac{12}{0{,}88} = 13{,}8 \sim 14 \text{ Zähne}$$

$$z_{e_2} = \frac{22}{\cos 61°\, 20'} = \frac{22}{0{,}48} = \sim 46 \text{ Zähne}$$

Bei der Aufzeichnung des Profilquerschnittes an der Innenlücke des Kegelrades muß also für Rad 1 mit 14 Zähnen, bei Rad 2 mit 46 Zähnen gerechnet werden! Danach bestimmt sich der Querschnitt der Fräserzähne.

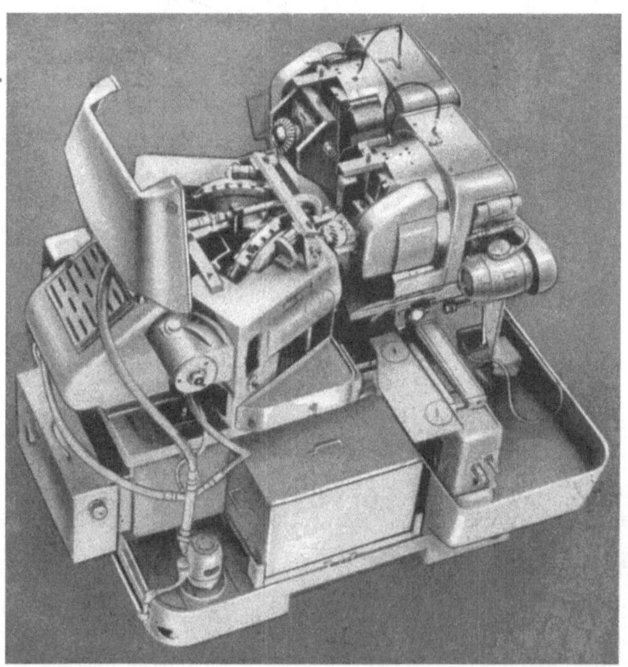

Abb. 135. Sferoid-Kegelradvorfräsmaschine von Klingelnberg

3.5 Herstellen von Kegelrädern mit geraden Zähnen durch Fräsen

Fräsmaschine zur Herstellung von Kegel- oder Stirnrädern mit geraden Zähnen, gekrümmten Zahngrund und balligen Zähnen (Sferoid-Verzahnung) von Klingelnberg.

Die Maschine arbeitet nach dem Wälzverfahren (Abb. 135).

Die Leistung der Maschine ist sehr hoch. Die einfache Form der Fräszähne ermöglicht die Anwendung von günstigen Span- und Freiwinkeln. Die große Messerzahl verteilt die Zerspanungsarbeit und gestattet große Schnittgeschwindigkeiten ($v = 60 \cdots 80\, m/\mathrm{min}$).

Verzahnungszeiten:

Je nach Teilung und Werkstoff werden Zeiten von 5···40 Sekunden je Zahn gebraucht. Bis Modul 5 wird mit einem Schnitt fertigverzahnt, darüber wird ein weiterer Schnitt angewandt.

3.6 Bogenverzahnte Kegelräder, wälzgefräst

An Stelle der hin- und hergehenden Hobelstähle der Maschinen von Bilgram, Heidenreich & Harbeck sowie Gleason in Abschn. 3.31 bis 3.38 tritt ein Messerkopf bzw. ein kegeliger Abwälzfräser.

3.61 Kegelradfräsmaschinen mit Messerkopf, Fabrikat Gleason (kreisbogenförmig gekrümmter Zahn). Mit dem Messerkopf (Abb. 136) ist das Kegelrad in Eingriff gebracht. Die Bahn der Schneidmesser durch das Kegelrad stellt einen Zahn des Planrades dar, welches mit dem Kegelrad in Eingriff gebracht ist. Die Verzahnung eines Kegelrades geht so vor sich: Der Spindelstock mit dem zu verzahnenden Kegelrad schiebt sich auf volle Zahntiefe gegen den sich drehenden Messerkopf. Die Trommel, die den rotierenden Messerkopf enthält, macht eine Drehbewegung, die gleiche Bewegung das stillstehende Kegelrad, so daß Messerkopf und Kegelrad sich ineinander abwälzen. Ist die Wälzung durchgeführt, so kehrt die Trommel in ihre Ausgangsstellung zurück. Rad und Messerkopf kommen durch Zurückschwenken des Spindelstockes außer Eingriff. Dann wird durch eine Teilvorrichtung um einen Zahn weiter geteilt und der Wälzvorgang beginnt von neuem.

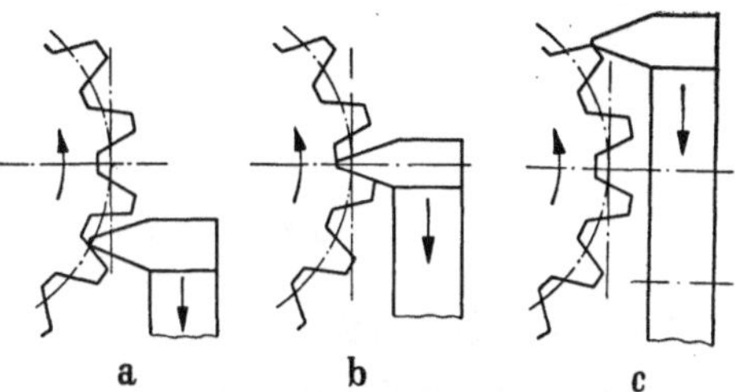

Abb. 136a–c. Stellung des Messerkopfes beim Fertigfräsen eines Kegelrades (Gleason). a) Anfangsstellung, b) Mittelstellung, c) Endstellung

In Abb. 137 ist ein Gleason-Hypoid-Wälzautomat dargestellt. Bei Herstellung großer Stückzahlen werden Hypoid-Schruppautomaten eingesetzt und die Räder auf Schlichtautomaten fertiggestellt.

Das Bauprogramm von Gleason umfaßt folgende Maschinen dieser Art mit den erreichten Fräszeiten je Kegelradzahn:

1. *Schruppautomaten:*

	Zeit pro 1 Zahn
Bis 330 mm Teilkreis-∅ u. Modul 7,25;	von 4,4 sek bis 16,2 sek
Bis 460 mm Teilkreis-∅ u. Modul 10,00;	von 7,7 sek bis 2,2 min
Bis 560 mm Teilkreis-∅ u. Modul 17,00; (Tellerräder)	von 5 sek bis 40 sek
Bis 750 mm Teilkreis-∅ u. Modul 17,00; (Tellerräder)	von 23 sek bis 7,4 min

Abb. 137. Der Gleason-Hypoid-Wälzautomat

2. *Universalmaschine (Schruppen u. Schlichten)*

Bis 114 mm Teilkreis-∅ u. Modul 1,6 ;	von 0,64 sek bis 24 sek
Bis 215 mm Teilkreis-∅ u. Modul 6,35;	von 5 sek bis 40 sek
Bis 460 mm Teilkreis-∅ u. Modul 10,00;	von 12 sek bis 86 sek
Bis 750 mm Teilkreis-∅ u. Modul 17,00;	von 17 sek bis 7,4 min

3.62 Maschine für Palloid-Kleinkegelräder von Klingelnberg. Abb. 138 zeigt Kegelrad mit dem Messerkopf in Eingriff. Zusammen arbeiten beide mit folgenden Dreh- bzw. Schwenkbewegungen:

1. Messerkopf (2) mit Schneidezähnen (3), die in einer Spirale auf dem Messerkopf befestigt sind.

2. Planscheibe (5) mit dem darauf befindlichen Messerkopf 2, Schwenkbewegung in Richtung *a*.

3. Werkstück (1) Drehbewegung in Richtung *b* und Schwenkbewegung in Richtung *a*.

Die erzeugten Kegelräder finden vorzugsweise an feinmechanischen und optischen Maschinen Verwendung.

Leistungsbeispiele aus der Serienfertigung:

Werkstoff: Vergütungsstahl 80 kg/mm² Festigkeit.
Stirnmodul 1,845; Zähnezahl $z_1 = 11$; $z_2 = 43$.
Zahnbreite 11 mm.
Verzahnungszeit 6,4 min für das Ritzel,
15,1 min für das Rad.

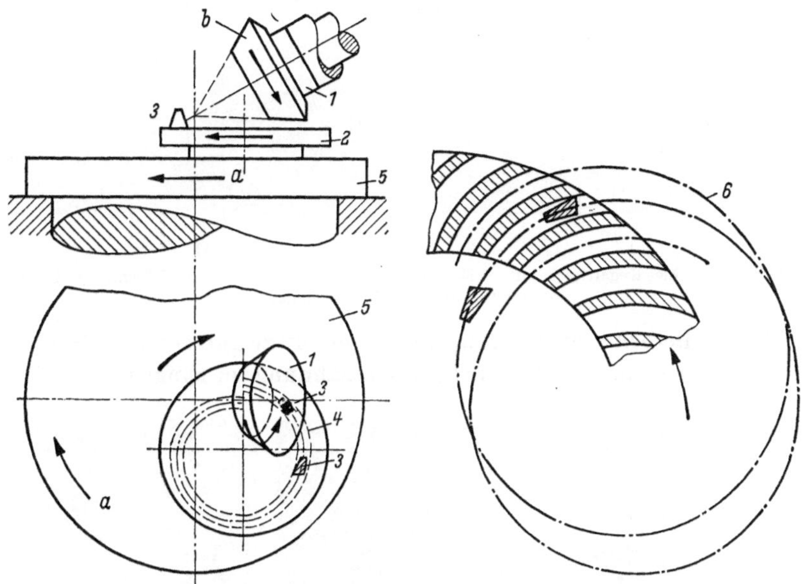

Abb. 138. Klingelnberg-Wälzfräsmaschine für Palloid-Kleinkegelräder

3.63 Die Spiralkegelradfräsmaschine von Klingelnberg. Die Maschine arbeitet nach dem Schraubwälzverfahren. Sie stellt Kegelräder mit evolventenartig gekrümmten Zähnen her. Die Zähne des Kegelrades sind im Gegensatz zu den üblichen Kegelradverzahnungen über die Zahnbreite gleich hoch. Mit einem konischen Abwälzfräser wird der Kegelradkörper in einem Arbeitsgang fertig gefräst. Hierbei dreht sich der Radkörper kontinuierlich und befindet sich mit dem auf volle Zahntiefe eingestellten Wälzfräser in Eingriff, der während des Fräsvorganges um den Kegelspitzenpunkt des Radkörpers (Abb. 139) schwenkt. Damit stellt der Fräser während der Dreh- und Schwenkbewegung ein gedachtes Planrad dar, das mit dem gefrästen Kegelrad im Eingriff ist.

Die allmähliche Ausbildung der Kegelradzähne beim Fräsen zeigt Abb. 140. Man sieht, daß zuerst die Zähne am großen Kegeldurchmesser des Fräsers anschneiden, bei weiterem Durchschwenken des Fräskopfes kommen die Zähne am kleinsten Fräserdurchmesser in Eingriff.

3.64 Das Werkzeug (Abb. 141). Es ist ein kegeliger Wälzfräser mit gleichbleibender Steigung und damit gleichbleibender Zahnstärke und Größe. Als Eingriffswinkel wird 20° angewandt.

I

II

Abb. 139. Fräsen eines Kegelritzels auf der Maschine von Klingelnberg. Stellung I Beginn des Fräsens; Stellung II Ende des Fräsvorganges

3.65 Die Berechnung der Hauptzeit. Abb. 142 zeigt einen Kegelradpaar mit dem Achswinkel = 90° mit Spiralverzahnung im Eingriff[1]

I

II

III

Abb. 140. Fräsen eines Tellerrades. Stellung I Anschnitt; Stellung II Zähne sind durchgefräst; Stellung III Endstellung

Festlegung der Planradmaße:

R_a = Entfernung der gedachten Kegelspitze vom äußeren Raddurchmesser, am Mantel des Teilkegels gemessen,

R_i = Entfernung der gedachten Kegelspitze vom inneren Raddurchmesser, am Mantel des Teilkegels gemessen,

b = Zahnbreite

[1] Nach W. Krumme: Klingelnberg-Palloid-Spiralkegelräder, 2. Aufl. Berlin/Göttingen/Heidelberg: Springer 1950.

t_n = Normalteilung
t_s = Stirnteilung,
m_n = Normalmodul,
m_s = Stirnmodul,
a = Planrad (Beispiel in Abb. 142 gestrichelt gezeichnet),
z_p = Zähnezahl des Planrades,
ϱ = Normalteilkreishalbmesser (Halbmesser eines Kreises mit einer am Umfang gemessenen, dem Wert t_n entsprechenden Teilung,
g = $R_i - \varrho$ = Mindestabstand der Verzahnung vom Normalteilkreis.

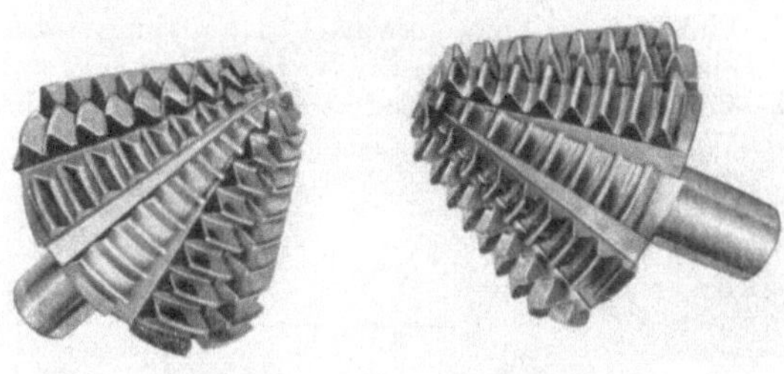

Abb. 141. Kegelradwälzfräser, rechts- und linksgängig

$\delta_{p_1}/\delta_{p_2}$ = Kegelwinkel (s. Abb. 143),
δ_{p_2} s. Tab. Abb. 144 und 145,
z_p wird ermittelt nach der Gleichung:

$$\frac{1}{2} z_p = u\, z_2\,; \qquad u = \frac{1}{2 \sin \delta_{p_2}}$$

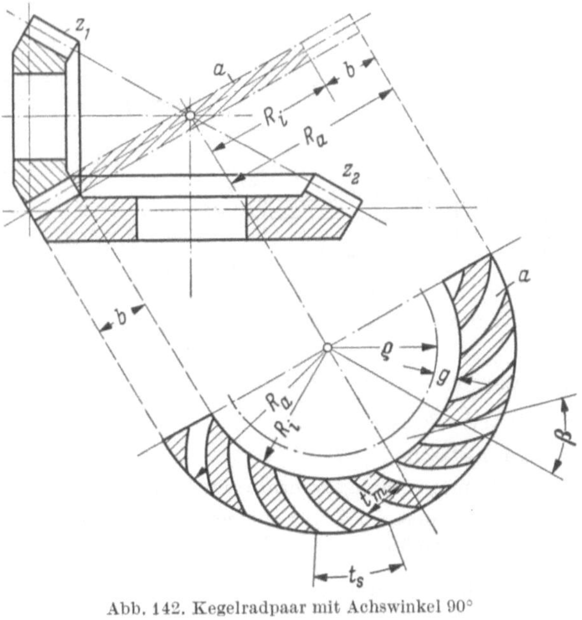

Abb. 142. Kegelradpaar mit Achswinkel 90°

Nach KRUMME, Praktische Verzahnungstechnik (s. Schrifttum, S. 173) wird die Fräszeit überschläglich festgelegt nach der Gleichung:

$$t = \frac{\lambda\, z_p\, s}{n_{f_a} + n_{f_e}} \tag{75}$$

t = Fräszeit in Minuten,

λ = Planscheiben-Schwenkwinkel, Ermittlung nach Tab. Abb. **146**, z_p wird berechnet, wie oben angeführt,

s = Vorschub-Kennzahl, ändert sich mit dem Modul, dem Kegelwinkel und dem Werkstoff des Kegelrades.

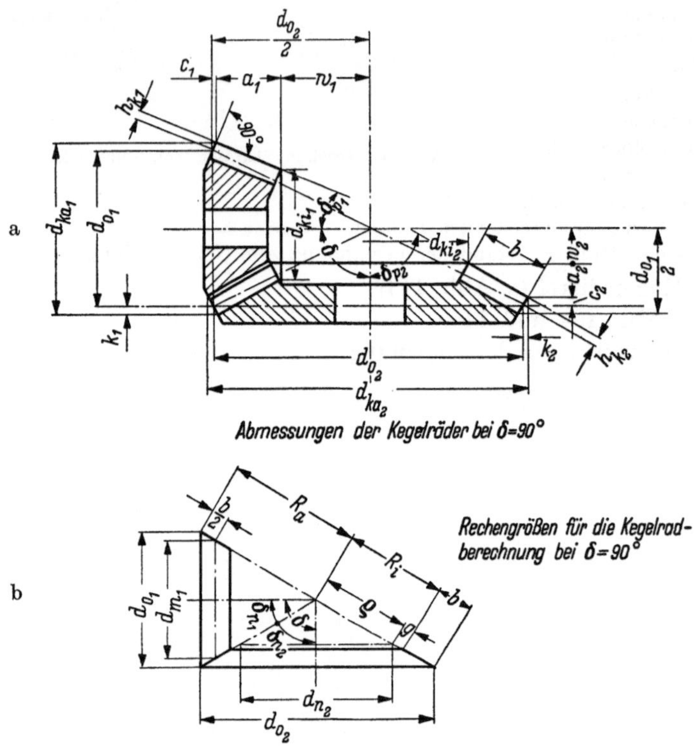

Abb. 143 a u. b. Abmessungen und Rechengrößen eines Kegelradpaares

Für Material von 60 ⋯ 70 kg Festigkeit ist $s = 1{,}2 \cdots 3{,}4$ mm.

n_{f_a} = Anfangsdrehzahl des Fräsers,

n_{f_e} = Enddrehzahl des Fräsers,

n_{f_a} = 30 ⋯ 200 Umdreh./min. Anfangsdrehzahl des Fräsers je nach Werkstoff und Modul; für das Schruppen 20%, für das Schlichten 50% höher.

$n_{f_e} = n_{f_a}$ + 50% ⋯ 80% = Enddrehzahl des Fräsers.

Hierzu ist folgendes zu sagen:

Der kegelige Schneckenfräser (Abb. 141) schneidet zunächst mit den am großen Durchmesser liegenden Zähnen. Beim weiteren Einschwenken in das Kegelrad während des Fräsens kommen die auf dem mittleren Durchmesser liegenden Zähne und schließlich die auf dem kleinen Durchmesser befindlichen Zähne im Eingriff (Abb. 140). Dementsprechend nimmt bei

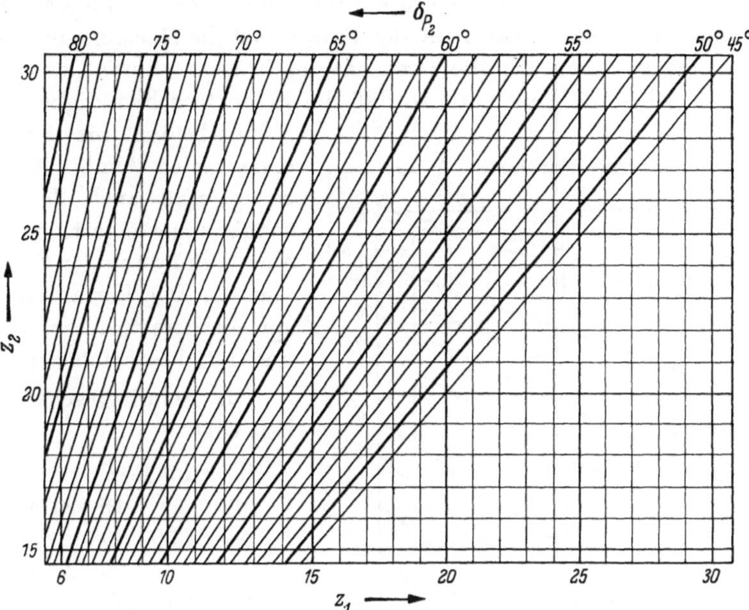

Abb. 144. Kegelwinkel δ_{p2} für Übersetzungen 6:15 bis 30:30 (Achswinkel $\delta = 90°$) nach KRUMME

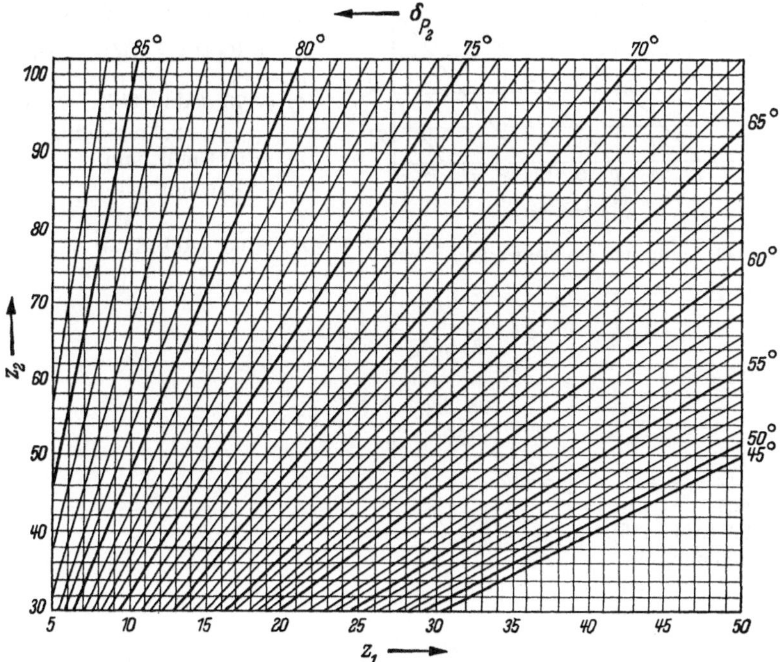

Abb. 145. Kegelwinkel δ_{p2} für Übersetzungen 6:30 bis 50:100 (Achswinkel $\delta = 90°$) nach KRUMME

gleichbleibender Drehzahl des Fräsers die Schnittgeschwindigkeit nach dem Ende zu ab. Zur Verkürzung der Fräszeit ist die Maschine mit einer Einrichtung versehen, die die Drehzahl des Fräsers während des Frävorganges selbständig steigert, so daß die Schnittgeschwindigkeit vom Schnittbeginn bis Schnittende gleich bleibt. Gleichzeitig wird auch der Vorschub s gesteigert, so daß eine Verkürzung der Fräszeit eintritt. Das Verfahren entspricht dem in Abschn. 3.33 und 4.21 beschriebenen.

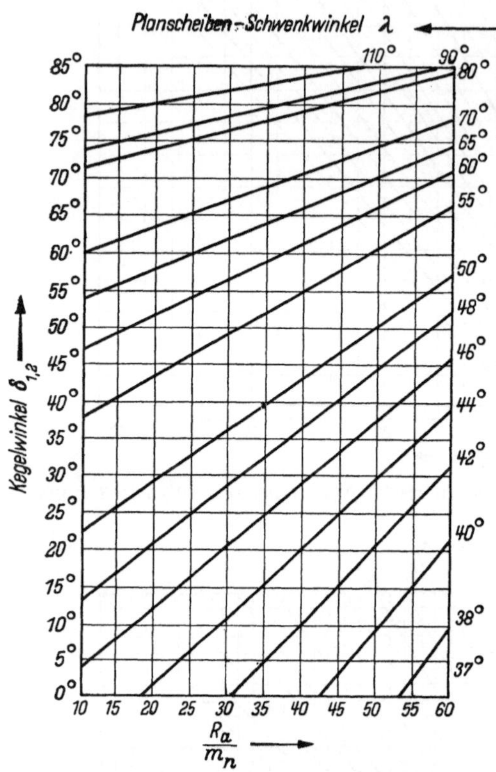

Abb. 146. Bestimmung des Planscheibenschwenkwinkels λ

Die Schnittgeschwindigkeit v ist

bei Gußeisen 16···24 m/min,

bei St 50···60 kg 25···35 m/min,

bei St 70 kg 20···30 m/min.

Beispiel (nach W. KRUMME):

1. Rad: $z_2 = 32$; $m_n = 5$; $m_s = 8$.

$\delta_{p_2} = 78°$ (Abb. 145);

$s = 2{,}7$ mm/min,

$n_{f_a} = 50$ Umdr./min,

$n_{f_e} = 75$ Umdr./min;

$z_p = 2\,u\,z_2$,

$\lambda = 95°$ (Abb. 146);

$z_p = 2\,u \cdot 32$

$$u = \frac{1}{2 \sin \delta_{p_2}} = 0{,}511$$

$z_p = 32{,}7$

$$t_h = \frac{95 \cdot 32{,}7 \cdot 2{,}7}{(50 + 75)} = 67 \text{ min}$$

2. Ritzel $z_1 = 8$; $\delta_{p_1} = 12°$.

$z_p = 32{,}7$,

$\lambda = 45°$ (Abb. 146),

$s = 2{,}55$ mm/min,

$n_{f_a} = 37$ Umdr./min,

$n_{f_e} = 55$ Umdr./min.

$$t_h = \frac{45 \cdot 32{,}7 \cdot 2{,}55}{(37 + 55)} = 41 \text{ min}$$

Für Räder aus Chromnickelstahl von 60···70 kg/mm² Festigkeit und einer Zahnbreite $b = 8 \cdots 9\, m_n$ ergeben sich etwa folgende Hauptzeiten in Minuten je Zahn (ältere Maschine):

m_s	4	5	6	7	8
t_h	0,75	1,15	1,4	1,8	2,2 min

3.7 Das Kegelradschleifen

In den letzten Jahrzehnten wurden gehärtete Kegelräder, vor allem im Kraftwagenbau, auf Sondermaschinen geläppt. Nachdem eine Anzahl leistungsfähiger und sehr genau arbeitender Zahnflankenschleifmaschinen entwickelt wurde, ging man in stärkerem Maße zum Flankenschleifen über. Während das Schleifen der Stirn- und Schraubenräder in großem Maße vorgenommen wird, wird das Flankenschleifen von Kegelrädern in weit geringerem Umfang angewandt. Unter anderem lag dies in der wenig leistungsfähigen Konstruktion der zur Verfügung stehenden Maschinen. Zum Teil waren sie aus der Konstruktion der vorhandenen Kegelradhobelmaschinen entstanden. Ein Beispiel hierfür ist die Reinecker-Kegelrad-Schleifmaschine, bei der an Stelle des Hobelstahlsupportes ein Schleifkopf mit Sondermotor und Riemen angetrieben angebracht wurde (Abb. 147). Sie findet heute kaum noch Anwendung.

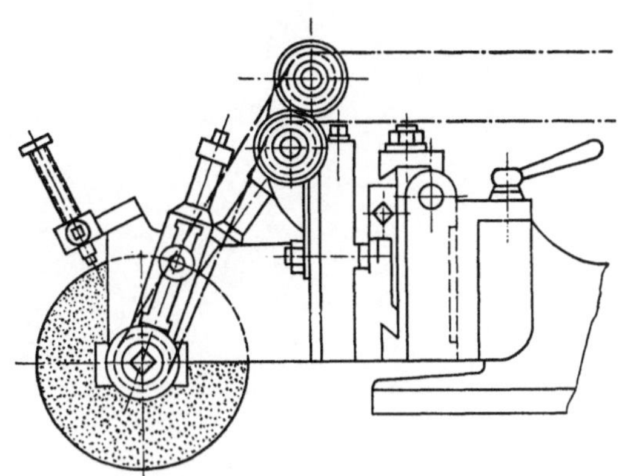
Abb. 147. Schleifkopf mit Tellerscheibe, auf Reinecker-Kegelradhobelmaschine angebracht

3.71 In erheblichem Umfang werden von Gleason *Schleifmaschinen für Spiralkegelräder* hergestellt. Diese Maschinen finden vorwiegend in der großen Massenfertigung Verwendung (Automobilbau). Die Schleifleistung ist groß. Zur Zeit bestehen 3 Typen:

1. *Hypoid-Schleifautomat* für Spiral-, Zerol- und Hypoid-Kegelräder bis Modul 6 und 210 mm Tellerraddurchmesser. Zeit je Zahn: 1,6 bis 57 sek.

2. *Hypoid-Schleifautomat* für Spiral-, Zerol- und Hypoid-Kegelräde bis Modul 12,5; Teilkreisdurchmesser bis etwa 860 mm. Zeit je Zahn: 1,9 bis 11,8 sek.

3. *Hypoid-Formate-Schleifautomat* für Spiral-, Zerol- und Hypoid-Tellerräder bis 330 Teilkreisdurchmesser und Modul 7,25. Zeit je Zahn: 4 bis 8 sek.

Die Abb. 148 u. 149 zeigen eine solche Schleifmaschine. Die angegebenen Zeiten erscheinen außerordentlich niedrig!

Abb. 148. Gleason-Hypoid-Flankenschleifautomat

Die Maschine nach 1 arbeitet nach dem Wälzverfahren. Die Schleifscheibe ist eine Topfscheibe (Abb. 150) mit 2 kegeligen Flanken und entspricht dem Zahn eines Planrades, an dem die zu schleifende Flanke des Kegelrades abgewälzt wird. Die Wälzbewegung wird durch gleichlaufende Pendelbewegungen von Werkstück und Wälztrommel hervorgerufen. Abweichend davon ist bei der Maschine nach 2 die Drehbewegung kontinuierlich, die relative Wälzbewegung wird durch eine überlagerte, auf- und abgehende Teildrehung der Wälztrommel bewirkt.

Die Schleifzugaben müssen so gering gehalten werden, wie möglich, sonst wachsen die Schleifzeiten entsprechend.

Als Zugaben werden angegeben:

$>$ Modul 2,5, Zugabe je Flanke 0,075···0,1, Zugabe im Zahngrund 0,075,
$<$ Modul 2,5, Zugabe je Flanke 0,1···0,125, Zugabe im Zahngrund 0,075.

3.72 Die Kegelradschleifmaschine von Maag. Sie ist im Aufbau und im Schleifverfahren gleich den von Maag seit langem entwickelten

Abb. 149. Die Topfscheibe im Eingriff mit dem zu schleifenden Kegelrad (Gleason)

Stirnradschleifmaschinen (s. S. 94). Nach dem Abwälzverfahren werden selbsttätig Kegelräder mit geraden und schrägen Evolventenzähnen geschliffen. Bei hoher Genauigkeit ist die Maschine zum Schleifen einzelner Räder wie auch für Serienherstellung geeignet. Abb. 151 zeigt das Schleifen eines Kegelrades mit geraden Zähnen. 2 tellerförmige Schleifscheiben von 220 ∅ bewegen sich abwechselnd hin und zurück. Hierbei schleifen sie strichweise längs der Zahnflanken. Das zu schleifende Rad macht beim Schleifen eine Drehbewegung um seine Achse und eine Schwenkbewegung um die Kegelspitze. Gehalten und geführt wird der Wälzständer, in dem das Kegelrad gelagert ist, vom Rollbogen.

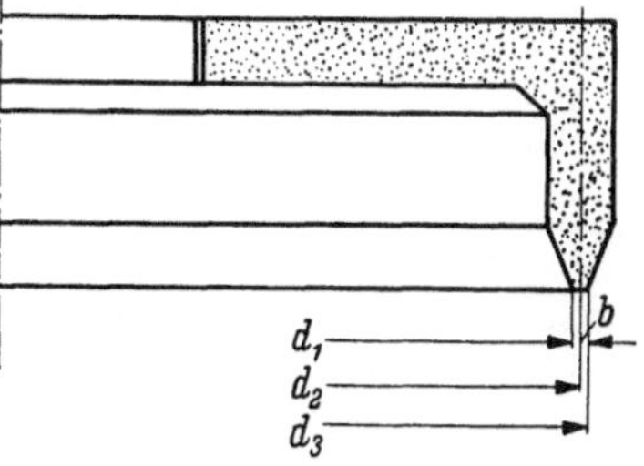

Abb. 150. Schnitt durch die Topfscheibe (Gleason)

Maag gibt einige Leistungsbeispiele an:

m		3,2	3,7	4	5,8
Zahnbreite		20	22	35	60
Zugabe je Flanke in mm		0,12	0,15	0,15	0,16
Rad 1 z_1		19	20	16	27
Rad 2 z_2		26	45	–	42
Rad 3 z_3		–	–	–	63
Rad 1	Schruppen Minuten	36	50	25	35
	Schlichten Minuten	20	40	15	25
	Minuten Summe	56	90	40	60
	Zeit für 1 Zahn in Minuten	2,95	4,5	2,5	2,22
Rad 2	Schruppen Minuten	52	75	–	80
	Schlichten Minuten	25	50	–	45
	Minuten Summe	77	125	–	125
	Zeit für 1 Zahn in Minuten	2,95	2,78	–	3,8
Rad 3	Schruppen Minuten	–	–	–	130
	Schlichten Minuten	–	–	–	60
	Minuten Summe	–	–	–	190
	Zeit für 1 Zahn in Minuten	–	–	–	3

Abb. 151. Maag-Zahnflankenschleifmaschine für Kegelräder mit geraden Zähnen

4. Das Verzahnen von Schneckenrädern

Schneckenräder werden nach dem Wälzverfahren verzahnt. Die Verzahnungsarbeiten sind auf normalen Wälzfräsmaschinen mit dem Abwälzfräser vorzunehmen. In Sonderfällen werden bei besonders großen Teilungen, bei denen es sich um keine großen Ansprüche hinsichtlich der Genauigkeit handelt, Schneckenräder mit dem Fingerfräser gefräst s. S. 19).

Es bestehen 3 Fräsverfahren:

1. Das Fräswerkzeug wird radial zugestellt (*Radialverfahren* – zylindrischer Fräser –)

2. Der Vorschub des Fräsers erfolgt in tangentialer Richtung zum Werkstück. (*Tangentialverfahren* – einseitig kegelig angespitzter Fräser und Schlagmesser –)

3. *Kombiniertes Verfahren* (1 + 2).

Das erste Verfahren ist nur für eingängige Schneckenräder anzuwenden, bei denen es auf keine große Genauigkeit ankommt.

Das zweite und dritte Verfahren setzt eine Quervorschubeinrichtung voraus (Tangentialschlitten, über Differential angetrieben).

Bei dem dritten Verfahren wird vorwiegend mit Schlagmesser gearbeitet und zwar dann, wenn große Räder im Tangentialverfahren gefräst werden sollen. Bei reiner Tangentialverstellung des Schlagmessers benötigt man einen sehr großen Vorschubweg des Tangentialschlittens, der für diesen Fall nicht ausreicht.

4.1 Das Wälzverfahren mit dem Wälzfräser (Radialzustellung)

Anwendung in Sonderfällen, wo es auf eine genaue Verzahnung nicht ankommt (Steuersegmente, gering belastete Schneckengetriebe usw.). Schneckensteigungswinkel bis 6°. Verwandt werden eingängige Abwälzfräser. Die Schnecke muß dieselbe Abmessung haben, wie der Abwälzfräser, ihre Länge muß kleiner sein, als die Fräserlänge.

Das Fräsen erfolgt in der Form, daß der genau auf Radmitte gestellte Fräser unter allmählicher Verminderung des Achsenabstandes von Fräser- und Radachse dem Rad radial genähert wird, bis die richtige Zahntiefe erreicht ist.

Die Bestimmung des Fräserweges *H*. Für bestimmte Schneckenabmessungen kann H nach Abb. 152 festgelegt werden. Die Schneckenabmessungen waren bisher noch nicht genormt. Infolgedessen mußte für jede Schnecke ein besonderer Fräser hergestellt werden. Der Bestand an Schneckenfräsern bei einzelnen Zahnradfabriken ist daher sehr hoch bis 1000!).

Neuerdings ist eine Vornorm für Schnecken entwickelt worden, das DIN-Blatt 3975 und 3976. Als ungefähre Richtwerte für den Mittenkreis von zylindrischen Schnecken kann man annehmen:

$$\left.\begin{aligned} d_{m_s} &= 5 \cdot \text{Modul} + 25\,\text{mm bis} \\ &\sim 7 \cdot \text{Modul} + 25\,\text{mm} \end{aligned}\right\} = d_t$$

Setzt man d_{m_s} in die Gleichung für H nach Abb. 152 ein, so erhält man für $H = 2{,}7 \cdots 2{,}8 \cdot \textit{Modul}$.

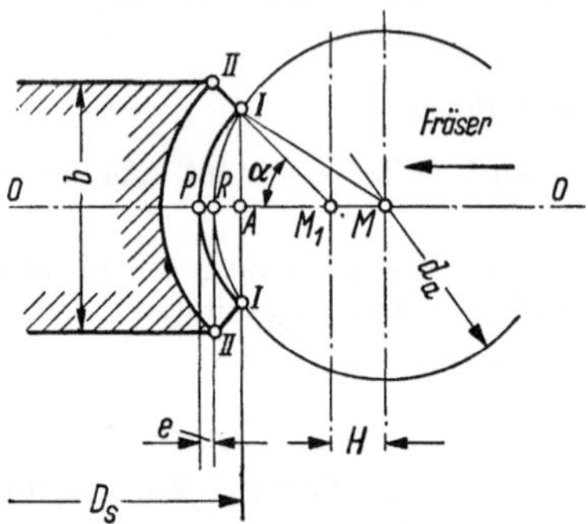

Abb. 152. Fräserweg H beim Fräsen von Schneckenrädern nach dem Radialverfahren

Der Außendurchmesser d_a des Fräsers schneidet das Schneckenrad bei $I - I$ an. Der Fräsermittelpunkt bewegt sich von M bis $M_1 = H$, wobei d_a bis $II - II$ gelangt ist. Es ist:

$d_t =$ Teilkreisdurchmesser der Schnecke, $= d_{m_s}$

$d_a = d_t + 2 \cdot 1{,}17 \cdot m = d_t + 2{,}34$ m,

$r_t =$ Teilkreishalbmesser,

$r_a =$ Halbmesser des Kopfkreises $= r_t + 1{,}17$ m,

$d_i =$ Fußkreisdurchmesser der Schnecke,

$r_i =$ Fußkreishalbmesser der Schnecke $= r_t - m$,

$2\,\alpha =$ Radschrägenwinkel des Schneckenrades.

$$\Delta\, I\,A\,M_1 : I\,A = (r_t - m)\sin\alpha; \qquad A\,M_1 = (r_t - m)\cdot\cos\alpha$$

$$\Delta\, I\,A\,M\ : I\,M = r_t + 1{,}17\ \text{m} = r_a;\ (M\,M_1 + A\,M_1)^2 = (I\,M)^2 - (I\,A)^2,$$

nach Einsetzen der Werte ergibt sich

$$H = \sqrt{r_a^2 - r_i^2 \sin^2\alpha}$$

4.11 Die Berechnung der Hauptzeit.

Bedeutet:

n = Fräserumdrehungen in der Minute,

z = Zähnezahl des Schneckenrades

z_s = Gangzahl der Schnecke,

s_R = Fräservorschub in mm bei einer Umdrehung des Schneckenrades (Radialvorschub),

H = Fräsweg in mm,

dann ist

$$t_h = \frac{H\,z}{s_R\,n\,z_s} \quad \text{in min} \tag{76}$$

Ist d_a = Außendurchmesser der Schnecke = Außendurchmesser des Fräsers, so wird

$$n = \frac{v \cdot 1000}{d_a \pi} \text{ U/min}$$

Für $z_s = 1$ (1-gängiger Fräser) und $v = 15\ m$/min.
Für Sonderbronze wird für $z = 1$ und $H = 2{,}8$ m.

$$t_{h_{1\,\text{Zahn}}} = \frac{m \cdot 2{,}8\,\pi\, d_a}{15 \cdot 1000\, s_R} = \frac{8{,}8\, m\, d_a}{15000\, s_R} \text{ min} \tag{77}$$

(bei $d_{m_s} = 5m + 25$)
und

$$t_{h_{1\,\text{Zahn}}} = \frac{8{,}5\, m\, d_a}{15000\, s_R} \text{ min} \tag{78}$$

(bei $d_{m_s} = 7m + 25$)

Nachfolgende Tabelle zeigt die Schneckenaußendurchmesser abhängig vom Modul:

m	4	8	12	16	20
$d_{m_s} = 5m + 25$	45	65	85	105	125
$d_a = d_{m_s} + 2{,}4m$	55	84	115	143	173
$d_{m_s} = 7m + 25$	53	81	109	137	165
$d_a = d_{m_s} + 2{,}4m$	63	100	138	176	213

Die Vorschübe s_R in mm je Radumdrehung sind für Bronze etwa

m	4	6	8	10	12	14	16	18	20
s_R	0,14	0,14	0,13	0,12	0,12	0,12	0,11	0,10	0,09

Berechnung der Hauptzeit für Schneckenräder aus Bronze nach der Gl. (77) und (78).

m	4	8	12	16	20
t_{h_1} für 1 Zahn in min Gl. (77)	1,09	3,04	6,70	12,40	24,2
t_{h_1} nach Gl. (78)	1	3,5	7,9	14,5	29

4.2 Das Wälzverfahren mit dem Wälzfräser (Tangentialzustellung)

Beim Fräsen nach diesem Verfahren wird das Fräswerkzeug tangential zum Schneckenrad zugestellt. Bei Serienfertigung lohnt sich die Beschaffung eines Wälzfräsers, bei Einzelfertigung arbeitet man mit dem Schlagmesser. Unter der Voraussetzung, daß der verwendete Fräser in seinen Abmessungen (Steigung, Durchmesser) genau der Gegenschnecke des zu fräsenden Schneckenrades entspricht, ergibt das Tangentialverfahren auch bei mehrgängigen Fräsern einwandfrei gefräste Schneckenräder. Das Schlagmesser muß sorgfältig hergestellt werden, es muß in seiner Form einem Zahn des Schneckenradfräsers entsprechen.

4.21 Das Tangentialverfahren mit dem Fräser. Das Werkzeug ist ein Abwälzfräser, der einseitig kegelig angespitzt ist. Bei kleinen Teilungen (bis etwa Modul 6) ist der Fräser mit dem Fräsdorn aus einem Stück gefertigt. Abb. 153 zeigt die Abmessungen des Schneckenfräsers, auf den Modul bezogen.

Die Arbeitsweise des Schneckenradfräsers beim Fräsen eines Schneckenrades nach dem Tangentialverfahren (Abb. 154). Der Fräser schiebt sich in

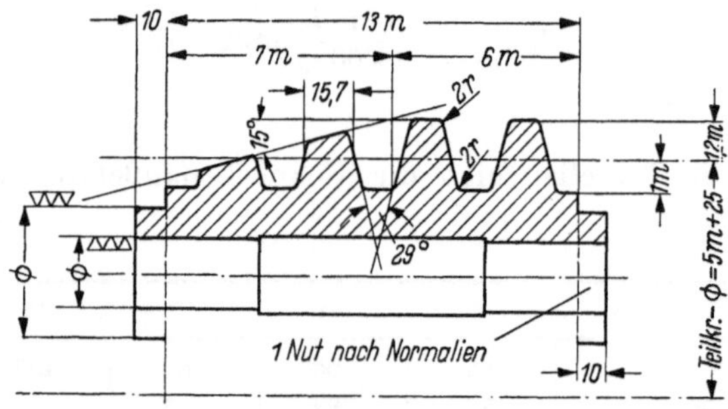

Abb. 153. Schneckenradfräser

Pfeilrichtung tangential durch das Schneckenrad, wobei die Fräserachse im theoretisch richtigen Achsenabstand zu der Mitte des Schneckenrades steht. Der Fräser beginnt mit dem Zahn II bei A das Schneckenrad anzuschneiden und verschiebt sich, bis Zahn VI bei B' außer Eingriff mit dem Schneckenrad kommt. Dabei wird der Gesamtweg W zurückgelegt. W ist nur näherungsweise festzulegen und hängt ab:

1. von der Teilung und Gangzahl des Fräsers,
2. von der Fräserlänge,
3. der Länge des kegeligen Teiles l,
4. dem Winkel α,
5. der Teilung und der Zähnezahl des Schneckenrades.

Es ist

$$W = L - y + q + x + o + p \tag{79}$$

L = Länge des Schneckenradfräsers,

bei $d_{m_s} = 5\,m + 25$ ist $L = 13\,m$,
bei $d_{m_s} = 7\,m + 25$ ist $L = 15\,m$.

$y = EF$ = Abstand vom Anschnittpunkt A des Fräsers (auf dem Teilkreiszylinder angenommen) vom Endpunkt E; hängt ab vom Winkel α (meist 15°) und d_i. Bei der Annahme, daß A auf dem Teilkreiszylinder des Fräsers liegt, ist:

$$\Delta\, AFE:\ y = \frac{m}{\operatorname{tg}\alpha} = \frac{m}{\operatorname{tg} 15^\circ} = 3{,}72\, m$$

q entsteht dadurch, daß der Fräser in A den Außendurchmesser D_a des Schneckenrades anschneidet. q ist $\sim m$.

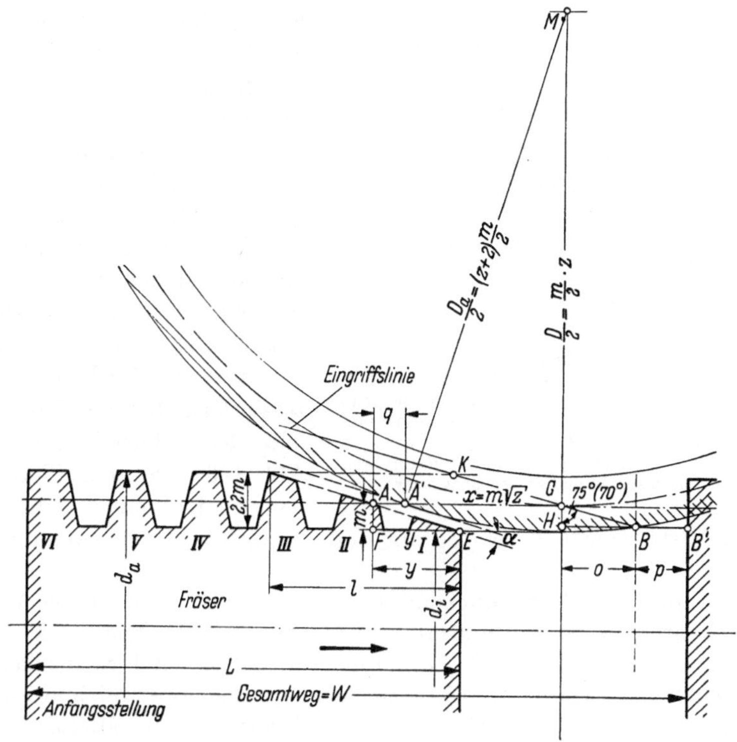

Abb. 154. Bestimmung des Fräsweges W beim Schneckenradfräsen mit dem Wälzfräser

x ergibt sich aus dem Dreieck $A'MG$

$$x^2 = \left(\frac{D_a}{2}\right)^2 - \left(\frac{D}{2}\right)^2; \qquad x = m\sqrt{z}$$

$o = a \sin \gamma$ (s. S. 115, Abb. 109), abhängig vom Eingriffswinkel und der Radzähnezahl z.

Tabelle 22

z	20	40	80	120
$o_{(70^\circ)} =$	2,15	2,4	2,65	2,72 für m 1
$o_{(75^\circ)} =$	2,62	2,96	3,26	3,4

$$o = m \times \text{Tabellenwert}$$

Im Durchschnitt ist $o_{(70^\circ)} = 2{,}5\, m$; $o_{(75^\circ)} = 3\, m$.

Als letzter Wert zur Ermittlung von W ist noch die Strecke p zu untersuchen. Die Eingriffsverhältnisse zwischen Schneckenrad und Schnecke sind verwickelt. Der Abstand o von der Radmitte zeigt die letzte Zahnberührung zwischen Schnecken- und Radzahn bei B im Mittelschnitt. Der Eingriff bei Schneckenrad und Schnecke ist aber nicht auf den Mittelschnitt beschränkt, sondern dehnt sich auf ein Feld zu beiden Seiten dieses Mittelschnittes aus. Legt man außer dem Mittelschnitt parallel dazu mehrere Schnittebenen durch Rad und Schnecke, zeichnet den Radzahn und den Schneckengang in diesen Schnitt auf und konstruiert die Eingriffsstrecke mit den Anfangs- und Endpunkten A und B, so erhält man, nach Verbindung und Übertragung sämtlicher Punkte im Grundriß das Eingriffsfeld des Schneckengetriebes. Abb. 155 zeigt schraffiert das Eingriffsfeld einer Schnecke.

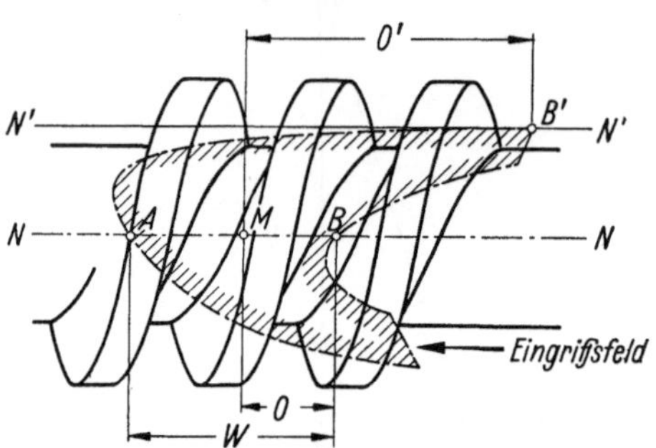

Abb. 155. Die Abbildung zeigt schraffiert das Eingriffsfeld einer Schnecke. Im Mittelschnitt $N \div N$ beginnt der Eingriff in A und endet in B. Der äußerste Berührungspunkt zwischen Schnecke (Fräser) und Schneckenrad an der Auslaufseite des Fräsers ist B' im Schnitt $N' - N'$ $MB = o'$. Rechts von B' berühren sich Schneckenrad und Fräser nicht mehr

Im Mittelschnitt $N \cdots N$ beginnt der Eingriff in A und endet in B. $MB = o$.

Der äußerste Berührungspunkt zwischen Schnecke (Fräser) und Schneckenrad an der Auslaufseite des Fräsers ist B' im Schnitt $N' \cdots N' \cdot \cdot MB' = o'$. Rechts von B' berühren sich Fräser und Schneckenrad nicht mehr. Die Ermittlung von o auf rechnerischem oder zeichnerischem Wege ist umständlich. Das Eingriffsfeld ändert sich je nach Modul, Zähne- bzw. Gangzahl, Eingriffswinkel, Steigung usw. Man kann angenähert rechnen:

$$\underline{o' = \sim 2o = o + p}$$

Dann wird aus Gl. (79):

$$W = L - y + q + x + \overbrace{o + p}^{o'}$$

$$\begin{array}{cccc} W = 13m & (15m) - 3{,}72m + m + m\sqrt{z} + 5m & & (6m) \\ \downarrow & \downarrow \qquad\qquad\qquad\qquad \downarrow & & \downarrow \\ \text{bei } d_{m_s} = 5m + 25 & \text{bei } d_{m_s} = 7m + 25 \qquad 75^\circ E\sphericalangle & & 70^\circ E\sphericalangle \end{array}$$

Die Tab. 23 wurde mit Durchschnittswerten für o ausgerechnet, genauere Ergebnisse erhält man, wenn man entsprechend der Zähnezahl des Schneckenrades die Werte für o einsetzt.

Tabelle 23 *für W*

Mittelkreis-∅ der Schnecke	Eingriffswinkel 70°	Eingriffswinkel 75°	Außen-∅ d_a
d_{m_s} $5m + 25$	$W \sim m(15 + \sqrt{z})$	$W \sim m(16 + \sqrt{z})$	$7{,}4\,m + 25$
d_{m_s} $7m + 25$	$W \sim m(17 + \sqrt{z})$	$W \sim m(18 + \sqrt{z})$	$9{,}4\,m + 25$

Es wurde bereits unter 4.1 darauf hingewiesen, daß die Normung der Schneckenabmessungen noch nicht abgeschlossen ist. Bei Fräsern, die andere Abmessungen haben, als die bei der Entwicklung vorliegender Gleichungen benutzten, müssen bei der Berechnung des Fräserweges W die entsprechenden Fräserabmessungen in die Gl. (79) eingesetzt werden.

Es muß noch erwähnt werden, daß es sich bei den oben ermittelten Werten nur um angenäherte Spiralschnecken handelt (Erzeugende der Schraubenfläche eine Gerade; Schnecken-Achsenschnitt: Zahnprofil gekrümmt; Normalschnitt durch Zahnsymmetrielinie, Zahnprofil ganz schwach gekrümmt). Die angenäherte Spiralschnecke wird vielfach verwandt, da die Herstellung des Schneckenfräsers sehr einfach ist.

Beispiel für die Berechnung von W:

$m = 10$; $z = 38$; 75° Eingriffswinkel.

$W = 13\,m - 3{,}72\,m + m + m\sqrt{z} + o'$,

$W = 130 - 37{,}2 + 10 + 10 \cdot 6{,}15 + 50$,

$W = 214$ mm,

$W = m(16 + \sqrt{z}) = 10\,(16 + 6{,}2)$,

$W = 222$ mm.

4.22 Die Berechnung der Hauptzeit.

$$t_{h_{\text{Min}}} = \frac{\text{Fräsweg in mm}}{\text{Vorschubgeschwindigkeit in mm/min}} = \frac{W}{s'}$$

Der Fräsweg W ist in Tab. 23 für Schneckenradfräser zusammengestellt. Ist

s_R = Vorschub in mm je Radumdrehung,

n = Fräserumdrehungen in der Minute

z = Zähnezahl des Schneckenrades,

z_s = Gangzahl des Fräsers, dann wird

$s' = \dfrac{s_R\, n}{z}$ bei eingängigem Fräser,

$s' = \dfrac{s_R\, n\, z_s}{z}$ bei z_s-gängigem Fräser.

$$t_{h_{\text{Min}}} = \frac{z\,W}{s_R\, n\, z_s} \text{ min} \tag{80}$$

Zur Bestimmung von n wird eingesetzt:

Schnittgeschwindigkeit $v = 13$ m/min (Gußeisen),

$v = 15$ m/min (Phosphor-Bronze) etwa 40 kg/mm² Festigkeit).

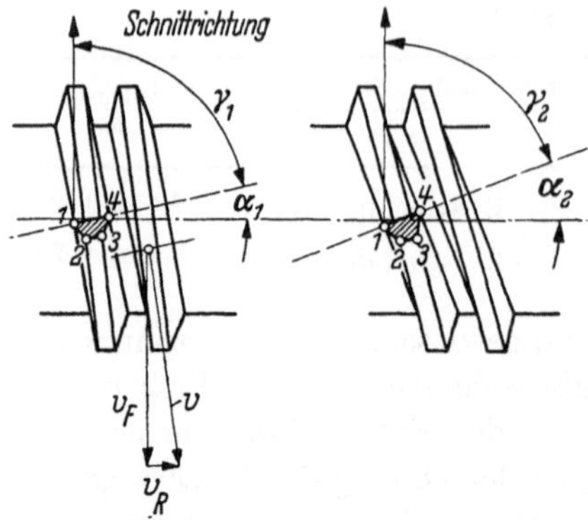

Abb. 156. Schnittbedingungen des Schneckenradfräsers bei verschiedenen Steigungswinkeln ($\alpha_1 < \alpha_2$). Mit wachsendem α wird der Spanwinkel γ immer kleiner, so daß die Schneidkante 1–2 des Fräserzahnes quetscht. Frühzeitiges Stumpfwerden ist die Folge. Deshalb sinkt auch s_R mit steigendem α

Die Schnittgeschwindigkeiten gelten für ein nicht gekühltes Werkzeug. Im allgemeinen wird bei der Berechnung der Fräserdrehzahl von der Schnittgeschwindigkeit ausgegangen, die einen Punkt des Außendurchmessers des Fräsers in einer Ebene senkrecht zur Fräserachse hat. In Wirklichkeit muß mit $v = v_R + v_F$ (Abb. 156) gerechnet werden. Die oben angegebenen Werte von v sind Mittelwerte und lassen eine Steigerung zu, so daß man mit v_F statt der Resultierenden v rechnen kann.

Der Vorschub je Radumdrehung s_R ist für Phosphorbronze:

Tabelle 24

m	4	6	10	16	20
$z_s = 1$	1	1,1	1,1	0,9	0,8
$z_s = 2$	0,5	0,55	0,55	0,45	0,4
$z_s = 3$	0,35	0,35	0,35	0,30	0,30
$z_s = 4$	0,25	0,27	0,27	0,25	0,20

Beispiel für die Berechnung von t_h:

$z = 38$; $m = 10$; $z_s = 1$; Phosphorbronze.
W aus Tab. 23 für 75° Eingriffswinkel und einer Schnecke mit $d_{m_s} = 5\,m + 25$ mm.
$W \sim m\,(16 + \sqrt{z}) = 10\,(16 + 6{,}2) = 222$ mm,
$d_a = 5\,m + 25 + 2{,}4\,m = 99$ mm,
$n = \frac{15\,000}{99\,\pi} \sim 48$ Umdrehungen,
$s_R = 1{,}1$ mm je Radumdrehung (Tab. 24)

$$t_h = \frac{38 \cdot 222}{1{,}1 \cdot 48 \cdot 1} = 160 \text{ min.}$$

Das Fräsen mit veränderlichem Vorschub. Die Werkzeuge, wie: der Stirnradwälzfräser (s. S. 30), das Schneidrad (s. S. 47), der Hobelkamm (s. S. 56) und der Hobelstahl der Bilgram-Kegelradhobelmaschine (s. S. 113) werden an der Einlaufseite des Rades sehr hoch, nach der Auslaufseite gering belastet. Diese Belastung ist für einige der oben angeführten Werkzeuge graphisch dargestellt. Die gleichen Verhältnisse treffen auch für die Fräswerkzeuge beim Schneckenradfräsen zu. Abb. 157 zeigt die Ergebnisse eines Fräsversuches. Es wurde beim Durchgang eines Schneckenradfräsers durch ein Schneckenrad von dem Augenblick des Schnittbeginns (Punkt 0) bis zu dem Punkt, an dem keine Zerspanung mehr eintrat (Punkt 4), jeweils die in einer halben Minute angefallene Spanmenge aufgefangen und gewogen. Hierbei wurde der Vorschub $s_{r_1} = s_R$ konstant gelassen. Dabei ergab sich die Kurve 0···1···2···3···4 der Span-

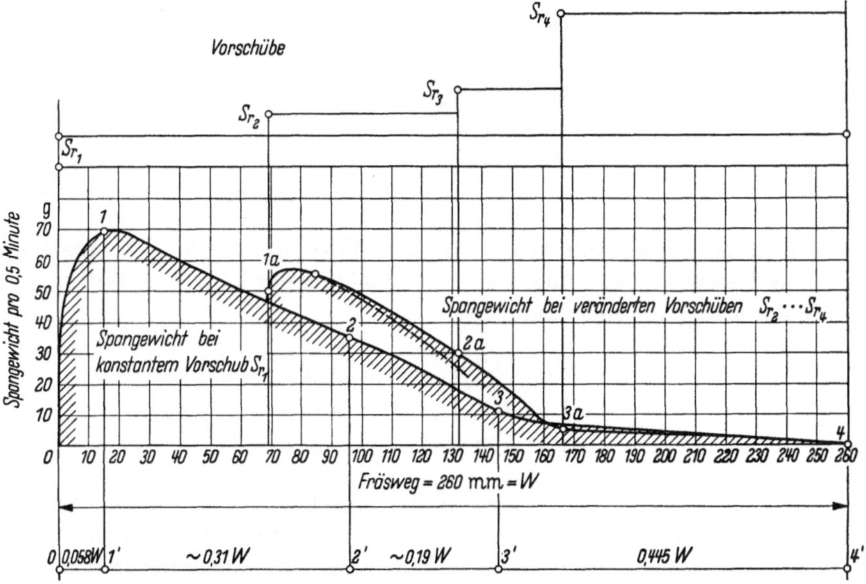

Abb. 157. Untersuchung der Fräserbelastung beim Einstellen von verschiedenen Vorschüben $s_R = s_r$ in mm je Radumdrehung

gewichte. Bei einem zweiten Rad gleicher Abmessungen wurde der Versuch wiederholt, dabei der Vorschub s_{r_1} vom Punkt 1a an gesteigert auf s_{r_2}; s_{r_3} bis s_{r_4}, entsprechend der Kurve 1a···2a···3a···4 der Spangewichte. Die entsprechenden Wege, bezogen auf den Fräsweg $W = 260$ mm wurden gewählt zu:

$$\begin{aligned} &0{,}27\,W \text{ mit } \phantom{1{,}7}\, s_R = s_{r_1}\,, \\ &0{,}23\,W \text{ mit } 1{,}7\, s_R = s_{r_2}\,, \\ &0{,}14\,W \text{ mit } 2{,}5\, s_R = s_{r_3}\,, \\ &0{,}36\,W \text{ mit } 5\, s_R = s_{r_4}\,. \end{aligned}$$

Angewandt auf das Beispiel S. 160 würde sich folgende Rechnung ergeben:

$W = 222$ mm; $s_R = 1{,}1$ je Radumdrehung $= s_{r_1}$.

$$\begin{aligned} \text{Weg 1: } 0{,}27 \cdot 222 &= 60 \text{ mm} = W_1 \\ \text{Weg 2: } 0{,}23 \cdot 222 &= 51 \text{ mm} = W_2 \\ \text{Weg 3: } 0{,}14 \cdot 222 &= 31 \text{ mm} = W_3 \\ \text{Weg 4: } 0{,}36 \cdot 222 &= \underline{80 \text{ mm}} = W_3 \\ W &= 222 \text{ mm} \end{aligned}$$

Um die Berechnung mit veränderlichem Vorschub zu vereinfachen, rechnet man mit der Vorschubgeschwindigkeit in der Minute

$$s' = \frac{s_R n}{z} = \frac{1{,}1 \cdot 48}{38} = 1{,}39\,\mathrm{mm/min}$$

$$\text{I.}\ \frac{60}{1{,}39} = 43{,}0\,\mathrm{min}$$

$$\text{II.}\ \frac{51}{1{,}7 \cdot 1{,}39} = 21{,}6\,\mathrm{min}$$

$$\text{III.}\ \frac{31}{2{,}5 \cdot 1{,}39} = 8{,}9\,\mathrm{min}$$

$$\text{IV.}\ \frac{80}{5 \cdot 1{,}39} = 11{,}5\,\mathrm{min}$$

$$\overline{85{,}0\,\mathrm{min}\ \text{Hauptzeit}}$$

Durch das Fräsen mit veränderlichem Vorschub ergibt sich eine erhebliche Laufzeitverkürzung. Zur Vereinfachung der Rechnung teilt man den Gesamtweg wie folgt auf:

$$W_1 = 0{,}3\,W; \quad s_{r_1} = 1\,s_R$$

$$W_2 = 0{,}4\,W; \quad s_{r_2} = 2\,s_R$$

$$W_3 = 0{,}3\,W; \quad s_{r_3} = 4s_R$$

Die Aufteilung des Fräsweges an der Maschine ist, wie folgt, vorzunehmen: An dem Frässupport wird ein verstellbarer Zeiger angebracht. Bei Schnittbeginn wird gegenüber dem Zeiger auf dem feststehenden Tisch ein Kreidestrich gemacht. W wird rechnerisch bestimmt und im Abstand W von dem ersten Strich ein weiterer Kreidestrich gezogen. W teilt man in 3 gleiche Teile. Kommt der Zeiger an dem Kreidestrich vorbei, wird der Vorschub gemäß dem Verhältnis 1 : 2 : 4 erhöht (s. auch S. 120).

Zur Vereinfachung der Berechnung setzt man $W\varnothing$ ein:

$$t_{h_1} = \frac{0{,}3\,W n}{s_R\, z} + \frac{0{,}4\,W n}{2\,s_R\, z} + \frac{0{,}3\,W n}{4\,s_R\, z} = \frac{n \cdot 1}{z\, s_R}(0{,}3\,W + 0{,}2\,W + 0{,}08\,W)$$

$$\cong \frac{0{,}6\,W}{s_R}\,\frac{n}{z}$$

$$t_{h_1} = 0{,}6\,t_h \qquad W\varnothing = 0{,}6\,W \tag{81}$$

t_{h_1} ↓ bei veränderlichem Vorschub; $0{,}6t_h$ ↓ bei unverändertem Vorschub

Für Schneckenräder mit einem Mittenkreis-$\varnothing = 7\,m + 25$ der Schnecke und 70° Eingriffswinkel wird t_h für verschiedene Teilungen und Zähnezahlen ausgerechnet. Werkstoff des Schneckenrades Phosphorbronze. Außen-∅ der Schnecke $d_a = 9{,}4\,m + 25$ mm.

$$v = 15\,m/\text{min}; \quad n = \frac{v \cdot 1000}{d_a \pi} = \frac{15000}{d_a \pi} = \frac{4770}{d_a}$$

Nach Gl. (80) ist

$$t_h = \frac{z\,W}{s_R\,n\,z_s}\ \text{min}$$

$z_s = 1$ angenommen, $W = m(17 + \sqrt{z})$ Tab. 23

$$t_h = \frac{z\,m\,(17 + \sqrt{z})\,d_a}{s_R \cdot 4770 \cdot 1}\ \text{min} = \underbrace{\frac{d_a}{4770\,s_R}}_{a}\ \underbrace{(17 + \sqrt{z})}_{b} \quad \text{für } m = 1; \quad z = 1$$

Berechnung von a:

$m =$	4	8	12	16	20
$a = \frac{d_a}{4770\,s_R} =$	0,0132	0,0192	0,0263	0,041	0,056

$z =$	20	30	40	50	60	70	80	90
$b = \sqrt{z} + 17 =$	21,5	22,5	23,3	24,1	24,8	25,4	26,0	26,5

$$\underline{t_h = z\,m\,a\,b\ \text{min}} \tag{82}$$

Beispiel: $m = 4$; $z = 100$; Phosphorbronze.

$$t_h = 400 \cdot 0{,}0132 \cdot 27 = 142\ \text{min}.$$

Mit veränderlichem Vorschub ist nach Gl. (81)

$$t_{h_1} = 0{,}6\,t_h = 85\ \text{min}.$$

4.3 Das Wälzverfahren mit dem Schlagmesser (Tangentialzustellung)

Wenn kein passender Fräser vorhanden ist, werden Schneckenräder mit dem Schlagmesser (Schlagzahn) gefräst. Das Schlagmesser entspricht in seiner Form einem Einzelzahn des konischen Fräsers. Die Arbeitsweise ist die gleiche, wie beim Verzahnen mit dem konischen Fräser. Die Fräsleistung des Schlagmessers ist natürlich wesentlich geringer, als die des entsprechenden Fräsers, da ja die Schneidarbeit mehrerer Fräserzähne von einem Zahn – dem Schlagmesser –, geleistet werden muß. Daher kommt das Schlagmesser nur bei der Herstellung einzelner Schneckenräder in Frage, in der Serienfertigung lohnt sich die Verwendung eines Fräsers.

4.31 Die Bestimmung der Hauptzeit beim Fräsen mit dem Schlagmesser.

Es ist

$$t_h = \frac{\text{Fräsweg in mm}}{\text{Vorschubgeschwindigkeit in mm je min}}$$

$$t_h = \frac{W}{s'} \quad \text{in min} \qquad s' = \frac{s_R\, n}{z}$$

$$t_h = \frac{z\, W}{s_R\, n\, z_s} \quad \text{(Gl. 80; s. S. 159)}$$

Die Bestimmung von W (Abb. 158).

$$W = q + x + o + p$$

$q =$ Strecke 3···1. Im Punkt 3 schneidet der Schlagzahn die Punkte 5 und 6 (Seitenriß) des Spitzenkreisdurchmessers des Schneckenrades an.

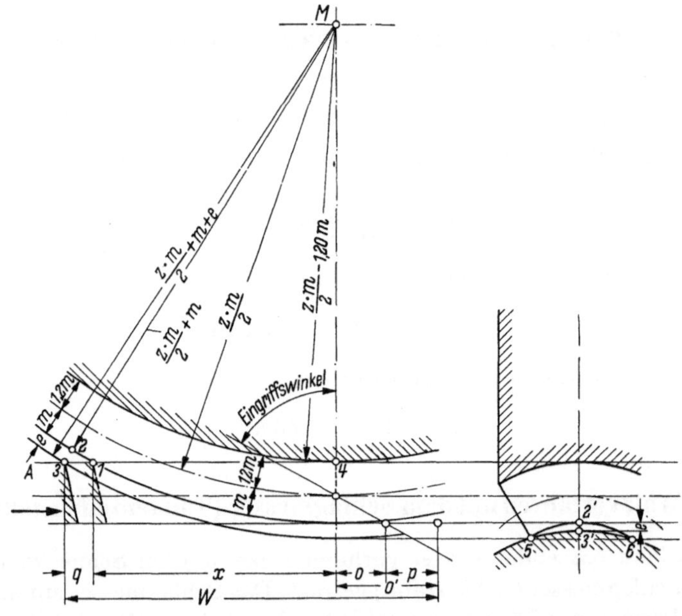

Abb. 158. Bestimmung des Fräsweges W beim Fräsen von Schneckenrädern mit dem Schlagmesser

Die Strecke 2'···3' im Seitenriß ist e. In Abb. 152 ist $e = H$ − Zahnhöhe h

$h \sim 2{,}2\,m;\ H = 2{,}7 \cdots 2{,}8\,m$. Mit $H = 2{,}8\,m$ wird $e = 2{,}8\,m - 2{,}2\,m = 0{,}6\,m$.

$$\Delta\, 3 \cdots 4 \cdots M : (q + x)^2 = \left(\frac{z\,m}{2} + m + e\right)^2 - \left(\frac{z\,m}{2} - 1{,}2\,m\right)^2$$

$$(q + x)^2 = \left(\frac{z\,m}{2} + 1{,}6m\right)^2 - \left(\frac{z\,m}{2} - 1{,}2m\right)^2$$

$$q + x = m\sqrt{2{,}8z + 1{,}12} \sim m\sqrt{2{,}8\,z}$$

$$\underline{q + x = 1{,}65m\sqrt{z}}$$

$$o' = 2 \times o \text{ (s. S. 158)}$$

Damit wird

$$W = 1{,}65\,m\sqrt{z} + 5\,m \quad (6\,m)$$

$$\downarrow \qquad \downarrow$$

$$75^\circ E\sphericalangle \quad 70^\circ E\sphericalangle$$

$$\underline{W_{75^\circ} = m\,(1{,}65\sqrt{z} + 5)} \tag{83}$$

$$\underline{W_{70^\circ} = m\,(1{,}65\sqrt{z} + 6)} \tag{84}$$

Die Gleichung für die Hauptzeit lautet [s. S. 159, Gl. (80)]

$$t_h = \frac{z\,W\,i}{s_R\,n\,z_s} = \frac{z\,m\,(1{,}65\sqrt{z} + 5\,[6])\,i}{s_R\,n\,z_s} \tag{85}$$

Die Schnittgeschwindigkeit beträgt:
$v = 13\ m/\text{min}$ (Gußeisen),
$v = 15\ m/\text{min}$ (Phosphorbronze).

Tabelle 25. *Vorschübe je Radumdrehung* s_R: (Phosphorbronze)

m		4	6	10	16	20
$z_s = 1$	1. Schnitt	0,9	0,9	0,9	0,8	0,6
	2. Schnitt	1,1	1,2	1,2	1,0	0,8

Bei mehrgängigen Schneckengetrieben werden die oben angegebenen Vorschübe für den ersten Schnitt durch die Gangzahl geteilt.

Der in Gl. (85) eingesetzte Wert i gibt die Schnittzahl an. Das Fräsen mit dem Messer erfolgt in 2 Schnitten. Außerdem ist folgendes zu beachten: Wenn die Gangzahl z_s der Schnecke sich mit der Zähnezahl des Rades teilen läßt, wird mit einem Durchgang des Schlagmessers nur ein Teil der Radzähne gefräst.

Beispiel: Radzähnezahl 34, Gangzahl $z_s = 2$.

34/2 = 17 Radzähnezahl, die in einem Arbeitsgang gefräst wird. Ist dieser Fräsvorgang beendet, so wird das Schlagmesser um eine Teilung versetzt und es erfolgt ein zweiter Fräsvorgang (Radzähnezahl 17). Um die umständliche Fräsarbeit zu vermeiden, gibt man bei mehrgängigen Schneckengetrieben bei der Konstruktion dem Schneckenrad eine Zähnezahl, die mit der Gangzahl der Schnecke nicht aufgeht, z. B. in diesem Fall wäre das Schneckenrad mit 35 Zähnen auszuführen.

Beispiel für die Berechnung von t_h:

$m = 10$; $z = 100$; 75° Eingriffswinkel; $z_s = 1$; Bronze von 45 kg/mm² Festigkeit. Schneckenaußendurchmesser $d_a = 7.4\,m + 25$ mm angenommen.

$d_a = 100$ mm; $v = 15\,m$/min,

$$n = \frac{15}{0{,}1\,\pi} = 48\,\text{U/min}$$

$$\left.\begin{array}{l} s_{R_1} = 0{,}9 \text{ mm je Radumdrehung (1. Schnitt)} \\ s_{R_2} = 1{,}2 \text{ mm je Radumdrehung (2. Schnitt)} \end{array}\right\} \text{Tab. 25}$$

$$t_{h_1} = \frac{z\,m\,(1{,}65\,\sqrt{z} + 5)}{s_{R_1}\,n} = \frac{100 \cdot 10\,(1{,}65 \cdot 10 + 5)}{0{,}9 \cdot 48}$$

$$t_{h_1} = 525 \text{ min (1. Schnitt)}$$

$$t_{h_2} = \frac{1000 \cdot 21{,}5}{1{,}2 \cdot 48} = 375 \text{ min}$$

$$t_{h_{1+2}} = 900 \text{ min}$$

Es erhebt sich noch die Frage nach einer Steigerung des Vorschubes s_R entsprechend der verspanten Menge, wie unter 4.22 beschrieben. Eine Steigerung von s_{R_1} ist möglich, muß aber sehr vorsichtig vorgenommen werden, um den Schlagzahn nicht zu überlasten. Allgemeine Angaben lassen sich nicht machen.

4.32 Rüst- und Nebenzeiten in Minuten.

Arbeitsgang	Räder mit Fräser geschnitten				Räder mit Messer geschnitten			
	200 ⌀	700 ⌀	1000 ⌀	2000 ⌀	200 ⌀	700 ⌀	1000 ⌀	2000 ⌀
Rüstzeit	33	33	40	40	33	33	40	40
Nebenzeit	39	44	64	77	48	55	75	90

5. Das Verzahnen der Schnecken

Die nachfolgenden Berechnungen erstrecken sich auf folgende Schnekkenarten:

1. *Reine Spiralschnecke:* Schnecken-Achsenschnitt: Zahnprofil geradlinige Flanken. Normalschnitt (senkrecht zum Gang): Zahnprofil gekrümmt.

2. *Angenäherte Spiralschnecke:* Schnecken-Achsenschnitt: Zahnprofil gekrümmt,Normalschnitt: Zahnprofil schwach gekrümmt. Die angenäherte Spiralschnecke wird vorwiegend verwandt, weil sie mit einem geradflankigem Profil des Werkzeuges (Trapezprofil mit geraden Flanken) einfach herzustellen ist.

Da die Normung der Schnecken noch nicht endgültig durchgeführt ist, wurde den Berechnungen die angenäherte Spiralschnecke zugrunde gelegt.

Bei der Berechnung des Schneckengetriebes wird der Achsmodul m_a ermittelt. Der Normalmodul $m_n = m_a \cos \gamma_m$. In den nachfolgenden Ausführungen ist der Normalmodul mit m bezeichnet.

Es bestehen verschiedene Verfahren zur Herstellung von Schnecken:

1. Schneiden auf der Drehbank
2. Fräsen mit a) Scheibenfräser, b) Fingerfräser } bei niedriger Gangzahl,
   c) Wälzfräser, d) Schneidrad } bei hoher Gangzahl (Fellows-Verfahren).

In dem folgenden Kapitel wird nur das Fräsen von Schnecken mit dem Scheibenfräser auf Gewinde- bzw. Schneckenfräsmaschinen behandelt.

5.1 Das Teilverfahren mit dem Scheibenfräser

Bei der Herstellung der Schneckengänge wird auf der Schneckenfräsmaschine als Werkzeug ein Scheibenfräser mit hinterdrehten oder gefrästen Zähnen benutzt. Das Fräserprofil entspricht annähernd dem unter dem Steigungswinkel γ_m der Schnecke gegen die Achse geneigten Lückenquerschnitt.

Tabelle 26. *Außendurchmesser von Schneckenfräsern* (PFAUTER)

$m =$	4	6	8	10	12	14	16	18	20
$D =$	145	145	145	150	165	175	182	190	200 mm

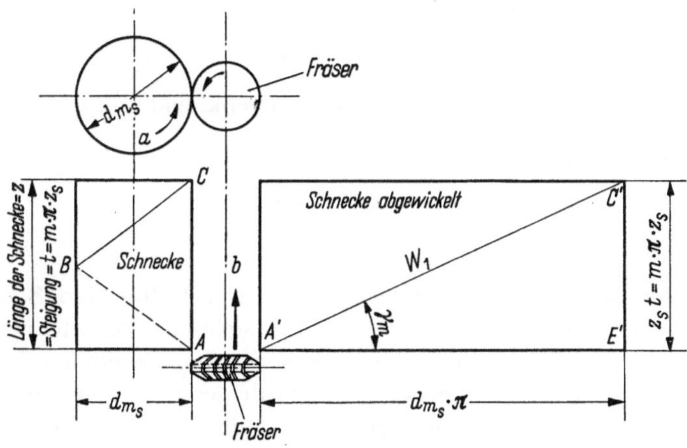

Abb. 159. Bestimmung des Fräsweges W beim Fräsen von Schnecken mit dem Scheibenfräser

Die Arbeitsweise der Fräsmaschine. In Abb. 159 ist das Fräsen einer Schnecke dargestellt. Der um den Steigungswinkel γ_m gegen die Schneckenachse eingeschwenkte Fräser verschiebt sich während des Fräsens in

Richtung *b*, die Schnecke dreht sich in Richtung *a*. Beide Bewegungen erzeugen auf den Mittenkreisdurchmesser d_{m_s} der Schnecke eine Schraubenlinie $A \cdots B \cdots C$ (in der Abwicklung $A' \cdots C'$) $= W_1$; W_1 ist der Weg des Fräsers bei einer Umdrehung der Schnecke.

$W_1 = \frac{d_{m_s} \pi}{\cos \gamma_m}$. Ist z_s = Gangzahl der Schnecke, so entspricht W_1 einer Schneckenlänge $z_s\, t = m\, \pi\, z_s$. Ist die Schneckenlänge L, so sind zum Fräsen $\frac{L}{z_s\, t}$ Schneckenumdrehungen erforderlich. Bei einer Schneckenumdrehung wird W_1 zurückgelegt, bei $\frac{L}{z_s\, t} = \frac{W_1 L}{z_s\, t} = W$.

$W = \frac{d_{m_s} \pi\, L}{\cos \gamma_m\, z_s\, m\, \pi}$ = Fräsweg in mm für einen Gang einer Schnecke von der Länge L. Hat die Schnecke z_s Gänge, so wird $z_s\, W$ zurückgelegt. Dann ist

$$W = \frac{d_{m_s} L}{\cos \gamma_m\, m} = \text{Fräsweg} \tag{86}$$

für eine z_s-gängige Schnecke, wenn L und m in mm eingesetzt werden.

5.11 Die Hauptzeit. Es ist

$$\text{Hauptzeit in min} = \frac{\text{Fräsweg in mm}}{\text{Vorschubgeschwindigkeit in mm je min}}$$

Wie beim Fräsen von Stirnrädern mit dem Scheibenfräser ist ein Fräser-An- und Auslauf A erforderlich (s. S. 13).

Dann wird

$$\underset{\min}{t_h} = \frac{d_{m_s}(L + A)}{s' \cos \gamma_m\, m} \tag{87}$$

s' = Vorschub in mm in der Minute, am Mittenkreis-(Teilkreis) Umfang gemessen.

Bei i Schnitten wird

$$\underset{\min}{t_h} = \frac{d_{m_s}(L + A)\, i}{m\, s' \cos \gamma_m} \tag{88}$$

Die Bestimmung des Zusatzwertes *A*. In Abb. 160 sind Schnecke und Fräser im Eingriff in verschiedenen Ansichten aufgezeichnet. Zur Vereinfachung der Betrachtung ist der unter dem Steigungswinkel γ_m gegen die Stirnseite der Schnecke geneigte Fräser $I \cdots I$ als Fläche angenommen. Er ist in der Stellung gezeichnet, in der er gerade die Schnecke im Punkt P ($P' \cdots P''$) anschneidet. Der Mittelpunkt des Fräsers ist dann um die Länge A – dem Zusatzwert – von der Stirnseite der Schnecke entfernt.

$\Delta\, P M B$: $\qquad MP = y = \frac{A}{\sin \gamma_m}$

Durch $I \cdots I$ wird eine Schnittebene gelegt und in die Zeichnungsebene umgeklappt. Der Punkt P, an dem der Fräser die Schnecke ausschneidet, wird projiziert bis P''.

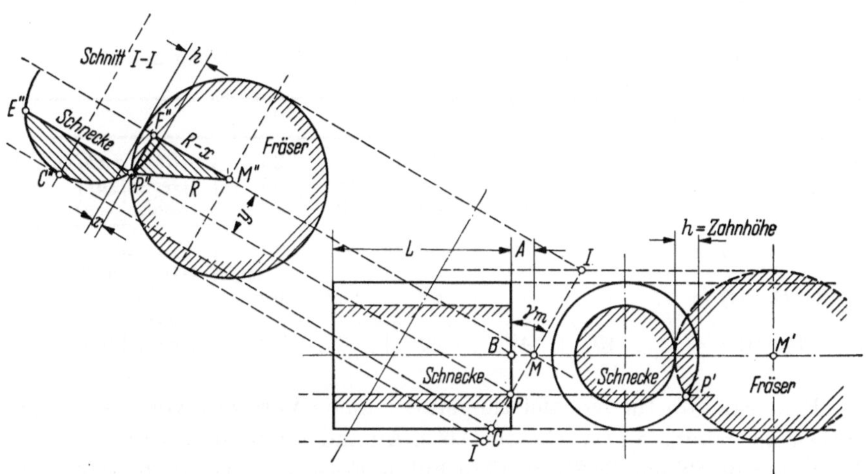

Abb. 160. Bestimmung des Zusatzwertes A beim Fräsen von Schnecken

$\Delta P''M''F''$: $y^2 = R^2 - (R - x)^2$, wenn R der Fräserhalbmesser ist; Fräserdurchmesser $D = 2R$.

$y = \sqrt{Dx - x^2}$. Mit $A = y \sin \gamma_m$ (ΔMPB) wird $A = \sin \gamma_m \sqrt{Dx - x^2}$, x wird $\sim h = 2{,}2\,m$ gesetzt.

$$A = \sin \gamma_m \sqrt{Dh - h^2}$$

(die $\sqrt{}$ entspricht dem Fräserschnitt für Scheibenfräser, s. S. 13).

Da bei der Festlegung von A von einem unendlich schmalen Fräser ausgegangen wurde, ist A um das Maß B zu klein (Abb. 161).

$$B = 2u + v; \quad u = m \operatorname{tg} \frac{\beta}{2}; \quad v = \frac{t}{2} = \frac{m\pi}{2}$$

$$B = m\left(2 \operatorname{tg} \frac{\beta}{2} + \frac{\pi}{2}\right)$$

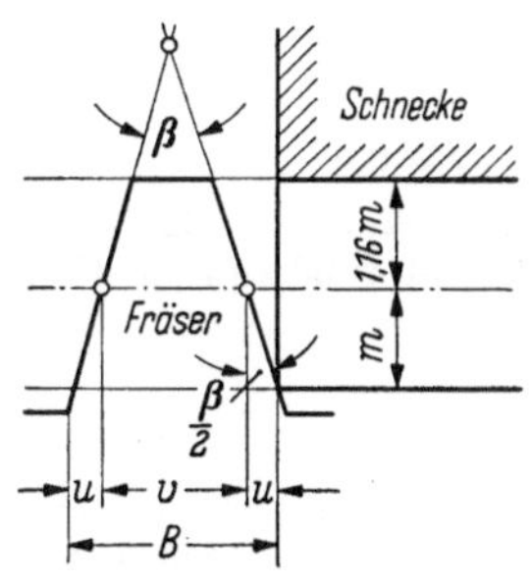

Abb. 161. Berechnung der Breite B am Fuß des Fräserzahnes

Für 15° Eingriffswinkel (30° Flankenwinkel) wird $B = 2{,}11\,m$; für 20° $E\sphericalangle$ (40° Flankenwinkel) ist $B = 2{,}29\,m$. Damit ergibt sich der Zusatzwert:

$$A = \sim \sin \gamma_m \sqrt{(Dh - h^2} + 2{,}1\,m\,(15^\circ\,E\sphericalangle) \qquad (89)$$

$$A = \sim \sin \gamma_m \sqrt{(Dh - h^2} + 2{,}3\,m\,(20^\circ\,E\sphericalangle) \qquad (90)$$

Die Schnittgeschwindigkeit:

Für St 50···60 kg Festigkeit ist $v = 20\ m/\text{min}$,
Für St 70···80 kg Festigkeit ist $v = 14\ m/\text{min}$,
Für C 60, gibt PFAUTER an: $v = 37\ m/\text{min}$.

Tabelle 27. *Vorschub s' in mm je Minute* (Stahl 50···60 kg/mm²)

m	4	8	12	16	20	
s_1' (1. Schnitt) =	50	40	35	30	25	*Alte Maschine* (Gegenlauf)
s_2' (2. Schnitt) =	–	–	–	45	40	
s_3' (3. Schnitt) =	40	40	40	40	40	(Schlichten)
s_1' (1. Schnitt) =	80	50	50	50	40	*Neue Maschine* (Gleichlauf)
s_2' (2. Schnitt) =	–	–	60	60	50	Hochleistungsfräser
s_3' (3. Schnitt) =	40	40	30	30	30	(Schlichten)

PFAUTER gibt für Hochleistungsfräser einen Vorschub von 1,4 mm je Fräserumdrehung an (Werkstoff C 60). An anderer Stelle wird für Scheibenfräser aus SS oder HSS ein Vorschub je Fräserzahn von 0,05···0,08 mm angeführt.

Bei einwandfreier Kühlung können nach Bekanntgabe der Firma *Wälztechnik* bei stabiler Spannung folgende Schnittgeschwindigkeiten angewandt werden:

$$m\colon 1\cdots 4 \;:\; v = 50\cdots 60\, m/\text{min}$$

$$m\colon 5\cdots 7 \;:\; v = 45\cdots 50\, m/\text{min}$$

$$m\colon 8\cdots 10 \;:\; v = 35\cdots 45\, m/\text{min}$$

Beispiel:

Schnecke: $m = 22$; $z_s = 1$; Eingriffswinkel 20°; $d_{m_s} = 200$ mm; $L = 250$ mm; Werkstoff 60 kg/mm² Festigkeit.

$$t_h = \frac{d_{m_s}(L + A)\, i}{m\, s' \cos\gamma_m} \qquad \text{Gl. (88)}$$

1. $A_{70°} = \sin\gamma_m \sqrt{D\,h - h^2} + 2{,}3\,m$
D = Fräserdurchmesser (für $m = 22$) = 220 mm,
h = Zahntiefe $\sim 2{,}2\,m = 48{,}5$ mm.

$$\operatorname{tg}\gamma_m = \frac{z_s\, m\, \pi}{d_{m_s}\pi} = \frac{m\, z_s}{d_{m_s}} = \frac{22\cdot 1}{200} = 0{,}11$$

$\gamma_m = 6°\,20'$; $\sin\gamma_m = 0{,}11$; $\cos\gamma_m = 0{,}99 \sim 1$

$A_{70°} = 0{,}11\sqrt{220\cdot 48{,}5 - 2360} + 50{,}6$,

$A_{70°} = \sim 10{,}1 + 50{,}6 \cong 61\,\text{mm}$.

$i = 3$ Schnitte; $s_1' = 25$ mm; $s_2' = 40$ mm; $s_3' = 40$ mm in der min

$$t_h = \frac{200 \cdot (250 + 61)}{22 \cdot 1} \left(\frac{1}{25} + \frac{1}{40} + \frac{1}{40} \right) \text{min}$$

$$\frac{1}{s_1'} \quad \frac{1}{s_2'} \quad \frac{1}{s_3'}$$

$$t_h = \frac{200 \cdot 311}{22} 0{,}09 = 254 \text{ min}$$

Für einen Schneckendurchmesser $d_{m_s} = 5 \cdot m + 25$ mm und 15° $E\sphericalangle$ ist in Abb. 162 der Wert A abhängig vom Modul festgelegt.

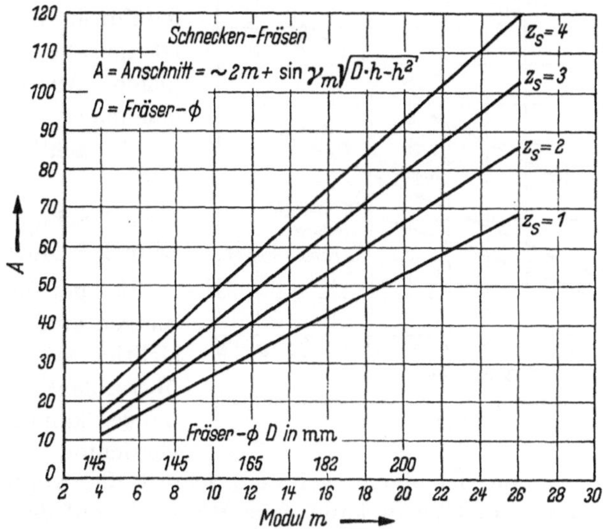

Abb. 162. Anschnittwert A für ein- bis viergängige Schnecken

Zur überschläglichen Berechnung wird Gl. (88) zusammengefaßt:

$$t_h = \frac{d_{m_s}(L + A)}{m \cos \gamma_m} \underbrace{\left(\frac{1}{s_1'} + \frac{1}{s_2'} + \frac{1}{s_3'} \right)}_{K} \text{min} \tag{91}$$

Für St 50···60 kg/mm² ist K bei einem Schneckendurchmesser $d_{m_s} = 5\,m + 25$ für verschiedene Maschinentypen ermittelt und in Abb. 163 aufgezeichnet worden.

Schneckenlänge $L = 2\,m\left(1 + \sqrt{z_r}\right)$; z_r = Zähnezahl des Schneckenrades, s. Tab. 28.

Tabelle 28. *Schneckenlänge L*

m	2	4	6	8	10	12	14	16	18	20
$z_r = 40$	29	58	87	116	145	174	203	232	260	290
$z_r = 80$	40	80	120	160	200	240	280	320	360	400
$z_r = 120$	48	96	144	192	240	290	337	385	456	480

Beispiel: $m = 11$; $z_s = 2$; $z_r = 40$; $L = 145$; $d_{m_s} = 80$ mm; St 60 kg/mm², K (aus Abb. 163 Hochleistungsmaschine $= 0{,}048$; A (aus Abb. 162 für $z_s = 2$) $= 37$ mm.

$$\operatorname{tg}\gamma_m = \frac{m\,z_s}{d_{m_s}} = \frac{11\cdot 2}{80} = 0{,}275$$

$\gamma_m = 15°20'$; $\cos\gamma_m = 0{,}964$

$$t_h = \frac{d_{m_s}(L+A)}{m\cos\gamma_m}K = \frac{80\cdot 182}{11\cdot 0{,}964}\,0{,}048 = 66{,}4\ \text{min}$$

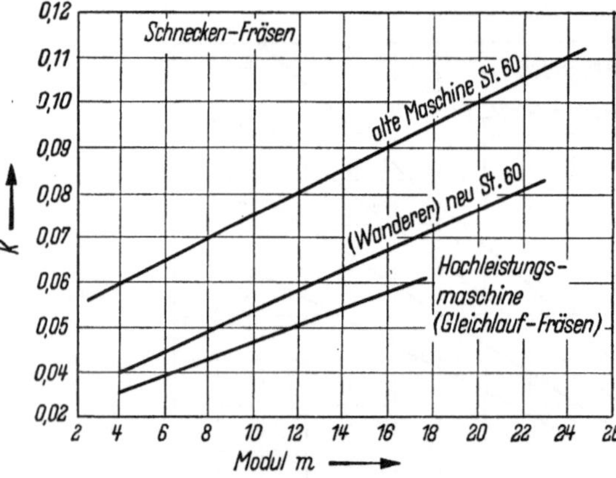

Abb. 163. Vorschubwert K, abhängig vom Modul für Stahl von 50 ÷ 60 kg Festigkeit

Bei den oben durchgeführten Berechnungen ist für alle Schnitte der gleiche Anschnitt A angenommen.

Tatsächlich ist der Anschnitt:

beim 2. Schnitt $= \sim 0{,}5\,A$,
beim 3. Schnitt $= \sim 0{,}4\,A$.

Bei genauen Berechnungen muß dies berücksichtigt werden, für die überschläglichen Berechnungen kann man darauf verzichten.

Vielfach werden bei einem weiteren Schnitt die Kopfkanten der Schnecke gebrochen. Hierfür kann ohne Rücksicht auf den Modul ein Vorschub $s_4' = 50$ mm eingesetzt werden.

5.12 Rüst- und Nebenzeiten

(für eine große Schneckenfräsmaschine bis $m = 30$),

Arbeitsgang (min)	von Hand					mit Kran				
	1 fach	2 fach	3 fach	4 fach	5 fach	1 fach	2 fach	3 fach	4 fach	5 fach
Rüstzeit	19	23	25	26	26	22	25	27	27	30
Nebenzeit	70	75	77	80	85	75	80	85	90	95

5.13 Die modernen Schneckenfräsmaschinen besitzen Zusatzeinrichtungen, so daß man mit Fingerfräsern Teilungen bis 30π fräsen kann. Vorschübe und Schnittgeschwindigkeiten können aus S. 22 entnommen werden.

6. Schrifttum

6.1 Bücher

BARTH, C.: Die Grundlagen der Zahnradbearbeitung. Berlin: Springer 1911.

BRAMLEY-MOORE, S.: Gears and Gearing. London: Percy Lund, Humphries and Co., 1927.

David Brown a. Sons: Spur, Spiral and Bevel Gearing, Double Helical Gearing (Handbuch). Brown & Sons, Park-Works, Lockwood, Huddersfield, England.

BÜLTMANN, W.: Die Entwicklung der Arbeitszeitermittlung für die bekanntesten Verzahnungsverfahren (Fräsen, Hobeln, Stoßen) in einer Zahnräderfabrik. Diss. T. H. Braunschweig: 1934.

FELLOWS: The internal gear. (Handbuch). The Fellows Gear Shaper Co., Springfield, Vermont, U.S.A.

GROSSMANN, W. D.: Zahnflankenschleifen. Stuttgart: Deutscher Fachzeitschriften- und Fachbuch-Verlag 1954.

HEGNER, K.: Lehrbuch der Kalkulation von Bearbeitungszeiten. Berlin: Springer 1924.

HÜTTE: Taschenbuch für Betriebsingenieure (Betriebshütte) 2. Teil. Berlin: Ernst & Sohn 1952.

KLEIN, H. H.: Das Fräsen. Werkstattbücher H. 88. Berlin/Göttingen/Heidelberg: Springer 1948.

KRESTA, F.: Die Vorkalkulation im Maschinenbau. Berlin: Springer 1921.

KRONENBERG, M.: Grundzüge der Zerspanungslehre. Berlin: Springer 1927. Maschinenbau, Sonderheft Zerspanung. Berlin: VDI-Verlag 1926.

KRUMME, W.: Praktische Verzahnungstechnik. München: Hanser 1952.

KUTZBACH, K.: Grundlagen und neuere Fortschritte der Zahnrad-Erzeugung. Berlin: VDI-Verlag 1925.

LENTZ, A.: Zahnräder und Getriebeberechnung. Lanz-Forschung, Bd. 2. Mannheim: Lanz A.G. 1942.

LORENZ: Werkzeuge für die Zahnradherstellung (Handbuch). Lorenz AG, Ettlingen.

PFAUTER, H.: Wälzfräsen. Berlin: Springer 1930.

Das Refa-Buch, Bd. 2. Zeitvorgabe. München: Hanser 1952.

SALOMON, C.: Theorie des Fräsvorganges. ZDV 1928, Nr. 45.

SIEGERIST, M., u. R. FOELLMER: Die neuzeitliche Stückzeitermittlung im Maschinenbau. Berlin: Techn. Verlag Cram 1950.

THEEGARTEN, A.: Fräsen. Werkstattkniffe, Folge 3. München: Hanser 1949.

THOMAS, A. K.: Die Tragfähigkeit der Zahnräder. München: Hanser 1954.

TRIER, H.: Die Zahnformen der Zahnräder. 4. Aufl. Werkstattbücher H. 47. Berlin/Göttingen/Heidelberg: Springer 1954.

Wanderer-Werke: Fräsen. Jubiläumsschrift der Wanderer-Werke AG., Siegmar-Schönau 1939.

6.2 Zeitschriften

Abschn. 1.1 Maschinenbau, 1922/23, H. 21.
Maschinenbau, 1937, H. 11/12, S. 303.
Maschinenbau, 1940, H. 10, S. 415.
VDI-Z., 1957, H. 25, S. 1212.
VDI-Z., 1937, H. 12, S. 341.

Abschn. 1.2 Werkstattstechnik, 1918, H. 10, S. 109.

Abschn. 1.3 Maschinenbau, 1936, Bd. 15, H. 7/8, S. 179.
Zeitschrift für Organisation, 15. 9. 1939, S. 319.
Werkstatt u. Betrieb, 1945, H. 12, S. 441.
Maschinenbau, 1937, H. 13/14, S. 369.

Abschn. 2.1 Werkstattstechnik, 1924, S. 75.
Werkstattstechnik, 1928, H. 26.
Werkstattstechnik, 1929, H. 21/22, S. 729.
Werkzeugmaschinen, 1931, H. 10, S. 199.
Werkzeugmaschinen, 1931, H. 21, S. 435.
Werkstatt u. Betrieb, 1957, S. 296.

Abschn. 2.2 Werkstattstechnik, 1924, H. 16, S. 417.
Werkstattstechnik, 1925, H. 4, S. 112.
Werkstattstechnik, 1925, H. 17/18, S. 641.

Abschn. 2.3 Werkstattstechnik, 1924, H. 6, S. 194.

Abschn. 2.4 Werkzeugmaschinen, 1931, H. 10, S. 199.
Maschinenbau (Betrieb), 1928, H. 8, S. 375.
Maschinenbau (Betrieb), 1930, H. 16, S. 533.
Maschinenbau (Betrieb), 1930, H. 24, S. 800.
Werkstattstechnik, 19. Jahrgang, H. 6.
Werkstattstechnik, 1924, H. 4, S. 80.
Werkstattstechnik, 1929, H. 6, S. 165.
Werkstattstechnik, 1929, H. 16.
AEG-Mitteilungen, 1928, H. 7, S. 297.
VDI-Z., 1927, Nr. 3, Bd. 71, S. 73.
DIN-Blatt 8000, E 8001, 8002.
VDI-Z., 1955, Bd. 97, H. 25, S. 877.
Pfauter-Brief, 1956, Nr. 14, H. 5.
Pfauter-Brief, 1957, H. 19.
Werkstatt u. Betrieb, 1957, H. 2, S. 125.
Hahn & Kolb-Nachrichten, 1959, H. 15.
Industrieblatt, 1957, H. 12, S. 556.
Maschinenmarkt, 1955, H. 6, S. 35.
Maschinenmarkt, 1957, H. 48, S. 11/27.
Maschinenmarkt, 1958, H. 27, S. 13.
Werkstatt u. Betrieb, 1958, H. 12, S. 707.
Wälztechnik Kundendienst, Leimbach „Der Gleichlauf-Wälzfräser", 1958, Juli.
VDI-Z., 1930, H. 16, S. 533.
Hahn & Kolb-Nachrichten, 1959, Nr. 15, S. 3.

Abschn. 2.5 Werkstattstechnik, 1924, H. 4, S. 87.
Werkstattstechnik, 1924, H. 23, S. 696.
Werkstattstechnik, 1929, H. 14.
Maschinenbau (Betrieb), 1938, H. 15/16, S. 401.
Werkstatt u. Betrieb, 1950, H. 5, S. 232.
DIN-Blatt, 1825, 1826, 1827, 1828, 1829.

Abschn. 2.6 Maschinenbau, 1926, H. 9, S. 402.
Schütte-Blätter, 1924, November, S. 140.
Schütte-Blätter, 1926, Juli, S. 387.
Schütte-Blätter, 1927, November, S. 605.
Werkstattstechnik, 1930, H. 17, S. 467.
Werkstattstechnik, 1924, H. 4, S. 95.
Maschinenbau, 1926, Sonderheft Zerspanung.

Abschn. 2.7 Maschinenbau (Betrieb), 1926, H. 9, S. 402.
Maschinenbau (Betrieb), 1931, H. 5, S. 174.
Schütte-Blätter, 1927, S. 613.
VDI-Z., 1937, H. 12, S. 341.

Abschn. 2.8 Werkstattstechnik, 1924, H. 4, S. 57.
Werkstattstechnik, 1924, H. 6, S. 189.
Maschinenbau, 1937, H. 11/12, S. 303.
Maschinenbau, 1944, H. 4, S. 89.
Werkstatt u. Betrieb, 1952, H. 1, S. 11.

Abschn. 3.2 Werkstattstechnik, 1924, H. 5, S. 124.
Werkstattstechnik, 1924, H. 6, S. 194.
Industrieanzeiger, 1952, Nr. 37, S. 13.

Abschn. 3.3 Werkstattstechnik, 1913, H. 10, S. 193.
Werkstattstechnik, 1925, H. 7, S. 256.

Abschn. 3.4 Werkstattstechnik, 1913, H. 21, S. 656.
Werkstattstechnik, 1918, H. 9, S. 97.
Werkstattstechnik, 1924, H. 5, S. 132.
Werkstatt u. Betrieb, 1957, H. 4, S. 251.

Abschn. 3.5 Maschinenmarkt, 1954, Nr. 16/17, S. 46.
Industrie-Anzeiger, 1952, Nr. 37, S. 15.

Abschn. 3.6 Werkstattstechnik, 1924, H. 5, S. 121.
Die Werkzeugmaschine, 1934, H. 5, S. 83.
Industrie-Anzeiger, 1952, Nr. 37, S. 15.

Abschn. 3.7 Werkstattstechnik, 1924, H. 3, S. 132.

Abschn. 4 Werkstattstechnik, 1930, H. 3, S. 67.

Abschn. 5 Maschinenbau, 1928, H. 8, S. 374.
Wanderer „Fräsen", 1939, März.